西安交通大学
本科"十三五"规划教材

生物技术类专业实验指导

主编 孔 宇 高美丽 李 华

编者（以姓氏笔画为序）

丁 岩 亓树艳 孔令洪

冯晗珂 孙书洪 杜建强

杨水云 吴晓明 党 凡

西安交通大学出版社
XI'AN JIAOTONG UNIVERSITY PRESS

图书在版编目(CIP)数据

生物技术类专业实验指导 / 孔宇,高美丽,李华主编. —西安:
西安交通大学出版社,2020.4
西安交通大学本科"十三五"规划教材
ISBN 978 - 7 - 5693 - 1611 - 7

Ⅰ. ①生… Ⅱ. ①孔… ②高… ③李… Ⅲ. ①生物工程-
实验-高等学校-教材 Ⅳ. ①Q81 - 33

中国版本图书馆 CIP 数据核字(2020)第 047226 号

书　　名	生物技术类专业实验指导
主　　编	孔　宇　高美丽　李　华
责任编辑	王银存

出版发行	西安交通大学出版社
	(西安市兴庆南路 1 号　邮政编码 710048)
网　　址	http://www.xjtupress.com
电　　话	(029)82668357　82667874(发行中心)
	(029)82668315(总编办)
传　　真	(029)82668280
印　　刷	陕西金德佳印务有限公司

开　　本	787 mm×1092 mm　1/16　印张　15　彩页　1 页　字数　320 千字
版次印次	2020 年 4 月第 1 版　　2020 年 4 月第 1 次印刷
书　　号	ISBN 978 - 7 - 5693 - 1611 - 7
定　　价	52.00 元

前　言

生物技术涵盖领域广,涉及知识内容多,对本专业工作人员的实验能力要求高。在学生实践教学过程中,需注重对学生基本实验技能、综合设计能力和创新思维意识等的培养。本书针对生物技术专业实践能力培养的需求,撰写了 70 余个实验指导,内容包含基础类实验(如生物技术原理实验、生物化学实验、细胞生物学实验、生物信息学实验、微生物学实验、基因工程实验)和综合开放实验(如基因工程综合开放实验、发酵工程综合开放实验、细胞工程综合开放实验、分离工程综合开放实验)两大部分。本书将生物技术类专业学生实验技能的培养看成有机整体,从多门独立实验课程中挑选出相关性、互补性好的经典实验内容,并结合学科的前沿技术、设备,提供整体的实验培养方案,以期培养学生的综合实践能力。

本书撰写过程中得到了多位老师的支持:亓树艳、孙书洪、高美丽、党凡撰写了生物技术原理实验;孔宇、李华、冯晗珂撰写了生物化学实验;丁岩、高美丽、党凡等撰写了细胞生物学实验;吴晓明、杜建强等撰写了生物信息学实验;杨水云撰写了微生物学实验;孔令洪撰写了基因工程实验;高美丽、党凡等撰写了基因工程综合开放实验、发酵工程综合开放实验和细胞工程综合开放实验;孔宇、李华撰写了分离工程综合开放实验。在此对各位老师的辛苦付出表示深深的感谢!此外,在本书编撰过程中,莫晓燕、李幼芬、王一理等老师无私提供了多项实验素材,在这里,我们向他们表示深深的感谢!

由于编者水平、能力有限,不妥之处还请指正!

编　者
2020 年 1 月

目　录

上篇　基础类实验

上篇　基础类实验

　　生命科学作为一门注重实践的学科，着重于培养学生的动手能力、实验基本素养和技能，这对于后续学生综合能力、创新能力的培养至关重要。上篇针对学生基本实验能力的培养设置了辅助理论教学的配套基础实验，涵盖生物技术原理实验、生物化学实验、细胞生物学实验、生物信息学实验、微生物学实验、基因工程实验，共计58个实验。

第一章 生物技术原理实验

生物技术原理是一门通论性质的课程,面向初入大学的理科大类一年级学生,着重从生命活动的共同规律层面来讲授生命科学中的基础生物知识,并在知识的融会贯通中介绍相关领域的生物技术,包括生命的起源与物种的演变、细胞的增殖与死亡、基因的功能与高等动物行为之间的关系、克隆技术与保护生物学、高等动物的结构与功能等。同时,课程通过介绍生命科学发展和技术进步给人类社会带来的推动效应及现代社会面临的重大问题对生命科学与技术发展的切实需求,辅助学生理解生物技术与社会发展的辩证关系,激发学生对生命的热爱和敬畏,增强学生对个人、自然和社会的责任感,引导学生树立科学的发展观,促进学生形成正确的世界观和价值观。

生物技术原理课程还设置了课内实验,拟从分子水平、细胞水平和个体水平三个层面向学生展示研究生命现象的思路、角度、技能等,为今后的深入研究和学科交叉打下基础。

第一节 细胞的液体、固体培养技术及荧光蛋白表达

【实验目的和要求】

(1)熟悉并掌握基本的微生物液体培养技术和固体培养技术、无菌操作技术。

(2)学习并掌握绿色荧光蛋白(GFP)的基本光学原理。

(3)结合有关生物大分子知识,熟悉荧光蛋白在生物体内表达的过程,了解荧光蛋白高级结构与功能的关系。

(4)利用可以表达不同荧光蛋白的大肠杆菌进行创意绘画,激发学生的学习热情。

【实验原理】

1. 细菌培养的原理

在生命科学的基本实验(如基因工程实验和分子生物学实验等)中,细菌是不可或缺的实验材料。通过给细菌提供营养充足的培养基,并且提供适宜该细菌生长的气体、温度和 pH 等培养条件,就能使细菌迅速地生长繁殖。目前,最常用的细菌是大肠杆菌,其

生长培养条件非常简单,可以在仅仅含有糖类、氮、磷及微量元素的无机盐培养基上快速生长繁殖。在实验室中,最常用的培养大肠杆菌的培养基是 Luria - Bertain(LB)培养基。

2. 荧光蛋白发光的原理

绿色荧光蛋白(green fluorescence protein,GFP)是由 238 个氨基酸残基组成的单链多肽,分子量约 27 000,其发光原理主要与其结构中可环化的生色基团 Ser65 - Tyr66 - Gly67 有关。一般认为,野生型 GFP(WTGFP)的生色基团存在三种状态,即 Tyr66 质子化的 A 型生色基团、去质子化的 Tyr66 的 B 型生色基团和去质子化但呈现 A 型生色基团构象的 I 型生色基团。这三种生色基团状态之间相互转变是发光的主要机制。

本实验中除用到 GFP 外,还会用到红色荧光蛋白(red fluorescence protein,RFP)和蓝色荧光蛋白(blue fluorescence protein,BFP)。

【器材和试剂】

1. 器材

电子分析天平,超净工作台,酒精灯,高压蒸汽灭菌锅,恒温培养箱,冰箱,紫外凝胶成像仪,恒温摇床,磁力搅拌器,无菌培养皿,1.5 mL 离心管,无菌棉签,酒精灯,涂布棒,接种环,移液枪,枪头,注射器,0.22 μm 微孔滤膜,等等。GFP、RFP、BFP 三种重组大肠杆菌。

2. 试剂

胰蛋白胨,酵母膏,氯化钠(NaCl),琼脂粉,去离子水,氯霉素,卡那霉素,氨苄青霉素,异丙基硫代-β-D-半乳糖苷(IPTG),甘油,等等。

【实验步骤】

1. 抗生素的配制

(1)氨苄青霉素:准确称取氨苄青霉素 1.0000 g,溶于 10 mL 无菌去离子水中,用 0.22 μm 微孔滤膜过滤除菌,配成 100 mg/mL 母液,可以在分装后储存在 $-20\ ℃$ 冰箱内。氨苄青霉素的工作浓度为 100 μg/mL,即 1 mL LB 液体培养基中加 1 μL 母液。

(2)卡那霉素:准确称取卡那霉素 1.0000 g,溶于 20 mL 无菌去离子水中,采用 0.22 μm 微孔滤膜过滤除菌,配成 50 mg/mL 母液,可以在分装后储存在 $-20\ ℃$ 冰箱内。卡那霉素的工作浓度为 50 μg/mL,即 1 mL LB 液体培养基中加 1 μL 母液。

(3)氯霉素:准确称取氯霉素 0.3500 g,溶于 10 mL 无水乙醇中,用 0.22 μm 微孔滤膜滤器过滤除菌,配成 35 mg/mL 储存溶液,可以在分装后储存在 $-20\ ℃$ 冰箱内。氯霉素的工作浓度为 50 μg/mL,即 1 mL LB 液体培养基中加 1 μL 母液。

2. 培养基的配制

(1)LB 固体培养基:准确称取胰蛋白胨 10.0000 g、酵母膏 5.0000 g、氯化钠 10.0000 g、琼脂粉 15.0000 g,用去离子水溶解并定容至 1000 mL,在高压蒸汽灭菌锅中以 15 $p.s.i$* 灭菌20 min,在灭菌结束后取出。倒平板时,需要将培养基冷却至50~55 ℃,每个 10 cm 无菌培养皿中倒入 25 mL LB 固体培养基,平放后待凝固。

(2)LB 液体培养基:准确称取胰蛋白胨 10.0000 g、酵母膏 5.0000 g、氯化钠 10.0000 g,用去离子水溶解并定容至 1000 mL,在高压蒸汽灭菌锅中以 15 $p.s.i$ 灭菌 20 min,冷却后在 4 ℃ 下储存备用。

---

* 1 $p.s.i$＝6.895 kPa。

3. IPTG 的配制

称取适量 IPTG,溶于灭菌后的去离子水中,用 0.22 μm 微孔滤膜过滤除菌,配制成 100 mmol/L IPTG 母液,可以在分装后储存在 −20 ℃冰箱内。

4. 菌体的扩大培养

取 3 个 100 mL 锥形瓶,分别标记为 RFP、BFP、GFP。每个锥形瓶中加 20 mL LB 液体培养基。在 RFP 瓶中加入 200 μL RFP 菌液及 20 μL 氨苄青霉素;在 BFP 瓶中加入 200 μL BFP 菌液及 20 μL 卡那霉素;在 GFP 瓶中加入 200 μL GFP 菌液及 20 μL 氯霉素。置于 37 ℃的摇床中过夜。

5. 细菌的固体接种及培养

(1)诱导平板的制备:将 100 μL IPTG 直接加在含有固体培养基的平板中,用无菌涂布棒涂布,使 IPTG 均匀扩散到整个平板中,再放置数分钟以使 IPTG 液体被平板完全吸收。

(2)创意绘画:在超净工作台中或者酒精灯下,用接种环或棉签蘸取液体菌液,鼓励学生按照自己的创意在培养皿上画出图案,进行创意绘画。将培养皿置于 42 ℃培养箱中倒置培养 16~18 h。

6. 荧光观察

将培养好的细菌平板置于紫外分析仪下观察,可以看见 GFP 重组大肠杆菌发出的绿色荧光、RFP 重组大肠杆菌发出的红色荧光和 BFP 重组大肠杆菌发出的蓝色荧光。

【注意事项】

在实验中,请务必注意无菌操作流程的规范性。

【思考题】

荧光蛋白能够发光的原理主要是什么?

(亓树艳)

第二节　手机表面微生物的培养及观察

【实验目的和要求】

(1)掌握无菌操作技术。

(2)学习常见微生物的鉴定和平板菌落计数的基本原理与方法。

【实验原理】

1. 微生物无菌操作技术

无菌操作技术指防止微生物进入无菌区域而对实验对象造成污染的技术。无菌操作技术是生物实验中一项重要的基本操作。为了达到无菌操作的目的,要求:①实验前通过紫外线照射等方式将操作区域内的微生物杀灭,以提供一个无菌操作环境;②所有实验器材、试剂提前进行灭菌处理;③操作过程中保持操作区域与外界隔离,避免外界微生物对操作区域造成污染。

灭菌(sterilization)指利用物理或化学的方法,杀灭或去除微生物,使物品或设备达到无菌状态的技术。灭菌方法包括:①干热灭菌法,利用高温使微生物发生氧化作用而达到杀灭微生物的目的。②高压蒸汽灭菌法,利用蒸汽的穿透力和释放出的潜热使蛋白质凝固而杀灭微生物。③火焰灭菌法,将金属、玻璃器具等物品在火焰上灼烧以达到杀灭微生物的目的。④过滤除菌法,主要应用于对不耐高温的液体或水溶性物质的除菌,使液体通过 0.22 μm 无菌微孔滤膜,达到过滤除去杂菌的目的。⑤辐射灭菌法,紫外线照射可以抑制微生物 DNA 的复制,空气在紫外线照射下产生的臭氧也具有一定的杀菌作用。X 射线和 γ 射线具有极高的能量,能使微生物细胞内的水和有机物产生离子化反应而形成羟基自由基、过氧化氢等,此类过氧化物能阻碍微生物代谢活动,导致菌体死亡,最终达到杀菌的目的。

无菌操作常用实验室安全设备包括:①超净工作台,能为实验对象提供相对无菌的操作环境,不能对操作人员进行保护,因此不能用于致病性微生物的操作;②生物安全柜,常用的二级、三级生物安全柜既能保护实验对象不被污染,保护操作人员不被感染,也能防止微生物对环境造成污染,可以用于致病性微生物的操作。非致病性微生物的无菌操作通常使用超净工作台。

2. 微生物数量和种类鉴定的原理

菌落指微生物在固体培养基上生长繁殖形成的肉眼可见的微生物集合体。将含有微生物的样品(根据微生物浓度需进行一定的稀释)接种于培养基,在适宜的培养条件下,每个具有繁殖能力的微生物细胞均可形成一个菌落。平板上形成的每个菌落被称为菌落形成单位(colony forming unit,cfu),是活菌计数中使用的单位。

菌落总数指 1 mL 样品经过培养形成菌落的数量,通常以"cfu/mL"表示。经过菌落总数计算即可得到原始样品中微生物的数量。平板菌落计数的方法灵敏度高,是重要的活菌计数方法之一。

微生物的种类不同通常所形成菌落的形态不同,而在一定培养条件下,同种微生物表现出稳定的菌落形态特征。菌落形态特征包括形状、大小、隆起程度、颜色、透明度、质地等。如金黄色葡萄球菌在甘露醇高盐琼脂培养基上的典型特征为菌落显黄色,外围具有一圈黄色晕环。因此,可以通过观察菌落形态对微生物种类进行初步鉴定。

【器材和试剂】

1. 器材

电子分析天平,超净工作台,体式显微镜,涡旋混匀仪,移液器,恒温培养箱,台式离心机,高压蒸汽灭菌锅,无菌离心管,棉球,镊子,无菌培养皿,锥形瓶,涂布棒,等等。日常用智能手机。

2. 试剂

生理盐水,牛肉膏,蛋白胨,氯化钠,琼脂粉,等等。

(1)牛肉膏蛋白胨固体培养基的配制:分别称取牛肉膏 3.0000 g,蛋白胨 10.0000 g,氯化钠 5.0000 g,琼脂 15.0000～25.0000 g 放入烧杯中,加水定容至 1000 mL,在调节 pH 值至 7.4～7.6 后分装至锥形瓶,密封后 121 ℃高压蒸汽灭菌 15 min,取出后备用。

(2)牛肉膏蛋白胨培养平板的制备:将灭菌后的牛肉膏蛋白胨琼脂培养基加热溶解,待温度降至50~60 ℃时倒入无菌培养皿内,每个无菌培养皿为15~20 mL,待冷却凝固后备用。

【实验步骤】

1. 样品的采集

(1)配制生理盐水,于121 ℃高压蒸汽灭菌15 min后,取5 mL装入15 mL无菌离心管中备用。

(2)将棉球提前灭菌,备用。

(3)提前15 min打开超净工作台紫外灯杀菌。

(4)在超净工作台中,先将镊子于酒精灯火焰上灼烧杀菌,再夹取无菌棉球,在手机触屏表面5 cm×5 cm的面积来回擦拭,将擦拭后的棉球放入装有无菌生理盐水的15 mL离心管中,于涡旋混匀仪上充分振荡混匀。

2. 微生物样本的培养

(1)配制牛肉膏蛋白胨固体培养基,灭菌,并制备成牛肉膏蛋白胨琼脂平板,备用。

(2)用在酒精灯上灼烧消毒后的镊子,将棉球所蘸液体沥干,汇总于15 mL离心管中,取出棉球。

(3)将装有滤液的15 mL离心管放在离心机上,5000 r/min离心5 min,用移液器吸弃上清液,留600 μL于离心管中。

(4)使用涡旋混匀仪重悬菌液。

(5)利用移液器分别吸取200 μL菌悬液于三个牛肉膏蛋白胨琼脂平板上,用无菌涂布棒涂布均匀。

(6)在37 ℃恒温培养箱中培养24 h后观察并记录结果,再培养24 h,观察并记录结果。

(7)对平板上形成的菌落计数,并根据菌落总数推算出手机表面的微生物密度,如三个平板上菌落数分别为X_1、X_2和X_3,则微生物密度为:$600×(X_1+X_2+X_3)/(200×3×5×5)$(单位:个/cm^2)。

(8)利用体式显微镜对平板表面的菌落形态特征进行观察并记录,根据菌落特征,查询资料并初步判断微生物的种类。

【注意事项】

(1)当手机较脏,预计表面微生物较多时,可以省去离心步骤,直接取200 μL悬液涂布平板,此时,若三个平板上菌落数分别为X_1、X_2和X_3,则微生物密度为:$5000×(X_1+X_2+X_3)/(200×3×5×5)$(单位:个/cm^2)。

(2)不同手机,保证擦拭次数和面积基本一致,保证不同样本间的可比性。

(3)所有无菌操作均需在超净工作台中进行。

【思考题】

(1)手机日常使用过程中是否应该进行消毒处理?如何进行?

(2)手机屏幕表面可检测出哪些微生物?哪种微生物污染最为严重?

(孙书洪)

第三节 小鼠解剖实验

【实验目的和要求】

(1)掌握小鼠解剖的基本操作方法。

(2)了解小鼠的生理构造和器官分布。

【实验原理】

小鼠具有体型小、易饲养、繁殖快、控制标准成熟等特点,是生命科学研究中常用的实验动物品种。因此,了解小鼠的生理构造和器官分布在生物、医学及相关实验开展中具有重要的基础作用和实际意义。

小鼠的脊椎由 55～61 块脊椎骨组成。膈膜将胸腔和腹腔隔开。心、肺等器官分布于胸腔,而胃、肠、肝、胆囊、脾、肾等器官分布于腹腔,腹腔下端还包括生殖器官等。头部颅腔内分布有脑等器官。

【器材和试剂】

1. 器材

注射器,烧杯,解剖剪,棉球,镊子,图钉,解剖盘,等等。

2. 试剂

乙醚,氯化钠,等等。

【实验步骤】

1. 小鼠的抓取与固定

右手提起小鼠尾部,将其置于粗糙的台面或鼠笼盖子上,轻轻用力后拉。用左手拇指和食指捏住小鼠两耳和颈后部,放在左手手心,再用无名指按住鼠尾,用小拇指按住后腿即可。

2. 小鼠的处死

常用处死小鼠的方法有麻醉法和颈椎脱位法。

(1)麻醉法:通常是将乙醚浸润的棉花或者纱布放入密封容器中,再放入实验小鼠,使其吸入过量乙醚,导致中枢神经过度抑制而死亡。

(2)颈椎脱位法:左手拇指和食指用力向下按压小鼠头部及颈部,右手抓住尾巴根部用力后拉,使其颈椎脱位,脊髓与脑干脱离。该方法可使小鼠立即死亡,并只破坏脊髓,对体内脏器不造成损伤。但若用力不当,则不能使动物立即死亡,并导致其疼痛和脏器充血。

3. 小鼠的解剖

在小鼠被处死后,进行解剖,并观察其生理构造及主要器官的分布和特征。

(1)将处死的小鼠仰卧放置在实验台上,使其四肢充分伸展后用图钉固定。

(2)用湿棉球润湿小鼠腹部皮毛。

(3)用解剖剪沿腹中线自外生殖器前缘向前剪开腹腔和胸腔。

(4)将剪开的胸腔壁和腹腔壁向两侧翻开并用图钉固定(若要观察肺叶和胸腺,最好是沿剑突向左上方、右上方各自剪开,翻起胸椎和剪断的肋骨后沿锁骨平面剪断)。

(5)打开腹腔和胸腔,观察主要脏器的分布及特征。(若遇到横膈,则可将其沿边缘剪离。若肋骨妨碍固定,则可将其剪断。)

4.主要脏器的观察

(1)肺:右肺分为四叶,包括尖叶、心叶、膈叶和副叶。左肺为一整叶。

(2)心:心呈锥状,在胸腔正中,位于近胸骨端。心上方有白色的胸腺。

(3)胃:胃呈淡粉色扩大囊状,与食管相连,分为贲门、幽门、胃底及胃体。

(4)肝:肝位于腹腔上端,呈暗褐色,分为四叶,是最大的消化腺。

(5)脾:脾斜卧于胃的左下侧,呈暗红色长条扁平状。

(6)肾:肾位于腹腔背部脊柱两侧,呈紫红色豆状,下端连有输尿管。

(7)脑:脑位于颅腔内,分为大脑、小脑、间脑、脑干,其中大脑包括左大脑半球和右大脑半球。

【注意事项】

(1)抓取小鼠时要保护好自己,防止被小鼠咬伤。抓取力度应适中,以防止小鼠窒息。

(2)乙醚易燃易爆,对黏膜具有刺激作用。

(3)解剖小鼠时刀口要向上,以避免破坏脏器的完整性。

(4)大血管及心脏处可用镊子钝性分离,以避免残余血液流出而污染视野。

(高美丽　党　凡)

第二章

生物化学实验

第一节 糖 类 实 验

糖类是多羟基醛或多羟基酮及其缩聚物和某些衍生物的总称,主要由碳、氢、氧三种元素构成,所以又被称为碳水化合物。糖类的主要功能是为生命体提供能量。植物中糖类的存在形式以淀粉、纤维素为主,动物中则以糖原为主。

糖类可以分为单糖、寡糖和多糖三大类。单糖按照所含碳原子的数目分为丙糖、丁糖、戊糖和己糖。寡糖由 2～3 个单糖分子脱水缩合而成。多糖由多个单糖分子或其衍生物脱水缩合而成。糖类还可以与非糖类物质反应,生成复合糖,如糖蛋白等。

糖在体内的代谢分为分解代谢和合成代谢。分解代谢的主要途径包括糖酵解、三羧酸循环和糖醛酸途径等。合成代谢的主要途径包括糖异生和多糖的合成等,主要发生在肝和骨骼肌组织。

通过本章有关糖类的实验,学生可以对糖类的性质和结构有更加深入的认识,并且初步掌握鉴定糖类的方法。

一、糖类的颜色反应

【实验目的和要求】

(1)掌握糖类的颜色反应原理及其方法。

(2)了解糖类的一般鉴定方法。

【实验原理】

1. 费林(Fehling)反应(还原糖)

Fehling 试剂由硫酸铜和氢氧化钠(酒石酸钾钠)混合而成。在加热条件下,硫酸铜与氢氧化钠混合会发生反应,生成蓝色的氢氧化铜,氢氧化铜加热脱水生成黑色的氧化铜沉淀。若溶液中同时存在还原性糖类,则糖类会与黑色的氧化铜反应,生成砖红色的氧化亚铜,该反应即为 Fehling 反应。

在 Fehling 试剂中,为了有效防止二价铜离子和氢氧根离子发生化学反应生成氢氧化铜沉淀,专门在 Fehling 试剂中添加酒石酸钾钠试剂。酒石酸根离子可以与铜离子反应,形成酒石酸钾钠络合铜离子,该离子是可溶性的络合离子,反应方程式见图 2-1。在反应平衡后,溶液中由于酒石酸钾钠的存在,可以保证一定浓度的氢氧化铜含量,以不至于生成氢氧化铜沉淀。从溶液的氧化还原角度分析,Fehling 试剂是一种较弱的氧化剂,因此不能与酮类、芳香醛类物质进行反应。

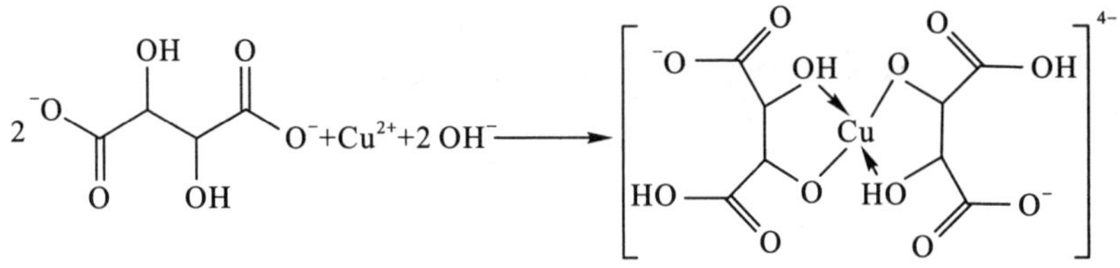

图 2-1 络合铜离子形成的反应方程式

2. Barfoed 反应

Barfoed 反应与 Fehling 反应相比较,有一定的类似,但也有区别。其主要特点是在酸性条件下进行的氧化还原反应。Barfoed 反应的实验原理是:在酸性条件下,单糖与还原性二糖的还原反应速度具有明显差别。Barfoed 试剂为弱酸性试剂,在反应中,单糖可在 3 min 左右与铜离子发生反应,生成砖红色的氧化亚铜,而还原性二糖则需要更长的时间发生该反应(25 min 左右)。

Barfoed 反应可用于区别单糖和还原性二糖类的物质。但是,在反应过程中,当整个加热时间反应过长时,非还原性的二糖也可能被水解为具有还原性的单糖,进而发生反应,出现"阳性结果"。例如,蔗糖可水解成葡萄糖而发生反应。此外,当还原性二糖浓度过高时,也会很快出现阳性反应。样品中如果含有少量氯化钠,会干扰 Barfoed 反应过程。

3. 间苯二酚反应(Seliwanoff 反应)

Seliwanoff 反应是鉴定酮糖的特殊反应。其反应原理为:在酸性条件下,己酮糖可以发生脱水反应生成羟甲基糠醛,羟甲基糠醛可与间苯二酚发生 Seliwanoff 反应,生成鲜红色的化合物,该反应迅速。在同样条件下,醛糖反应生成羟甲基糠醛的速度较慢,而且只有当糖浓度较高时或较长时间煮沸时,才能出现微弱的阳性结果。

同时,若溶液中含有多糖类物质,且该多糖可以水解成酮糖,则该多糖也可以发生 Seliwanoff 反应。例如,蔗糖可以被盐酸水解而生成酮糖,所以也能出现阳性结果。反应原理方程式见图 2-2。

【器材和试剂】

1. 器材

电子分析天平,试管,试管架,烧杯,水浴锅,酒精灯,试管夹,石英比色皿,移液枪,枪头若干,等等。

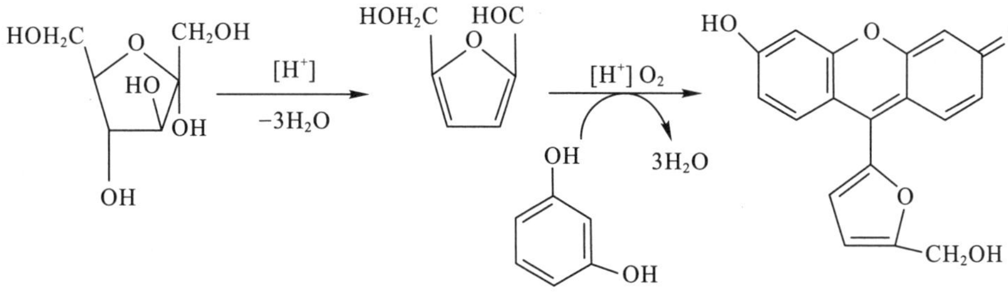

图 2－2　Seliwanoff 反应的原理图

2. 试剂

五水合硫酸铜($CuSO_4 \cdot 5H_2O$)，盐酸(HCl)，氢氧化钠($NaOH$)，果糖，蔗糖，阿拉伯糖，麦芽糖，葡萄糖，淀粉，间苯二酚，冰乙酸，乙酸铜，四水合酒石酸钾钠，等等。

(1)2％果糖溶液(50 mL)：将 1.0000 g 果糖溶于 50 mL 纯水中，充分搅拌，混匀备用。

(2)2％蔗糖溶液(50 mL)：将 1.0000 g 蔗糖溶于 50 mL 纯水中，充分搅拌，混匀备用。

(3)2％阿拉伯糖溶液(50 mL)：将 1.0000 g 阿拉伯糖溶于 50 mL 纯水中，充分搅拌，混匀备用。

(4)2％麦芽糖溶液(50 mL)：将 1.0000 g 麦芽糖溶于 50 mL 纯水中，充分搅拌，混匀备用。

(5)2％葡萄糖溶液(50 mL)：将 1.0000 g 葡萄糖溶于 50 mL 纯水中，充分搅拌，混匀备用。

(6)1％淀粉溶液(100 mL)：将 1.0000 g 淀粉溶于 50 mL 水中加热数分钟，加水 50 mL 充分搅拌，混匀备用。

(7)Seliwanoff 试剂(150 mL)：将间苯二酚 0.0750 g 溶于盐酸溶液中(盐酸：水＝1∶2，V/V)。临用前进行配制，且盐酸浓度不宜超过12％。

(8)Barfoed 试剂(150 mL)：量取 0.9 mL 冰乙酸，溶于 100 mL 纯水中，搅拌均匀，随后称取 9.9900 g 乙酸铜并加入溶液中充分搅拌，最后加去离子水定容至 150 mL。

(9)Fehling A 试剂(150 mL)：称取 10.3500 g 五水合硫酸铜，溶于 150 mL 去离子水中，充分搅拌，混匀备用。

(10)Fehling B 试剂(150 mL)：称取 37.5000 g 氢氧化钠和 55.1700 g 酒石酸钾钠(四水合酒石酸钾钠)，溶于 150 mL 去离子水中，充分搅拌，混匀备用。

【实验步骤】

(1)根据生物化学中所学习的知识，选择提供的 2 种或 2 种以上不同的糖类，由学生自行设计实验，要求实验前学生先设计实验方案，并预判实验结果。学生在实验过程中，注意观察颜色反应的先后顺序、颜色的深浅，以及生成沉淀多少、快慢，结合预判实验结果做出合理解释。

学生自行设计的实验方案，可以参考表 2－1。

(2)在实验过程中，需要提前将 Fehling A 与 Fehling B 溶液按照 1∶1 比例进行充分混合，方可进行下一步实验。

(3)在实验过程中，糖溶液添加的体积与各定性试剂的反应体积比约为 1∶1。

表 2 - 1　颜色反应现象记录表

糖类	Seliwanoff 试剂	Barfoed 试剂	Fehling 试剂
果糖			
蔗糖			
阿拉伯糖			
麦芽糖			
葡萄糖			
淀粉			

【注意事项】

(1)在实验过程中,学生需要掌握正确使用移液枪的方法。

(2)实验中所涉及的溶液应与标号相互对应。

【思考题】

根据本实验学习到的实验方法,如何设计一个未知多糖的定性鉴定方案?

(李　华)

二、糖类的定量实验——蒽酮法

【实验目的和要求】

掌握糖类定量的一般方法——蒽酮法的原理和操作过程;比值法测定物质含量的原理。

【实验原理】

本实验采用分光光度法测定糖类的浓度。其基本原理是利用朗伯-比尔定律进行糖类的定量测定:不同物质具有各自选择吸收的特征光谱,当某单色光通过溶液时,光强会因吸收等因素而减弱,且光强减弱的程度与物质浓度呈一定比例关系,见公式 2 - 1。

$$A = \lg(1/T) = Kbc \qquad (2-1)$$

式中:A 为吸光度;T 为透射比,是透射光强度比上入射光强度;K 为摩尔吸光系数,其大小与物质的性质及入射光的波长有关;b 为吸收层厚度;c 为吸光物质的浓度。

本实验采用蒽酮法测定待测糖类的浓度。蒽酮反应是一种常见的糖类定量反应,可应用于测定己糖、戊醛糖、己糖醛酸,且不论糖类处于游离形式还是存在于多糖之中,都会生成蓝绿色物质。该产物在 620 nm 处有最大光吸收。该方法具有方便、迅速等优点。

【器材和试剂】

1. 器材

电子分析天平,试管(带塞子),试管架,烧杯,水浴锅,制冰机,试管夹,石英比色皿,移液枪,枪头若干,等等。

2. 试剂

蒽酮,浓硫酸,标准糖液,待测糖液 1,待测糖液 2,等等。

(1)蒽酮试剂(400 mL):将 0.8000 g 蒽酮粉末溶于 400 mL 浓硫酸中,充分搅拌,使其完全溶解。

(2)标准糖液(0.1 g/L):将 0.1000 g 葡萄糖溶于 1000 mL 去离子水中,充分搅拌,使其完全溶解。

(3)待测糖液 1、2:根据使用情况,可将标准糖液稀释不同的倍数以作为待测糖液使用。

【实验步骤】

(1)取 6～9 支试管(带塞子),保持试管清洁干燥。

(2)用移液枪分别量取标准糖液、待测糖液 1、待测糖液 2 各 1 mL(可按照实验需要对糖液进行 2～5 倍稀释)。

(3)将试管放在冰上,同时向 1 mL 标准糖液、待测糖液 1、待测糖液 2 中分别缓慢加入蒽酮试剂 4 mL,并且在冰上迅速混匀,防止碳化现象的出现。蒽酮溶液与糖液的比值为 4∶1。

(4)等溶液充分冷却到室温时,将试管完全封闭好后放置于 95 ℃ 沸水浴中加热 10 min,在加热过程中,需不断进行晃动。10 min 后,将试管取出放置于冰上,待溶液完全冷却至室温后,置于 620 nm 波长处测定吸光度。利用公式 2-2 计算糖类的浓度。

$$标准溶液吸光度 / 标准溶液浓度 = 待测溶液吸光度 / 待测溶液浓度 \quad (2-2)$$

(5)计算待测溶液浓度。

【注意事项】

(1)蒽酮溶液用浓硫酸配制,使用时需小心操作,同时要将剩余的蒽酮试剂回收,不能随处倾倒。

(2)注意移液枪的正确使用方法。

(3)使用分光光度计时需根据检测的波长选择合适的灯源(钨灯)。

(4)蒽酮法不适用于含大量色氨酸的蛋白质样品中糖类的定量,因为色氨酸的存在会影响反应的稳定性。

【思考题】

(1)请根据所学知识思考糖类的定量是否还有其他方法。若有,其原理是什么?

(2)在利用蒽酮法测定全血中糖类含量的实验中,是否可以直接测定?若不能,应对全血做怎么样的处理后进行检测?

(李 华)

三、寡糖的组成分析——毛细管区带电泳法

【实验目的和要求】

(1)掌握毛细管区带电泳分离衍生化单糖的操作方法。

(2)熟悉衍生化单糖的原理。

(3)了解寡糖水解的方法。

【实验原理】

毛细管区带电泳(capillary zone electrophoresis,CZE)中带电物质按照其淌度(带电离子在单位场强下的平均电泳迁移速率)的不同在毛细管(15～100 μm)内做差速迁移,从而使物质得到分离。CZE 具有高效(理论塔板数>10 000)、快速(分析周期一般小于

1 h)、需样品量小(约纳升级)等特点,非常适合复杂体系的分离。

寄糖分子由不同类型、不同数目的糖单元通过 1,4-糖苷键或 1,6-糖苷键(少数有 1,3-糖苷键等)相连,有着多种生理活性,被广泛应用于医药、食品、保健等领域,故测定其组成及含量有重要意义。然而,因寄糖无特征紫外-可见光吸收且摩尔吸光系数小,直接检测生理水平的寄糖难度较大,故本实验拟将寄糖水解,经 1-苯基-3-甲基-5-吡唑啉酮(PMP)衍生化后用 CZE 法测定其单糖组成。

【器材和试剂】

1. 器材

毛细管电泳仪(Beckman MDQ),涡旋混匀仪,电子分析天平,不同型号移液枪,pH 计(PB-1),毛细管(内径为 75.0 μm,总长为 60.0 cm,有效长度 50.0 cm),等等。

2. 试剂

一水合磷酸二氢钠($NaH_2PO_4 \cdot H_2O$),葡萄糖,蔗糖,棉子糖,乳糖,果糖,半乳糖,海藻糖,硼酸,氢氧化钠,双蒸水,1-苯基-3-甲基-5-吡唑啉酮,浓硫酸(98% H_2SO_4),浓盐酸,乙腈(色谱纯),四硼酸钠,磷酸(80%),氯仿,等等。

【实验步骤】

1. 实验前准备

1)新石英毛细管的预处理 具体如下。

(1)初次使用毛细管时,先用 0.1 mol/L 氢氧化钠溶液冲洗毛细管 5 min(20 p.s.i),并浸泡过夜(活化)。使用前用蒸馏水将毛细管冲洗干净 5 min(20 p.s.i)。

(2)每次样品分析前用 0.1 mol/L 氢氧化钠溶液冲洗 2 min,缓冲溶液冲洗 2 min (20 p.s.i)。缓冲溶液、样品溶液、水和氢氧化钠溶液均需过膜(0.22 μm 微孔滤膜)处理。

2)缓冲溶液及样品溶液的配制 具体如下。

(1)50 mmol/L 硼酸溶液:称取 0.3090 g 硼酸,溶于 100 mL 双蒸水。

(2)50 mmol/L 四硼酸钠溶液:称取 1.9070 g 四硼酸钠,溶于 100 mL 双蒸水。

(3)50 mmol/L 磷酸溶液:量取 0.3270 mL 磷酸,溶于 100 mL 双蒸水。

(4)0.5 mol/L PMP 溶液:称取 0.0017 g 1-苯基-3-甲基-5-吡唑啉酮,溶于 20 mL 甲醇。

(5)电泳缓冲溶液:向 50 mmol/L 硼酸溶液中加入一定比例的 50 mmol/L 四硼酸钠溶液,调制成 pH 值分别为 2.5、2.7、3.0、3.5 的硼酸缓冲溶液,作为电泳缓冲溶液待用。

(6)0.3 mol/L 盐酸溶液:量取 0.29 mL 浓盐酸,用水稀释至 10 mL。

(7)标准单糖溶液:分别精密称取果糖 0.0009 g,半乳糖 0.0018 g,葡萄糖 0.0020 g,加水溶解并定容至 10 mL。称取上述各种单糖,加水溶解并定容至 10 mL 即为混合样品。

(8)2 mol/L 硫酸溶液:在良好的搅拌状态下,将 10.7 mL 浓硫酸缓慢加入 100 mL 水中。

(9)4 mol/L 氢氧化钠溶液:称取 16.0000 g 氢氧化钠,溶于 100 mL 双蒸水。

(10)0.3 mol/L 氢氧化钠溶液:称取 0.1200 g 氢氧化钠,溶于 10 mL 双蒸水。

2. 实验内容和步骤

(1)寄糖的水解:称取各种寄糖 0.0050 g,置于 10 mL 具塞试管内,再加入 2 mL 2 mol/L 硫酸溶液,于 100 ℃水浴中水解 2～4 h 后取出,静置至室温。再用 4 mol/L 氢氧化钠溶液将管内溶液中和至 pH 值为 7.0。将中和后的溶液转入 50 mL 容量瓶中并加水定容,即为寡糖水解样品(若有沉淀可先离心,取上清液定容)。

(2)单糖及寡糖水解物衍生化(以单糖为例):在具塞试管中依次加入单糖混合液50 μL、0.3 mol/L 氢氧化钠溶液 50 μL 和 0.5 mol/L PMP 溶液 50 μL,混匀之后在 70 ℃下水浴 30 min。在反应完成后,依次加入 50 μL 0.3 mol/L 盐酸溶液和 100 μL 去离子水,混匀;再加入 1 mL 氯仿,涡旋混匀 30 s 后静置 5 min。上层水相重复萃取 2 次,经 0.22 μm 微孔滤膜过滤后待 CZE 分析。

(3)CZE 分离标准单糖的衍生物:在分离电压为 20.0 kV,进样压力为 0.3 p.s.i,进样时间为 5 s,检测波长为 245 nm 下,用电泳缓冲溶液为分离缓冲溶液进行实验。记录每个峰的基本参数(如迁移时间和半峰宽等),计算分离度(resolution,Rs)及柱效。若分离度小于 1.5,则需优化分离条件(如下步骤)。

(4)pH 对分离的影响:固定进样压力为 0.3 p.s.i,进样时间为 5 s,检测波长为 245 nm、分离电压为 25.0 kV、毛细管温度为 20 ℃不变,更换不同 pH 值的电泳缓冲溶液,对各样品和混合样品进行电泳分离,记录每种糖衍生物的迁移时间和半峰宽,计算分离度、分离柱效等参数。分别以 pH 值为横坐标,以相应参数为纵坐标作图,选择优化的条件,并解释实验现象。请注意切换 pH 值时应使用新电泳缓冲溶液冲洗毛细管 30 min 左右以平衡毛细管内壁。

(5)温度对分离的影响:固定进样压力为 0.3 p.s.i,进样时间为 5 s,检测波长为 245 nm,分离电压为 25.0 kV,缓冲溶液 pH 值(优化出的 pH 值)不变,调节毛细管温度分别为 20 ℃、25 ℃、35 ℃、50 ℃,对各样品和混合样品进行电泳分离,记录每种糖衍生物的迁移时间和半峰宽,计算 Rs 值、分离柱效等参数。分别以温度为横坐标,以相应参数为纵坐标作图,选择优化的条件,并解释实验现象。请注意温度变换时需保证毛细管温度恒定后方可实验(平衡时间应大于 10 min)。

(6)分离电压的影响:固定进样压力为 0.3 p.s.i,进样时间为 5 s,检测波长为 245 nm,缓冲溶液 pH 值(优化出的 pH 值),毛细管温度(优化出的温度)不变,调节分离电压分别为 10.0 kV、15.0 kV、20.0 kV、25.0 kV、30.0 kV,对各样品和混合样品进行电泳分离,记录每种糖衍生物的迁移时间和半峰宽,计算 Rs 值、分离柱效等参数。分别以电压为横坐标,以相应参数为纵坐标作图,选择优化的条件,并解释实验现象。

3. 实验记录及数据处理

pH 值的影响、温度的影响、电压的影响实验数据分别记录入表 2-2、表 2-3、表 2-4。

表 2-2　实验数据记录表——pH 值的影响

pH 值	t				w				Rs			N			
	t_1	t_2	t_3	t_4	w_1	w_2	w_3	w_4	Rs_1	Rs_2	Rs_3	N_1	N_2	N_3	N_4
2.5															
2.7															
3.0															
3.5															

表 2 - 3　实验数据记录表——温度的影响

温度	t				w				Rs			N			
	t_1	t_2	t_3	t_4	w_1	w_2	w_3	w_4	Rs_1	Rs_2	Rs_3	N_1	N_2	N_3	N_4
20 ℃															
25 ℃															
30 ℃															
50 ℃															

表 2 - 4　实验数据记录表——电压的影响

电压	t				w				Rs			N			
	t_1	t_2	t_3	t_4	w_1	w_2	w_3	w_4	Rs_1	Rs_2	Rs_3	N_1	N_2	N_3	N_4
10.0 kV															
15.0 kV															
20.0 kV															
25.0 kV															
30.0 kV															

注意：表 2 - 2 至表 2 - 4 中 t_1、t_2、t_3、t_4 为衍生化单糖及 PMP 的迁移时间，w_1、w_2、w_3、w_4 为相应的衍生化糖的半峰宽，Rs 为峰间分离度，N 为峰柱效。

4. 寡糖组成的分析

分别测定单糖、单糖混合样品及寡糖水解样本，通过比对得出寡糖的组成。

【思考题】

（1）氯仿的作用是什么？

（2）本次实验对缓冲溶液的 pH 值、温度、电压进行了优化，除了这些因素以外，还有哪些因素可以进行优化？

（3）为什么要在偏酸性环境下优化分离缓冲溶液？

（4）对多个单因素实验条件顺序优化后得到的是不是最佳的条件？如何更有效地获得最佳条件？

（孔　宇　冯晗珂）

第二节　脂类实验

脂类又称为脂质（lipids），是脂肪及类脂的总称，不溶于水而易溶于有机溶剂等非极性溶剂。脂类主要由碳和氢两种元素由非极性的共价键组成，与糖类、蛋白质和核酸不同，为非聚合物。脂类既是供能物质，也是细胞和组织的重要组成成分，常见脂类可分成油脂和类脂两类。

油脂即甘油三酯，由脂肪酸羧基与甘油羟基脱水形成。脂肪中的三个酰基多为不同的基团，常见的是 C_{16}、C_{18} 脂肪酸。脂肪酸中若含有双键，则称为不饱和脂肪酸，相反则称为饱和脂肪酸。不饱和脂肪酸在植物性脂类中较多。类脂包括磷脂、糖脂和固醇三大类。磷脂又可分为甘油磷脂与鞘磷脂。固醇类又包含胆固醇、甾类化合物等。

一、脂肪酸碘值的测定

【实验目的和要求】

(1)学习脂肪酸碘值测定的原理和方法。

(2)了解测定碘值的生物学意义。

【实验原理】

脂肪主要分为饱和脂肪酸和不饱和脂肪酸两种。其中,不饱和脂肪酸的碳链上含有不饱和键,其可以与卤素发生加成反应。其不饱和键数目越多,加成的卤素越多,其发生加成反应的卤素含量通常用碘值表示。碘值是指,在一定条件下,每 100 g 脂肪所吸收的碘的克数。碘值越高,表明脂肪酸中的不饱和程度越高,它是鉴别油脂的一个重要参数。本实验使用溴化碘试剂进行碘值测定。过量的溴化碘,一部分与油脂中的不饱和脂肪酸发生加成反应,剩余的部分与碘化钾反应,生成碘单质。生成的碘单质可用硫代硫酸钠进行滴定。

加成反应:

$$RCH_2-CH=CH-(CH_2)_n-COOH+IBr \longrightarrow RCH_2ICH-CHBr-(CH_2)_n-COOH。$$

剩余溴化碘中碘的释放:$IBr+KI \longrightarrow I_2+KBr$。

用硫代硫酸钠滴定释放出来的碘:$I_2+2Na_2S_2O_3 \longrightarrow 2NaI+Na_2S_4O_6$。

【器材和试剂】

1. 器材

碱/酸式滴定管,移液管,洗耳球,烘箱,试管,试管架,碘瓶,电子分析天平,滴定瓶,移液枪,枪头若干,等等。

2. 试剂

碘,冰乙酸,溴,碘化钾(KI),五水合硫代硫酸钠($Na_2S_2O_3 \cdot 5H_2O$),淀粉,氯化钠,四氯化碳,蒸馏水,等等。

(1)溴化碘(IBr)溶液 1500 mL:将 18.3000 g 碘溶于 1500 mL 冰乙酸中,再加入 4.5 mL 溴单质。

(2)10%碘化钾溶液 1000 mL:将 100.0000 g 碘化钾溶于 900 mL 蒸馏水中。

(3)0.1 mol/L 硫代硫酸钠溶液 2000 mL:将 49.5000 g 五水合硫代硫酸钠和 1.6000 g 氢氧化钠溶于 2000 mL 的纯水中。

(4)1%淀粉饱和氯化钠溶液 100 mL:将 1.0000 g 淀粉溶于 25.0000 g 氯化钠和 100 mL 纯水配制的溶液中。

【实验步骤】

(1)称取两份油样,每份重量为 0.3~0.4 g,注意不要将油粘在瓶颈上,加入 10 mL 四氯化碳溶液,用滴定管加 25 mL 溴化碘溶液,塞上瓶塞,用碘化钾溶液密封(防止碘挥发),在室温下暗处放置 30 min,并不时摇动。若瓶内的混合物颜色很浅说明油过多,则需重新称量。

(2)在反应 30 min 后使碘化钾溶液流入瓶内,然后加入 10%碘化钾溶液 10 mL 用于冲洗,再加入 50 mL 水,混匀后用 0.1 mol/L 硫代硫酸钠溶液快速滴定至黄色,加入淀粉溶液 1 mL,继续滴定,接近终点时用力振荡,滴至蓝色全部消失,放置一段时间(大约 20 min)后,出现返蓝现象。

(3)整个实验中,空白 2 份,油样 2 份,利用公式 2-3 可计算油样的碘值。

$$碘值 = [(A - B) \times 100/C] \times 0.1 \times 126.9/1000 \qquad (2-3)$$

式中:A 表示空白滴定值;B 表示油样滴定值;C 表示油样克数。

【注意事项】

(1)碘瓶必须洁净、干燥。

(2)注意滴定管和移液枪的正确使用方法。

(3)在滴定过程中需用力振荡。

(4)淀粉溶液不宜过早加入。

【思考题】

(1)滴定时淀粉为什么不能过早加入?若过早加入,会对结果产生什么影响?

(2)在完成滴定后 20 min 左右,溶液会出现返蓝现象。若没有出现返蓝现象,则说明滴定过量,为什么?

(李　华)

二、血浆中胆固醇含量的测定

【实验目的和要求】

掌握血液中胆固醇定量检测的方法,即乙酸酐法。

【实验原理】

胆固醇指在动物体内的一种环戊烷多氢菲的衍生物。人体中总胆固醇水平主要取决于遗传因素与生活方式。总胆固醇主要包括游离胆固醇和胆固醇酯。在人体中,肝脏是合成、贮存胆固醇的主要器官。胆固醇在生理上具有重要意义,是合成肾上腺皮质激素、性激素、胆汁酸及维生素 D 等多种生理活性物质的重要原料。同时,胆固醇也是构成细胞膜的主要成分之一。胆固醇在血清中的浓度可作为脂代谢的重要指标之一。

本实验采用乙酸酐-硫酸单一试剂显色法,对血浆中胆固醇含量进行测定。其主要原理是:乙酸酐能使胆固醇脱水,随后再与硫酸结合生成绿色化合物,其具体简化原理如下。

(1)胆固醇+乙酸酐——→脱水胆固醇+乙酸。

(2)脱水胆固醇+硫酸——→绿色化合物。

其生成的绿色化合物的颜色深浅与测定样本中胆固醇的含量成正比。随后,利用分光光度计测定标准管和样本管的吸光度,进而可以计算出样本中胆固醇的含量。

【器材和试剂】

1. 器材

电子分析天平,分光光度计,电热恒温箱,秒表,试管,200 mL 容量瓶,移液枪,枪头若干,等等。小鼠血清。

2. 试剂

胆固醇标准液(2 mg/mL),蒸馏水,硫脲,冰乙酸,乙酸酐,无水乙醇,等等。

(1)胆固醇标准液(2 mg/mL):准确称取干燥胆固醇 0.2000 g,先将其溶于少量无水乙醇中,随后完全转移到 100 mL 容量瓶中,再用无水乙醇稀释至刻度。

(2)硫脲显色剂:称取硫脲 0.5000 g,溶解于 350 mL 冰乙酸和 650 mL 乙酸酐配制的混合液中。在使用前,在上述每 100 mL 硫脲溶液中缓慢加入浓硫酸 10 mL,放置于冰箱中备用。

【实验步骤】

(1)取 20～25 g 的小鼠数只,采用腹腔注射 10% 水合氯醛(4 μL/g)的方式将其麻醉。

(2)对小鼠采用心脏取血的方式快速取血,并将血液放入肝素管中,充分混匀。

(3)取 6 支干燥的试管,分为 3 组,分别标为"空白""测定"和"标准"。如果超出线性范围,需要用生理盐水稀释后进行测定,加样见表 2-5。

表 2-5 试剂加样表

试剂	空白组	标准组	测定组
蒸馏水(μL)	0.1	0.0	0.0
胆固醇标准液(μL)	0.0	0.1	0.0
血清(μL)	0.0	0.0	0.1
硫脲试剂(μL)	4.0	4.0	4.0

(4)快速加入显色剂,立刻摇匀,在 37 ℃下孵育 10 min,于 620 nm 处测定吸光度。

(5)按照公式 2-4 计算血清中胆固醇的含量。

$$M(mg) = 样本吸光度 \times C / 标准液吸光度 \times 100 \qquad (2-4)$$

式中:M 为 100 mL 血清中胆固醇的质量(mg);C 为标准品浓度(mmol/L)。

【注意事项】

(1)显色后不宜暴露于强光下。

(2)实验中的各种器皿需要干燥。

【思考题】

在人体中,两种比较常见的脂蛋白,一种是低密度脂蛋白,另一种是高密度脂蛋白。这两种脂蛋白在生理功能上主要有哪些相同点和不同点?

(李　华)

三、血浆中甘油三酯含量的测定

【实验目的和要求】

(1)掌握血液中甘油三酯检测的基本方法。

(2)学习酶标仪的正确操作过程。

【实验原理】

甘油三酯是由长链脂肪酸和丙三醇发生酯化反应形成的脂肪分子。它是血液中血脂的一种重要组成成分。甘油三酯不溶于水,可与蛋白质结合形成脂蛋白。甘油三酯是人体内含量最多的脂类。动物体内大部分组织均可以利用甘油三酯的分解产物以供给能量,同时脂肪、肝等组织、器官还可以进行甘油三酯的合成,并储存在脂肪组织中。

本实验主要采用甘油三酯检测试剂盒法（GPO‐PAP）进行甘油三酯含量的测定，具体原理如下。

（1）甘油三酯＋H_2O $\xrightarrow{\text{脂肪酶}}$ 甘油＋脂肪酸。

（2）甘油＋ATP $\xrightarrow{\text{甘油激酶}}$ 甘油‐3‐磷酸＋ADP。

（3）甘油‐3‐磷酸＋O_2 $\xrightarrow{\text{3‐磷酸甘油氧化酶}}$ 磷酸羟基丙酮＋H_2O_2。

（4）H_2O_2＋4‐氨基安替比林＋对氯酚 $\xrightarrow{\text{过氧化物酶}}$ 红色醌化物。

生成的醌类化合物颜色的深浅与甘油三酯的含量成正比，使用分光光度计分别测定标准管和样本管在 500 nm 处的吸光度，从而可计算出样本中甘油三酯的含量。

【器材和试剂】

1. 器材

电子分析天平，酶标仪，可调电热恒温箱，秒表，移液枪，枪头若干，等等。C57 小鼠。

2. 试剂

甘油三酯检测试剂盒（南京建成生物工程研究所，试剂成分见表 2‐6），水合氯醛，抗凝管（含肝素），蒸馏水，酶液，标准品（2.26 mmol/L），等等。

表 2‐6　试剂成分表

试剂组成	组分	浓度	保存条件
酶液	Tris‐HCl 缓冲液	100 mmol/L	在 2～8 ℃下避光保存
	脂肪酶	＞3000 U/L	
	腺嘌呤核苷三磷酸	0.5 mmol/L	
	甘油激酶	＞1000 U/L	
	3‐磷酸甘油氧化酶	＞5000 U/L	
	过氧化物酶	＞1000 U/L	
	4‐氨基安替比林	1.4 mmol/L	
	对氯酚	3 mmol/L	
标准品	甘油	2.26 mmol/L	

10％水合氯醛：称取水合氯醛 5.0000 g，将其溶于 50 mL 蒸馏水中，充分振荡混匀，用锡箔纸包好，放在 4 ℃下备用。

【实验步骤】

（1）取 20～25 g 的小鼠数只，采用腹腔注射 10％水合氯醛（4 μL/g）方式将其麻醉，20～25 g 小鼠注射 0.15～0.2 mL 即可。

（2）对小鼠采用心脏取血的方式快速取血，并将血液放入含有肝素的抗凝管中，充分混匀。

（3）将得到的血液直接进行测定，如果超出线性范围，需要用生理盐水稀释后进行测定，加样见表 2‐7。

表 2－7 试剂加样表

试剂	空白孔	标准孔	样本孔
蒸馏水(μL)	2.5	0.0	0.0
2.26 mmol/L 标准品(μL)	0.0	2.5	0.0
样本(μL)	0.0	0.0	2.5
工作液(μL)	250	250	250

（4）将样品充分混合后，在 37 ℃下孵育 10 min。随后，利用酶标仪在 500 nm 处测定每个孔的吸光度。

（5）按照公式 2－5 计算血清中甘油三酯的含量。

$$甘油三酯含量(mmol/L) = (样本吸光度 － B)/(校准吸光度 － B) × C \quad (2-5)$$

式中：B 为空白吸光度；C 为标准品浓度(mmol/L)。

【注意事项】

（1）样本含量如果超出检测限，可用生理盐水稀释样本后进行测定，测定结果要乘以稀释倍数。

（2）应防止检测试剂被污染。

（3）进行酶活力测定时，所用实验用具均需清洗干净。

【思考题】

（1）在人体中，甘油三酯的主要生理功能包括哪些？

（2）人们一般所说的"血脂"主要包括哪些物质？其中是否包括甘油三酯？

（李 华）

第三节 蛋白质类实验

蛋白质类分子包含氨基酸、多肽、蛋白质等。氨基酸通常指 α-氨基酸，常见氨基酸有 20 种。α-氨基酸之间脱水缩合可形成肽键，由肽键连接形成的多聚氨基酸结构被称为多肽；分子量较大的、具有一定特殊空间结构的多肽被称为蛋白质。从化学组成上看，蛋白质类均含有碳、氢、氧、氮四种元素，具有两性，有多项功能（如作为结构物质、运输的载体、免疫抗体、催化反应的酶、调节生理过程的激素等），是生命过程中重要的物质之一。

一、氨基酸的分离纯化——纸层析法

【实验目的和要求】

（1）掌握氨基酸纸层析的步骤和分析的方法。

（2）熟悉纸层析分离的基本原理。

（3）了解氨基酸的茚三酮显色反应。

【实验原理】

纸层析法是分配层析技术的一种，以滤纸等为惰性支持物，以滤纸纤维羟基吸附水层为固定相,以展开剂(一般为有机溶剂)为流动相。当展开剂流经固定相时,待分析物质在两相间因差异化分配而得到分离。溶质在滤纸上的移动能力用 Rf 值表示: $Rf=$ 原点到层析斑点中心的距离/原点到溶剂前沿的距离,见图 $2-3$, $Rf_A=x_1/x_0$, $Rf_B=x_2/x_0$。

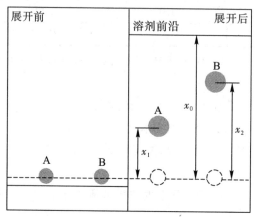

阴影部分为溶剂化的层析纸区域, x_0, x_1 和 x_2 分别为溶剂前沿,样品 A 和样品 B 距点样线的距离。

图 2-3　纸层析原理示意图

Rf 值的大小受待分析物质的结构、性质、溶剂系统、滤纸性质和操作条件等因素影响。在一定的条件下,特定物质的 Rf 值为常数。通过 Rf 值的测定和比对可鉴定未知样本中氨基酸的种类。本实验拟利用此原理分离、鉴定未知样本中氨基酸的种类。

【器材和试剂】

1. 器材

烧杯,玻璃毛细管,喷雾器,培养皿,层析滤纸,直尺,铅笔,电吹风机,托盘,针,白线,手套,50 mL 烧杯,等等。

2. 试剂

1)氨基酸标准样　将丙氨酸、天冬氨酸、赖氨酸、甘氨酸各配制为 10 μmol/L 标准溶液。

2)其他试剂及溶液　①扩展剂:正丁醇：80%甲酸：水 $=15:3:2(V/V/V)$。②显色剂:0.1%水合茚三酮正丁醇溶液 (m/V)。③平衡液:氨水。④混合氨基酸样品:从上述氨基酸中随机选出数种混合而成。⑤其他试剂:茚三酮显色液,等等。

【实验步骤】

(1)将层析纸裁成 20 cm $\times$ 20 cm 的大小,以平齐一边作为层析纸的下端。在相距底边 2 cm 的平行线处依据样品的数量设计点样位置。应在距层析纸左、右两边 2 cm 的区域内设计点样点,且点与点之间距离应大于 2 cm。

(2)点样:利用毛细现象吸取样品,共 10 μL,分多次点样,在过程中可用电吹风机适度处理,加速样斑的干燥。样斑的直径需控制在 0.5 cm 内。

(3)缝制:缝制前用 2 个装入氨水的 10 mL 烧杯,放置于层析罩中,使层析罩中的氨达到饱和;按照图 2-4 缝制层析纸,放入展槽平衡 30 min。

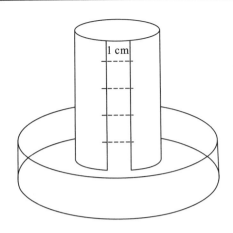

图 2-4 层析纸放置示意图

(4)倒入展开液(展开液需离点样线 0.5 cm 以上),过夜。

(5)移去层析罩,记录前沿位置,于 50 ℃烘箱中烘干(1~3 min)。

(6)取出烘干的层析纸,均匀喷洒茚三酮显色液后,再放入烘箱显色(随时观察显色情况),标记样品斑点的位置和形状,记录迁移值,数据录入表 2-8。

表 2-8 数据记录表

项目	氨基酸 1	氨基酸 2	氨基酸 3	氨基酸 4	混合氨基酸样品 1	混合氨基酸样品 2
距离						
溶剂前沿距点样线的距离						

(7)计算标准氨基酸的 Rf 值,通过比对,分析混合氨基酸样品中的种类。

【注意事项】

(1)实验全程应戴手套,避免汗液等体液污染层析纸。

(2)烘干不能过热,时间不能过长,避免氨基酸分解影响实验结果。

【思考题】

(1)实验过程中为何不能用手直接接触滤纸?

(2)影响 Rf 值的因素有哪些?

(孔 宇 冯晗珂)

二、氨基酸的分离纯化——毛细管电泳法

【实验目的和要求】

(1)掌握样品制备过程和简单的仪器操作,学会分析待测样品中的氨基酸组成。

(2)了解毛细管电泳法分离的基本原理。

【实验原理】

毛细管电泳仪的工作原理是:带电粒子在电场力下会因荷质比不同而相互分离。在常用电解缓冲液条件下,毛细管管壁表面带负电荷。毛细管加电分离时,整个毛细管中的溶液向负极移动(即形成电渗流),同时因待测物质也带有一定电荷,故而带电粒子在毛细管中的迁移速度等于粒子自身迁移速度与电渗流速度的矢量和。

当带电粒子的电泳方向与电渗流方向一致时,即粒子带正电荷,可最先通过检测器,其次是中性粒子,最后是带有负电荷的粒子。除带电荷性质以外,各个粒子的分子量、体积及形状等因素也会引起迁移速度的不同,从而实现各组分之间的分离。毛细管电泳仪的基本结构见图 2-5。

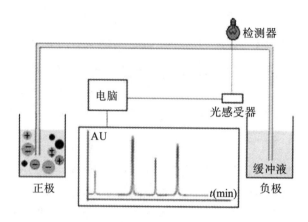

图 2-5 毛细管电泳法的基本结构示意图

【器材和试剂】

1. 器材

电子分析天平,1 mL 注射器,0.22 μm 微孔滤膜,1000/200 μL 移液枪,毛细管电泳仪(Beckman MDQ),枪头若干,等等。

2. 试剂

40 mmol/L 磷酸氢二钠溶液,40 mmol/L 磷酸二氢钠溶液,1 mol/L 氢氧化钠溶液,等等。

(1)4 mmol/L 组氨酸溶液 20 mL(pI 7.59):精确称取 0.0124 g 组氨酸,溶于 20 mL 纯水中。

(2)4 mmol/L 精氨酸溶液 20 mL(pI 10.76):精确称取 0.0140 g 精氨酸,溶于 20 mL 纯水中。

(3)4 mmol/L 半胱氨酸溶液 20 mL(pI 5.02):精确称取 0.0097 g 半胱氨酸,溶于 20 mL 纯水中。

(4)4 mmol/L 色氨酸溶液 20 mL(pI 5.89):精确称取 0.0163 g 色氨酸,溶于 20 mL 纯水中。

(5)待测物 1:将 5 mL 4 mmol/L 组氨酸溶液和 5 mL 4 mmol/L 半胱氨酸溶液混合。

(6)待测物 2:将 5 mL 4 mmol/L 组氨酸溶液和 5 mL 4 mmol/L 精氨酸溶液混合。

(7)待测物 3:将 5 mL 4 mmol/L 组氨酸溶液、5 mL 4 mmol/L 精氨酸溶液和 5 mL 4 mmol/L 半胱氨酸溶液混合。

(8)待测物 4:将 5 mL 4 mmol/L 组氨酸溶液、5 mL 4 mmol/L 精氨酸溶液、5 mL 4 mmol/L半胱氨酸溶液和 5 mL 4 mmol/L 色氨酸溶液充分混合。

【实验步骤】

(1)根据4种氨基酸的等电点和分子量,选择合适的缓冲液 pH 值,利用公式 $pH = pKa + lg(C_b/C_a)$ 计算出两种缓冲液的比例。同时,根据氨基酸性质,完成氨基酸分离结果预测表(表 2-9)。

表 2-9 氨基酸分离结果预测表

项目	组氨酸	精氨酸	半胱氨酸	色氨酸
分子量	155.2	174.2	121.2	204.2
—COOH(pKa)	1.82	2.17	1.71	2.38
—NH$_3^+$(pKa)	9.17	9.04	10.78	9.39
R 基（pKa）	6.0	12.48	8.33	
等电点				
pH 值为 5.0 时带电情况				
pH 值为 6.0 时带电情况				
pH 值为 7.0 时带电情况				
pH 值为 8.0 时带电情况				
你所选择的 pH 值条件下,氨基酸出峰顺序和原因				

(2)将按比例混合好的缓冲液和样品加入到指定规格的样品瓶中,放入仪器,编写程序,进行样品的分离。仪器操作过程简要描述如下。①打开软件,进入主界面后,根据安装的检测器选择 UV 或 DAD。②根据实验需要,修改波长等一些常见参数,选择"method"—"new method"建立新方法。③依次编辑"rinse"(水洗)、"inject"(注射)、"separate"(分离)(0~30 kV,电流不允许超过 150 μA),保存后运行即可完成一次电泳分离过程(运行前应确保试剂瓶放入正确位置!)。④使用批处理时,首先选择"sequence_new sequence"建立新的处理方法,然后选择相应的"method"(方法),设定实验次数("reps",默认为1)即可。

(3)根据标准品分离图和待测物分离图的比较,以及各物质的保留时间,确定待测物中各物质的组成。

【注意事项】

(1)添加所有溶液时,注意切勿将溶液和样品污染,以免影响检测结果。

(2)使用毛细管电泳法时,请注意瓶子放置的位置,以免将电极碰断。

(3)超过 2 h 不使用氘灯时,应关闭氘灯,以延长其寿命。关灯 2 h 后方可再次打开氘灯。

【思考题】

(1)影响毛细管电泳法分离的主要因素包括哪些?

(2)使用毛细管电泳法时应该主要注意哪些因素?

(李 华)

三、Folin -酚法测定蛋白质浓度

【实验目的和要求】

(1)学习 Folin -酚法测定蛋白质浓度的原理及方法。

(2)学会制作标准曲线,计算未知蛋白质样品浓度。

【实验原理】

蛋白质与生命起源、生命的存在及进化都有着密切关系。蛋白质浓度的测定涉及生产、科研等众多领域。目前,常用的经典方法有凯氏定氮法、双缩脲法(Biuret 法)、考马斯亮蓝法等。本实验介绍给大家的是 Folin -酚法,该方法适用于测定蛋白质浓度为 $20\sim400$ mg/L 的蛋白质溶液。

在碱性环境下,蛋白质中的肽键一般可以与铜离子反应生成复合物。Folin -酚试剂中的磷钼酸盐-磷钨酸盐可以被蛋白质中的酪氨酸和苯丙氨酸残基还原,生成深蓝色物质(主要为钼蓝和钨蓝的混合物)。在一定条件下,蓝色的颜色深度与蛋白质浓度成正比。该方法的灵敏度高,并且比双缩脲法更加灵敏。

Folin -酚试剂由两种试剂组成,分别为 Folin -酚 A 试剂和 Folin -酚 B 试剂。Folin -酚 A 试剂由碳酸氢钠、氢氧化钠、硫酸铜及酒石酸钾钠组成。蛋白质中的肽键在碱性环境下与酒石酸钾钠盐溶液发生反应,生成淡紫色的络合物。Folin -酚 B 试剂由磷钼酸、磷钨酸、硫酸、溴等组成。此试剂在碱性环境下易被蛋白质中酪氨酸的酚基还原为蓝色,其颜色深浅与蛋白质浓度成正比,所以通过测定吸光度,就可以完成对蛋白质浓度的测定。

【器材和试剂】

1. 器材

电子分析天平,试管,旋涡混匀仪,可见光分光光度计,石英比色皿,烘箱,移液枪,枪头若干,等等。

2. 试剂

碳酸钠(Na_2CO_3),氢氧化钠,五水合硫酸铜,四水合酒石酸钾钠,二水合钨酸钠($Na_2WO_4 \cdot 2H_2O$),二水合钼酸钠($Na_2MoO_4 \cdot 2H_2O$),磷酸,盐酸,硫酸锂(Li_2SO_4),溴,酚酞,牛血清白蛋白(BSA),蒸馏水,等等。

1)Folin -酚 A 试剂 ①4%碳酸钠溶液(300 mL):称取 12.0000 g 碳酸钠,溶于 288 mL 去离子水中,搅拌均匀,备用。②0.2 mol/L 氢氧化钠溶液(300 mL):称取 2.4000 g 氢氧化钠,溶于 300 mL 去离子水中,搅拌均匀,备用。③1% 硫酸铜溶液(20 mL):称取 0.3128 g 五水合硫酸铜,溶于 20 mL 去离子水中,搅拌均匀,备用。④2% 酒石酸钾钠溶液(20 mL):称取 0.5370 g 四水合酒石酸钾钠,溶于 20 mL 去离子水中,搅拌均匀,备用。

①和②等体积混合得 I 溶液;③和④等体积混合得 II 溶液;I 溶液和 II 溶液以 50∶1 (V/V)混合得 Folin -酚 A 试剂(临用前混合)。

2)Folin -酚 B 试剂 称取 100.0000 g 二水合钨酸钠、25.0000 g 二水合钼酸钠,置于 2000 mL 磨口回流瓶中,加入 700 mL 蒸馏水,再加 50 mL 85%磷酸、100 mL 浓盐酸,充分混合,接上回流管,以小火回流 10 h(烧瓶内加入玻璃珠,防止爆沸)。回流结束时,加

入 150.0000 g 硫酸锂、50 mL 蒸馏水及数滴液体溴,打开口后继续沸腾 15 min,以便驱除过量的溴。冷却后溶液呈黄色(如仍呈绿色,须再重复滴加液体溴的步骤)。稀释至 1000 mL,过滤,滤液置于棕色试剂瓶中保存。

Folin-酚 B 试剂在使用前需要确定其酸度。使用时用标准氢氧化钠溶液滴定,用酚酞作指示剂,然后适当稀释,约加 1 倍蒸馏水,使最终的酸浓度为 1 mol/L 左右。

3)标准蛋白质溶液(100 mL) 称取牛血清白蛋白 0.0400 g,溶于 100 mL 去离子水中,充分搅拌,备用,在 4 ℃ 下保存。

4)待测蛋白质溶液 可将标准蛋白质溶液用去离子水稀释 1 倍作为待测蛋白质溶液。

【实验步骤】

(1)取 18 支试管,标明编号,在试管内分别加入一定体积的标准蛋白质溶液,用蒸馏水补足至每管总体积 1.8 mL。再加入新配制的 Folin-酚 A 试剂 2.0 mL,充分混匀,在 30 ℃ 下放置 10 min。各管中加入 0.2 mL Folin-酚 B 试剂,立即混匀,然后在 30 ℃ 条件下放置 30 min。以 1 号管作空白对照,在 640 nm 波长处比色测定。标准曲线和待测样品的溶液添加体积可参考表 2-10。

表 2-10 实验操作及数据记录表

项目	1	2	3	4	5	6	7	待测物 1	待测物 2
标准蛋白质溶液(mL)	0.0	0.1	0.2	0.4	0.6	0.8	1.0	1.8	0.9
蒸馏水(mL)	1.8	1.7	1.6	1.4	1.2	1.0	0.8	0.0	0.9
Folin-酚 A(mL)	2.0	2.0	2.0	2.0	2.0	2.0	2.0	2.0	2.0
充分混匀,在 30 ℃ 下保持 10 min									
Folin-酚 B(mL)	0.2	0.2	0.2	0.2	0.2	0.2	0.2	0.2	0.2
迅速混匀,在 30 ℃ 下保持 30 min									
吸光度 $A_{640\,nm}$									

(2)以溶液中蛋白质的含量为横坐标,以 640 nm 波长处的吸光度为纵坐标,绘制蛋白质含量与吸光度的标准曲线。

(3)利用建立的蛋白质含量标准曲线,根据待测液在 640 nm 波长处的吸光度,计算出待测液蛋白质的含量。

【注意事项】

(1)试管必须干净,否则会有水分、有机试剂等引起蛋白质变性,影响定量结果。

(2)Folin-酚 B 溶液在酸性条件下稳定,而 Folin-酚 A 溶液是碱性环境,加入 Folin-酚 B 溶液后,必须立刻混匀,以便在磷钼酸盐-磷钨酸盐试剂被破坏之前,发生还原反应。

【思考题】

(1)在实验中,有哪些因素可以干扰 Folin-酚法测定蛋白质浓度?

(2)除实验中使用的 Folin-酚法测定蛋白质浓度外,还有什么其他方法可以测定蛋白质浓度?其原理是什么?

(李 华)

四、植物叶片中蛋白质含量的测定——考马斯亮蓝 G－250 染色法

【实验目的和要求】

(1)掌握分光光度法测定蛋白质含量的方法。

(2)熟悉考马斯亮蓝测定蛋白质的原理。

【实验原理】

考马斯亮蓝 G－250(coomassie brilliant blue G－250)在非结合状态下呈红色,而在稀酸性环境中可与蛋白质的疏水区结合,颜色变为青色。前者最大光吸收波长在 465 nm,后者在 595 nm,且在较宽的浓度范围内(1～1000 μg/mL),蛋白质与色素结合物的吸光度与蛋白质含量成正比,因而可用于蛋白质的定量分析。

考马斯亮蓝 G－250 与蛋白质结合反应十分迅速,2 min 左右可达到平衡,结合物在室温下 1 h 内保持稳定。此法灵敏度高(显著好于 Folin－酚法),易于操作,干扰物质少,是一种比较好的蛋白质定量方法。

【器材和试剂】

1. 器材

电子分析天平,分光光度计,研钵,烧杯,量瓶,移液管,具塞刻度试管,等等。植物叶片。

2. 试剂

(1)标准蛋白质溶液(100 μg/mL 牛血清白蛋白):称取牛血清白蛋白 25 μg,加水溶解并定容至 100 mL,吸取上述溶液 40 mL,用蒸馏水稀释至 100 mL 即可。

(2)考马斯亮蓝 G－250 溶液:称取 0.1000 g 考马斯亮蓝 G－250,溶于 50 mL 90％酒精中,加入 100 mL 85％(m/V)磷酸,再用蒸馏水定容到 1000 mL,储存在棕色瓶中。在常温下可保存 1 个月。

(3)蛋白质提取液:称取二水合磷酸二氢钠 0.4300 g、十二水合磷酸氢二钠 1.0000 g,溶于 100 mL 水中。

【实验步骤】

1. 标准曲线的绘制

取 7 支具塞试管,按表 2－11 混合试剂,放置 5 min 后测定 595 nm 处的吸光度,并以蛋白质浓度为横坐标,以吸光度为纵坐标绘制标准曲线。

表 2－11　绘制标准曲线所用试剂及加入量

试剂	1	2	3	4	5	6	7
标准蛋白质溶液(mL)	0.0	0.1	0.2	0.4	0.6	0.8	1.0
水(mL)	1.0	0.9	0.8	0.6	0.4	0.2	0.0
考马斯亮蓝 G－250(mL)	5	5	5	5	5	5	5

2. 样品测定

(1)样品提取:取植物叶片约 1 g,用研钵研磨至糊状,加入 2 mL 蛋白质提取液,充分混合 5 min,在 4000 r/min 下离心 5 min,留存上清液。

（2）吸取上清液 1 mL，放入具塞试管中（平行样品 3 个）。再加入 5 mL 考马斯亮蓝 G-250 溶液，充分混合。5 min 后测定 595 nm 的吸光度，并通过标准曲线查得蛋白质含量。

（3）结果计算：计算植物样本中蛋白质的含量（mg/g）。

【注意事项】

（1）实验中需控制显色时间，不能过长。

（2）若植物叶片提取液中色素过多，则可考虑用乙酸-丙酮法提取蛋白质，再用实验的提取液复溶提取物来排除干扰。

（孔 宇 冯晗珂）

五、反相液相色谱法测定牛奶中的酪蛋白

【实验目的和要求】

（1）掌握测定牛奶中酪蛋白、牛血清白蛋白的操作步骤。

（2）熟悉影响反相液相色谱分离效果的实验因素。

（3）了解反相液相色谱的工作原理。

【实验原理】

液相色谱法（liquid chromatography）是一种基于待分析物质在两相（即液、固两相）中作用力（或分配系数）差异实现物质分离的技术。固态部分即固定相，常见有纸（纸层析）、涂覆分离介质的薄板（薄层层析）和填充柱（柱色谱）等；液态部分即流动相，一般为水相（缓冲溶液）或有机相。

高效液相色谱法（high performance liquid chromatography，HPLC）是在传统液相色谱法的基础上降低填料粒径而形成的新分离、分析技术。因其使用了小粒径填充物，流动相的驱动阻力增加，系统内压力大大增加，故也被称为高压液相色谱法。

高效液相色谱系统主要由流动相储液瓶、脱气体系、输液泵、进样器、色谱柱、检测器、数据记录及处理部件等组成。经典的高效液相色谱仪的构造见图 2-6。目前来看，HPLC 已衍生出多种分离模式，如反相（reversed phase，RP）高效液相色谱，正相（normal phase，NP）高效液相色谱、疏水相互作用（hydrophobic interaction）高效液相色谱、离子交换（ion exchanged）高效液相色谱、亲和色谱（affinity）高效液相色谱、排阻（size exclusion）高效液相色谱。目前，HPLC 作为一种重要的分析方法，已被广泛地应用于生化分析领域。

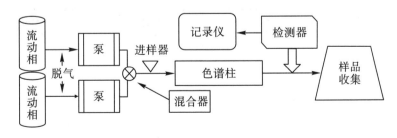

图 2-6 高效液相色谱仪构造的示意图

实验采用 RP-HPLC 模式分离、分析牛奶中的主要蛋白质类营养物质（酪蛋白、牛

血清白蛋白)的含量。依据各待分析蛋白质组分在非极性固定相(如 C_{18} 等)和极性流动相(如甲醇-水体系)中的"分配系数"的不同而实现分离。

【器材和试剂】

1. 器材

电子分析天平,依利特(eclassical 3100)液相色谱仪,pH 计,离心机,涡旋混匀仪,等等。

2. 试剂

乙腈、三氟乙酸(TFA)为色谱纯试剂,尿素(urea)、三羟甲基氨基甲烷(Tris)、柠檬酸钠和 β-巯基乙醇均为分析纯试剂。标准品:α-酪蛋白(α-casein,α-CAS)、牛血清白蛋白(bovine serum albumin,BSA)均为生物纯试剂。实验用水为高纯水,所有的溶液及样品均经 $0.22~\mu m$ 微孔滤膜过滤。

(1)尿素变性溶液:由 8 mmol/L 尿素溶液、165 mmol/L Tris 溶液、44 mmol/L 柠檬酸钠溶液和 0.3%(V/V)β-巯基乙醇溶液配制而成。

(2)标准蛋白质样品的配制方法:将 0.0100 g α-酪蛋白、0.0100 g 牛血清白蛋白溶于 1 mL 尿素变性溶液即成 1 mg/mL 的浓标准溶液;使用时按照需求用尿素变性溶液稀释到相应浓度,过膜后可直接进样。混合标准系列溶液配制时按照 α-CAS:BSA＝4:1(V/V)比例配制,用尿素变性溶液稀释。

(3)牛奶的处理方法:将牛奶样品使用前保存在 $-20~℃$ 下。测定前解冻,并在 4 ℃、1000 r/min 下离心 10 min 以去除脂肪。取去脂后的奶样 400 μL 与 1.6 mL 的尿素变性溶液混合均匀,过膜后可直接用于测定。

【实验步骤】

(1)色谱条件:色谱柱(依利特 C_8 柱,250 mm×4.6 mm,粒径为 5 μm),检测波长为 220 nm,进样量为 20 μL,柱温为室温,流速为 1.0 mL/min。流动相 A 为 0.03%三氟乙酸水溶液,流动相 B 为含 0.03%三氟乙酸的乙腈溶液。线性梯度洗脱方式进行洗脱,50 min 内流动相 B 由 15%增加至 100%,保持 5 min。分析结束后,用 100%流动相 A 平衡色谱柱 15 min。

(2)标准曲线的绘制:依表 2-12 各浓度水平配制一系列标准浓度溶液,每个样品重复进样 2 次,以峰面积均值对物质浓度绘制工作曲线。

表 2-12 工作曲线表

蛋白质浓度 (mg/mL)	α-CAS			蛋白质浓度 (mg/mL)	BSA		
	A1	A2	A-平均		A1	A2	A-平均
0.1				0.02			
0.4				0.1			
0.8				0.2			
1.6				0.4			
3.2				0.8			
6.4				1.6			

（3）将处理后的牛奶样品在相同的色谱条件下进行测定，每个样品重复测定2次，以保留时间定性，以峰面积定量。

【注意事项】

（1）有机试剂乙腈有挥发性，要注意溶剂容器的密封性。

（2）三氟乙酸有刺激性和强腐蚀性，操作需在通风橱内进行。

（3）酪蛋白有 α、β、κ 等类型。牛奶中还含有 α 乳白蛋白、β 球蛋白（A/B）等。本实验仅测定了酪蛋白中的 α 型。方法经过条件优化后同时可用于上述蛋白质的分离、分析。

【思考题】

（1）三氟乙酸的作用是什么？

（2）若实验中蛋白质的分离情况不理想，则应从哪些方面进行优化？

（孔　宇　冯晗珂）

六、还原变性胰岛素复性情况的色谱评价

【实验目的和要求】

（1）掌握用高效液相色谱监测蛋白质复性过程的方法。

（2）了解胰岛素的结构特点。

（3）学习胰岛素的还原变性、复性方法。

【实验原理】

在通常情况下，工程菌表达的外源蛋白质大都会以非活性包涵体的形式存在，无法直接使用，需将变性蛋白质恢复至活性天然构象后才能利用。但变性蛋白质在复性时效率普遍较低，极大地影响了生产的效率，增加了生产成本。如何提高变性蛋白质的复性效率已成为蛋白质相关领域研究的热点和难点之一，且目前尚无理想的解决方法。

有研究结果表明，阐明蛋白质复性的具体途径并寻找规律是解决蛋白质复性难题的关键。这就需要建立能高效检测蛋白质复性过程中折叠中间体的方法，为准确描述复性过程、寻找复性规律、提高复性效率奠定基础。本实验将以胰岛素为例，建立监测还原变性胰岛素复性过程中中间体的方法，为研究蛋白质的变性、复性提供一种思路。

胰岛素（insulin）是机体的重要激素之一，有降低血糖，促进糖原、脂肪等生物合成，抑制脂肪分解的作用。胰岛素在胰岛 β 细胞中合成，分子量为 5734，由 A、B 2 条多肽链组成。A 链有 21 个氨基酸，B 链有 30 个氨基酸。分子内共有 3 对二硫键，A、B 链之间有 2 对［A7(Cys)－B7(Cys)、A20(Cys)－B19(Cys)］，A 链内亦有 1 对二硫键［A6(Cys)－A11(Cys)］，结构示意图见图 2-7。还原变性状态时，胰岛素的所有二硫键将打开，A、B 链将相互分离，此时分离还原变性产物将得到两个色谱峰；在逐步去除变性环境后，两条链将可能随机组合，产生不同的中间体（出现多个色谱峰）；若在复性过程中改变、优化复性环境，将同样可能产生不同的（或不同比例的）中间体，通过色谱分析并与标准胰岛素比对，则可用于表征环境对变性蛋白质复性的作用。

本实验将利用反相高效液相色谱模式研究、比对经典透析复性方法中透析液条件改变对胰岛素复性效果的影响。

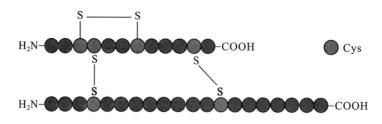

图 2-7 胰岛素的结构示意图

【器材和试剂】

1. 器材

电子分析天平,依利特(eclassical 3100)液相色谱仪,pH 计,离心机,反相色谱柱(依利特 C_8 柱,250 mm×4.6 mm,粒径为 5 μm),透析袋(截留分子量 1000),烧杯若干,等等。

2. 试剂

胰岛素,氧化型谷胱甘肽,还原型谷胱甘肽,甲醇(色谱纯),磷酸,磷酸二氢钠,磷酸二氢钾,磷酸氢二钠,磷酸氢二钾,磷酸钠,磷酸钾,三氟乙酸,等等。实验用水均为双蒸水,所有的溶液及样品均经 0.22 μm 微孔滤膜处理。

(1)蛋白质变性溶液:8 mol/L 尿素溶液加入 20 mmol/L 磷酸盐缓冲液即可,pH 值为 7.0。

(2)变性胰岛素溶液:称取胰岛素 0.0010 g,溶解于 1 mL 蛋白质变性溶液即成。

(3)还原性蛋白质变性溶液:将氧化型谷胱甘肽、还原型谷胱甘肽各 0.0050 g 溶于 100 mL 8 mol/L 尿素溶液加入 20 mmol/L 磷酸盐缓冲液(pH 值为 7.0)即可。

(4)还原性变性胰岛素溶液:称取胰岛素 0.0010 g,溶解于 1 mL 还原性蛋白质变性溶液即成。

(5)透析液:20 mmol/L 磷酸盐缓冲液,pH 值为 7.0。

(6)含氧化-还原体系的透析液:将氧化型谷胱甘肽、还原型谷胱甘肽各 0.0050 g 溶于 100 mL 上述透析液中即成。

(7)反相液相色谱流动相:A 为 5％甲醇水溶液含 0.05％三氟乙酸;B 为 95％甲醇水溶液含 0.05％三氟乙酸。

【实验步骤】

(1)取 4 个 1.5 mL 离心管,各放入蛋白质变性溶液、变性胰岛素溶液、还原性蛋白质变性溶液及还原性变性胰岛素溶液(按表 2-13 编号),总体积 1.0 mL,在室温下缓慢摇动 10 min。

表 2-13 试剂加样表

项目	1		2		3		4	
蛋白质变性溶液	−		+		−		−	
变性胰岛素溶液	+		−		−		−	
还原性蛋白质变性溶液	−		−		+		−	
还原性变性胰岛素溶液	−		−		−		+	
透析	+	−	+	−	+	−	+	−

(2)透析:将 8 个透析袋预先用去离子水浸泡 10 min,并冲洗 3 次;分别装入上一步的 1 号、1 号、2 号、2 号、3 号、3 号、4 号、4 号样品各 0.4 mL。按照表 2-13 将上述透析

袋放入两种透析液中(＋代表有氧化-还原体系的透析液,－代表透析液),每4 h更换1次相应透析液,透析24 h后可用于RP－HPLC分析。

(3)RP－HPLC:采用线性洗脱方式,先用流动相A平衡色谱柱10 min,后在50 min内流动相B的比例从0增加到100%,梯度洗脱后继续用流动相B冲洗色谱柱10 min,流速为1.0 mL/min,检测波长为280 nm,进样量为50 μL。

(4)样品分析:分别进样标准胰岛素溶液、氧化型谷胱甘肽溶液、还原型谷胱甘肽溶液、透析前后各样品,通过保留时间和峰高、峰面积的比对,计算不同条件下胰岛素的复性效率。

(5)通过对非胰岛素峰的数目和先后关系分析中间体数目,并尝试对结果进行合理解释。

【注意事项】

(1)勿用手直接接触透析袋。

(2)有机流动相有挥发性,需保证液体的密封性。

【思考题】

(1)如何证明复性后的胰岛素是有活性的?

(2)对于中间体的推断如何证实?

(孔　宇)

七、蛋白质折叠中间体分离——SDS诱导的蛋白质变性过程中折叠中间体的CE分离研究

【实验目的和要求】

(1)掌握电泳图谱变化的比对方法,并用于分析不同蛋白质变性过程中的可能机制。

(2)熟悉由SDS诱导的蛋白质变性过程,探索接近生理条件下分离、监测折叠中间体的方法。

(3)了解毛细管电泳的高效、快速、分析条件接近生理状态等优势。

【实验原理】

随着生命科学的快速发展,基因工程等生物技术为大规模生产蛋白质提供了可能。但由于基因工程生产的大部分蛋白质以变性或者无活性的状态存在(如包涵体等),在蛋白质的分离与纯化过程中通常还需要对其进行折叠复性,以恢复到原有的天然构象和活性状态。目前来看,变性蛋白质复性困难、效率低,如何提高蛋白质的折叠过程和其折叠复性效率,已成为此领域的研究热点和关注焦点。

通常来说,蛋白质折叠过程由热力学和动力学共同控制。具有一定结构的松散肽链(蛋白质变性状态)折叠成活性蛋白质并非一步完成,须经历伸展态、不完全伸展态、熔球态等中间态,即"折叠漏斗"模型(图2-8)。"折叠漏斗"模型认为,蛋白质复性过程是从高能量的变性态沿着不同途径到达天然态的过程(从热力学层面看是自发过程),在这一过程中存在很多小的凸起,这便是蛋白质在折叠过程中的一系列中间体。分离、检测蛋白质折叠复性过程中的中间体,对研究蛋白质如何从变性状态恢复其天然构象或活性、认清折叠复性机制、优化及制订针对性复性条件、提高变性蛋白质复性程度等具有重要的理论、实际应用价值。

传统的蛋白质复性及折叠中间体的检测方法有稀释、透析、超滤等,但多数方法耗时长,蛋白质聚集情况较严重,中间体的获得困难。液相色谱法因分离过程中其固定相在

蛋白质复性折叠过程中有辅助作用而具有独特优势,已成为研究蛋白质复性的重要手段之一,也已成功被用于多种蛋白质复性及折叠中间体的分离、检测,具有一定的效果,但存在流动相非天然生理状态等不足,影响了结果的准确性。

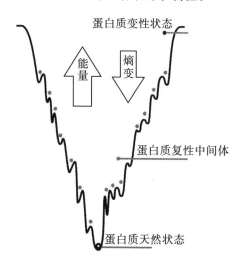

图 2-8 "折叠漏斗"模型示意图

毛细管电泳(capillary electrophoresis,CE)作为一种新型的分离手段,具有分离效率高、快速和分离条件更接近生理条件等优点,在研究溶液中蛋白质的变性、复性过程方面有独特的优势。此外,CE 根据被分析物的性质差异(如电荷、氨基酸组成及其顺序、分子大小、空间结构等)而实现分离。当蛋白质构象发生变化时,恰好伴随着带电荷状态、自身的体积等物性参数的变化,因而 CE 非常适用于蛋白质变性、复性的研究,其变性、复性特征最终会以 CE 谱图参数(迁移时间、电泳峰形与峰的数目)的改变直观反映出来。

本实验拟利用 CE 技术监测不同蛋白质在不同变性环境下的构象变化情况,在蛋白质折叠中间体的捕捉、监测和折叠机制研究方面做有益探索。如人血清白蛋白在不同 SDS 浓度下变性情况的 CE 检测图(图 2-9)。

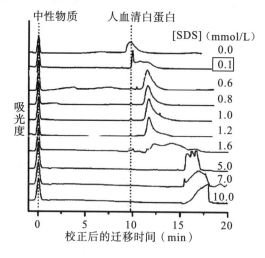

图 2-9 人血清白蛋白在不同 SDS 浓度下变性情况的 CE 检测图

【器材和试剂】

1. 器材

毛细管电泳仪(Beckman MDQ),涡旋混匀仪,容量瓶(10 mL、100 mL)各 3 个,电子分析天平,移液器(0.5～10 μL),冰箱,毛细管(内径为 50 μm)1 根,等等。

2. 试剂

十二烷基硫酸钠(SDS),牛血清白蛋白,三羟基氨基甲烷(Tris),超氧化物歧化酶(SOD),甘氨酸(Gly),α-乳清蛋白,细胞色素 c,卵白蛋白,核糖核酸酶,溶菌酶,胰蛋白酶,泛素,硫脲,等等。

(1)标准蛋白质溶液的配制(1.0 mg/mL):取泛素、超氧化物歧化酶、α-乳清蛋白、卵白蛋白、细胞色素 c、核糖核酸酶、溶菌酶、胰蛋白酶和牛血清白蛋白各 0.0015 g,分别溶于 1.5 mL 三蒸水中,充分混合溶解,过 0.22 μm 微孔滤膜后待用。

(2)电泳缓冲液的配制:分别称取 Tris 3.0285 g,Gly 14.4134 g,溶于 100 mL 水中,用容量瓶定容可得含 25 mmol/L Tris 溶液和 1.92 mol/L Gly 溶液的混合溶液。使用时直接量取该溶液 10 mL,向其中加入 90 mL 三蒸水,混匀可得 25 mmol/L Tris/192 mmol/L Gly pH 值为 8.4 的电泳缓冲液。

(3)SDS 溶液的配制:称取 SDS 0.5768 g,溶于 10 mL 水中,振荡混匀,即得 200 mmol/L SDS 母液。以母液为基准,分别配制 2 mmol/L、20 mmol/L SDS 溶液各 10 mL,待用。

(4)蛋白质样品的处理:将每种蛋白质标样分为 14 份,每份 100 μL,分别加入 SDS 溶液 0 μL,2 mmol/L SDS 溶液 5 μL,20 mmol/L SDS 溶液 1 μL,20 mmol/L SDS 溶液 2 μL,20 mmol/L SDS 溶液 3 μL,20 mmol/L SDS 溶液 4 μL,20 mmol/L SDS 溶液 5 μL,20 mmol/L SDS 溶液 6 μL,20 mmol/L SDS 溶液 8 μL,200 mmol/L SDS 溶液 1 μL,200 mmol/L SDS 溶液 2 μL,200 mmol/L SDS 溶液 3 μL,200 mmol/L SDS 溶液 4 μL,200 mmol/L SDS 溶液 5 μL,每份样品总体积不足 110 μL 的用三蒸水补足。用移液器充分混合,转入微量进样瓶,在 4 ℃下静置 24 h 后待用。

(5)缓冲溶液、样品溶液、水和氢氧化钠溶液均需用 0.22 μm 微孔滤膜过滤。

【实验步骤】

(1)在实验开始前依次用 0.1 mol/L 氢氧化钠溶液、水,在 20 *p.s.i* 下冲洗毛细管各 2 min。每次分析前用分离缓冲溶液在 20 *p.s.i* 下冲洗毛细管 2 min。

(2)毛细管电泳分离条件:分离电压为 5 kV,检测波长为 214 nm,分离缓冲溶液为 Tris-Gly 电泳缓冲液(Tris 25 mmol/L,Gly 192 mmol/L,pH 值为 8.4),毛细管总长为 60.2 cm,有效长度为 50.0 cm。进样量为 0.5 *p.s.i*,5～20 s,毛细管温度为 20 ℃。

(3)在相同条件下分析不同浓度 SDS 溶液处理的蛋白质样本,参照表 2-14 记录实验数据;对比不同条件下同一蛋白质样本峰的数量、迁移时间的变化,推测蛋白质复性过程的特点。

(4)实验结束后,在 20 *p.s.i* 的压力下分别用水、0.1 mol/L 氢氧化钠溶液、水依次冲洗毛细管各 5 min。

【实验结果记录】

参照表 2-14 记录不同浓度 SDS 溶液下相应蛋白质的迁移时间(相对于电渗流的迁

移时间)变化情况,并参照原理中的图整理出相应蛋白质的变性中间体 CE 分离对比图 (当单次分析出现多峰时,可自行修改记录表格)。

表 2 – 14 不同浓度 SDS 溶液下不同蛋白质的迁移时间

SDS 终浓度 (mmol/L)	泛素	超氧化物歧化酶	α-乳清蛋白	卵白蛋白	细胞色素 c	溶菌酶	核糖核酸酶	牛血清白蛋白	胰蛋白酶
0.0									
0.1									
0.2									
0.4									
0.6									
0.8									
1.0									
1.2									
1.6									
2.0									
4.0									
6.0									
8.0									
10.0									

【思考题】

(1)毛细管内壁对蛋白质的吸附常常会影响到分离的重现性,实验中采取了什么措施预防? 还有哪些方法?

(2)蛋白质对不同浓度 SDS 溶液耐受能力是否一样? 为什么会产生这些差别?

(3)本实验只分离了蛋白质在 SDS 变性过程中的较稳定的中间体,若换成其他变性剂情况又将如何,实验如何展开? 若变性、复性过程在较短时间完成,则应如何设计实验?

(孔 宇)

八、血液中谷胱甘肽的检测——毛细管电泳乙腈盐在线堆积技术(阴离子模式)

【实验目的和要求】

(1)掌握乙腈盐在线堆积技术的操作步骤。

(2)熟悉谷胱甘肽等电点的计算方法。

(3)了解毛细管电泳乙腈盐在线堆积技术的原理。

【实验原理】

谷胱甘肽广泛存在于自然界,是生物体内维持正常氧化应激水平的重要活性物质。谷胱甘肽分为还原型谷胱甘肽和氧化型谷胱甘肽两种,结构见图 2 – 10。

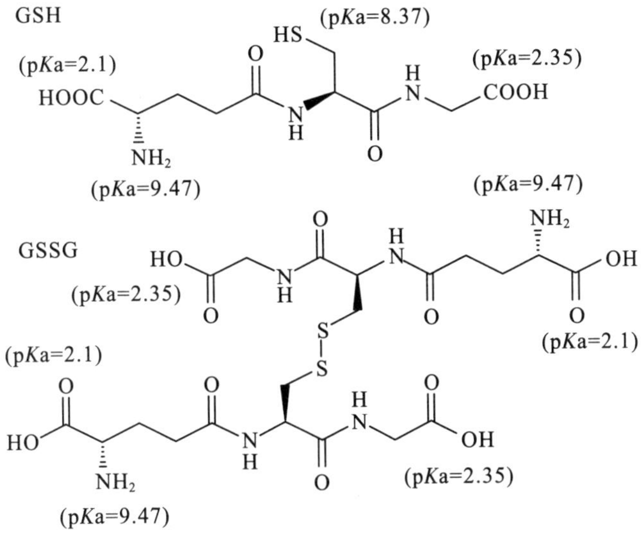

图 2-10　谷胱甘肽的结构式及其基团解离常数示意图

从结构式可以看出,谷胱甘肽没有强的紫外特征吸收。加之,血液中谷胱甘肽的含量低,因此在紫外线下直接检测谷胱甘肽较为困难,通常需要借助其他检测方式,如电化学检测器、荧光检测器等实现对谷胱甘肽的检测。不过,这些方法或使用到普及性不强的检测器,或需要额外的样品处理步骤,限制了方法的普及。

毛细管电泳乙腈盐堆积技术(acetonitrile - salt stacking technique, ASST)是利用待测物质在分离缓冲液和样品区带中迁移速率不同而实现物质的富集和分离的方法。毛细管电泳在线堆积技术通常利用待分析物的特性或/和在不同环境、电场下差速迁移等现象,使样品中待测物质"电致"聚集,最终使待测物质区域浓度增加而实现检测。毛细管电泳在线堆积技术有着样品处理容易、操作简便等特点,在分析化学尤其是生化分析领域有较大的应用前景。

堆积机制示意图见图 2-11。

【器材和试剂】

1. 器材

电子分析天平,毛细管电泳仪(Beckman MDQ 2000),带积分软件和固定波长的紫外检测器,15~60 ℃的自动控温装置和 Beckman 工作站软件,75 μm 内径的未涂层毛细管(总长为 31.2 cm,有效长度为 20 cm),pHS-25 型 pH 计,离心机,氮气瓶,冰箱,等等。

2. 试剂

氧化型谷胱甘肽,还原型谷胱甘肽,乙腈,氯化钠,硼酸,硼酸钠,等等。实验用水均为双蒸水,所有的溶液及样品均经 0.22 μm 微孔滤膜处理。

(1)谷胱甘肽标准溶液:分别称取氧化型谷胱甘肽、还原型谷胱甘肽 0.0613 g、0.0307 g,溶于 1 mL 水中即成 100 μmol/L 标准溶液。

(2)300 mmol/L 氯化钠溶液:称取 0.1755 g 氯化钠,溶于 10 mL 水中即成。

(3)以 300 mmol/L、pH 值为 8.0 的硼酸缓冲液为电泳用缓冲液(buffer):称取 1.8500 g

硼酸和 11.4400 g 硼酸钠,分别溶于 100 mL 水中。通过调整两溶液间比例即可得到 300 mmol/L pH 值为 8.0 的缓冲液。

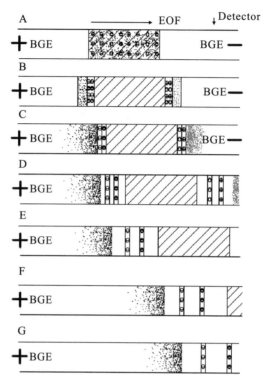

图 2-11 堆积机制示意图

【实验步骤】

(1)标样配制:将氧化型谷胱甘肽、还原型谷胱甘肽浓溶液用双蒸水配制(约 100 μmol/L),储存于 4 ℃冰箱中,1 周内使用。

实验样品配制:100 μL 样品中含有氧化型谷胱甘肽、还原型谷胱甘肽浓溶液各 5 μL,乙腈 70 μL,背景缓冲液 10 μL,300 mmol/L 氯化钠溶液 10 μL。

当进行实验方法优化时,因条件变化导致样品总体积不足 100 μL 的,用双蒸水稀释至 100 μL。

(2)血液样品处理:新鲜血液样品先通氮气(5 min)保护,后置于 −20 ℃冷冻 10 min。溶血后取血清样品 300 μL 于 1.5 mL 离心管中,向其中加入 700 μL 的乙腈,充分混合后再置于 −20 ℃冷冻 10 min,后在 10 000 r/min(9762 g 离心力)下冷冻离心 10 min。上清液直接用于 CE 测定分析。

(3)电泳:实验前用缓冲液平衡毛细管柱 10 min,再按下述方法进行堆积实验。首先用缓冲液冲洗毛细管 1 min(20 $p.s.i$),然后使用压力方式进样(实验默认为 0.5 $p.s.i$ 下进样 24 s)。进样完毕后,在毛细管两端施加 +5 kV 的电压 20 min;毛细管温度设置为 20 ℃;检测波长设置为 200 nm;实验完毕后,用双蒸水冲洗毛细管 10 min(20 $p.s.i$)。

(4)配制一系列标准物质:按表 2-15 记录峰高或峰面积,选择合适的定量参数绘制标准曲线。

表 2-15 标准曲线绘制表

浓度(mol/L)	还原型谷胱甘肽			氧化型谷胱甘肽		
	A1	A2	A-平均	A1	A2	A-平均
1						
5						
10						
20						
40						
80						

(5)测定血样(平行 2 份):每个样品测定 5 次,依据标准曲线计算血样中谷胱甘肽的浓度(数据记录表自行设计)。

【注意事项】

(1)若频繁出现断流情况,则建议将缓冲液等进行超声脱气(5 min)或过膜处理。

(2)样品中乙腈挥发性强,请注意样品的密封。

(3)过滤时要注意区分水相、有机相滤膜。

【思考题】

(1)乙腈盐堆积技术的原理是什么?

(2)样品中乙腈的比例、氯化钠浓度等对结果是否有影响?试解释原因。

(3)实验中氮气保护样品是否有必要?

（孔 宇）

第四节 核酸类实验

核酸类物质由碱基、(脱氧)核糖和无机磷酸构成。核酸不仅承载着生命的遗传信息,而且与多项生理过程和功能相关。根据化学组成不同,核酸可分为核糖核酸(ribonucleic acid,RNA)和脱氧核糖核酸(deoxyribonucleic acid,DNA)两大类,具有不同功能。如 tRNA 能携带、转运氨基酸,mRNA 能作为蛋白质合成模板,rRNA 能参与构成核糖体等。DNA 双螺旋结构示意图见图 2-12。

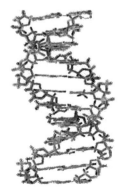

图 2-12 DNA 双螺旋结构示意图

本节旨在通过实验加深学生对核酸基本性质、分离获取核酸的方法及重要核苷酸的检测方法等知识的理解和掌握,为后续课程打下基础。

一、肝组织中 DNA 的分离、提取及鉴定

【实验目的和要求】

(1)掌握玻璃匀浆机和离心机的使用方法。

(2)熟悉 DNA 的提取原理和肝组织中 DNA 的提取方法。

【实验原理】

在生物有机体内,DNA 通常与蛋白质(组蛋白)相互作用,形成 DNA 蛋白质复合体,并且主要存在于细胞核中。因此,分离、提取核酸首先要将细胞破碎,制成匀浆,使核酸处于容易被提取的状态;再根据结合 RNA、DNA 的核蛋白在 0.14 mol/L 氯化钠溶液中溶解度的不同而进行分离。结合 RNA 的核蛋白易溶于 0.14 mol/L 氯化钠溶液中,而结合 DNA 的核蛋白则易溶于 1 mol/L 氯化钠溶液中(在 0.14 mol/L 氯化钠溶液中溶解度很低)。在除去蛋白质方面,采用氯仿-异戊醇法:蛋白质变性剂加入结合 RNA、DNA 的核蛋白溶液中,溶液会出现浑浊,离心后溶液分为三层,即下层为氯仿,中层为变性蛋白质凝胶,上层是含有核酸的水溶液。最终,利用核酸不溶于乙醇等有机溶剂的性质使核酸从上清液中沉淀、析出。

【器材和试剂】

1. 器材

电子分析天平,组织破碎机,冷冻离心机,玻璃匀浆机,微量核算定量仪,离心管,高压蒸汽灭菌锅,滤纸,剪刀,移液枪,枪头若干,等等。

2. 试剂

氯仿,异戊醇,氯化钠,无水乙醇,等等。

(1)0.14 mol/L 氯化钠溶液:称取 4.0950 g 氯化钠,溶于 500 mL 纯水中并灭菌。

(2)1 mol/L 氯化钠溶液:称取 29.2500 g 氯化钠,溶于 500 mL 纯水中并灭菌。

(3)1.5 mol/L 氯化钠溶液:称取 3.8750 g 氯化钠,溶于 500 mL 纯水中并灭菌。

(4)95%酒精:将 95 mL 无水乙醇与 5 mL 去离子水充分混合均匀即成。

(5)氯仿-异戊醇混合液(20∶1,V/V):将氯仿与异戊醇按照体积比是 20∶1 的比例充分混合均匀即可,放在 4 ℃冰箱中备用。

【实验步骤】

(1)肝匀浆的制备:取新鲜猪肝,用冷的生理盐水洗去肝脏表面的血液,用滤纸吸干水分,立即剪碎,称取 15.0000 g 并放入组织破碎机中,加入预冷的 0.14 mol/L 氯化钠溶液约 50 mL,置于高速组织破碎机内间断破碎约 2 min,再加 0.14 mol/L 氯化钠溶液至总体积为 80 mL,即制成肝匀浆。

(2)DNA 核蛋白的分离:取肝匀浆 4 mL,放入离心管中,盖紧离心管盖子,在 3000 r/min、4 ℃下离心 20 min,下层为含有 DNA 核蛋白的沉淀。用 2~3 倍体积的 1.5 mol/L 氯化钠溶液将下层的含有 DNA 核蛋白的沉淀物转移至玻璃匀浆机,仔细研磨数分钟,使 DNA 核蛋白呈匀浆混合液,倒入离心管中备用。

　　(3)去除蛋白质,沉淀 DNA:将 DNA 核蛋白匀浆混合液在 3000 r/min、4 ℃下离心 20 min。取出上层 DNA 核蛋白提取液于新的离心管中,加入等体积(或多倍体积)氯仿-异戊醇混合液,用盖子盖紧管口,振摇 10 min 后在 3000 r/min 下离心 15 min。此时溶液分为三层,吸出上清液置于离心管中,加 2～3 倍体积冰的 95% 酒精,用玻璃棒轻轻搅拌,可见有白色纤维状的 DNA 缠绕在枪头上(或为乳白色絮状沉淀),在 3000 r/min、4 ℃下离心 15 min,弃去上层酒精,沉淀即为 DNA 粗品。

　　(4)向 DNA 沉淀物中加入 2 mL、1.0 mol/L 氯化钠溶液使之溶解,若浑浊,可离心 5～10 min,上清液做 DNA 纯度和含量的测定。提取液适量稀释后分别鉴定核酸的纯度及核酸含量。

　　【注意事项】

　　(1)操作中注意被提取物存在于上清液或沉淀中,要保留所需的部分进行后续步骤。

　　(2)离心机需要提前预冷,且使用时需配平。

　　【思考题】

　　(1)分析自己的实验结果,结合实验原理,提出实验可能的改进方案是什么。

　　(2)结合理论课程,思考引起 DNA 变性的因素有哪些,以及 DNA 降解与 DNA 变性的主要区别。

(李　华)

二、组织中 RNA 的提取

　　【实验目的和要求】

　　(1)掌握离心机的正确使用方法。

　　(2)熟悉 Trizol 法提取 RNA 的原理和方法。

　　【实验原理】

　　在研究基因的表达或调控中,常常要从组织或细胞中分离、纯化和提取 RNA。RNA 在遗传信息由 DNA 传递到表现生命性状的蛋白质过程中有着重要的作用。因为 RNA 结构的特殊性(单链结构),加之在环境中有较为广泛分布的 RNA 酶,以及微生物也可以很快地降解 RNA,所以在抽提 RNA 时需要注意杜绝外源酶和内源酶的降解。因此,我们在实验中选用了 Trizol 试剂。其原理是:Trizol 是一种新型总 RNA 抽提试剂,其中包含酚、异硫氰酸胍和 β-巯基乙醇等物质,可以迅速破碎细胞,抑制细胞释放出核酸酶。其中,酚类物质能使核蛋白与核酸解聚,使蛋白质有效变性;异硫氰酸胍是一类强力的蛋白质变性剂,可溶解蛋白质,并使蛋白质二级结构消失,细胞结构降解;β-巯基乙醇主要破坏核糖核酸酶(RNase)蛋白质中的二硫键。

　　通过 Trizol 的作用,RNA 被完整地释放出来。氯仿的加入可以使样品分成水样层和有机层。RNA 存在于水样层中,收集水样层,并加入异丙醇沉淀,利用离心法收集 RNA,最后复溶,便可以得到所需的 RNA 样品。

　　【器材和试剂】

　　1. 器材

　　电子分析天平,冷冻离心机,微量核酸定量仪,磁力搅拌器,高压蒸汽灭菌锅,水浴锅,移液枪,灭菌枪头若干,没有 RNA 酶的(RNase free)EP 管,等等。肝脏组织。

2. 试剂

Trizol,氯仿,异丙醇,75％酒精,焦碳酸二乙酯(DEPC)水,灭菌蒸馏水,等等。

(1)75％酒精:将 75 mL 无水乙醇与 25 mL 灭菌一级水充分混合均匀。

(2)DEPC 水:将 DEPC 原液以 1:1000 的比例进行稀释,加入一级水中,可见油滴状沉淀,放于磁力搅拌器上搅拌过夜或 1 d,至油滴状沉淀完全溶解之后灭菌,再分装,保存于−20 ℃。

【实验步骤】

(1)先将氯仿、异丙醇和 75％酒精置于冰上预冷。同时,用冷的灭菌蒸馏水洗去肝脏组织上残留的血液。

(2)在冰上,快速剪取 70 mg 左右的组织(不能超过 100 mg),放入加有玻璃珠的匀浆管,加入 1 mL Trizol,机械匀浆后在冰上放置 10 min。待泡沫消失后,将匀浆液转移至没有 RNA 酶的 EP 管,将 EP 管在 4 ℃下 13 000 g 离心 15 min,取上清液于新的没有 RNA 酶的 EP 管中。

(3)向上清液中加入 200 μL 体积的氯仿,涡旋振荡 15 s,静置 2～3 min,直至溶液分层。

(4)将 EP 管在 4 ℃下 13 000 g 离心 15 min。离心后的溶液分为三层,用枪头沿管内壁吸取约 60％ Trizol 体积的上层的水相溶液于新的没有 RNA 酶的 EP 管中。在此过程中要避免吸出中间的白色沉淀。

(5)向吸取的溶液中加入等体积的异丙醇,翻转 15～20 次,在室温下静置 10～20 min。

(6)将 EP 管在 4 ℃下 3 000 g 离心 15 min,可观察到管底有白色沉淀,吸弃上清液。

(7)向 EP 管中加入 1 mL 预冷 75％酒精,翻转 15～20 次,注意白色沉淀要漂浮在液体中。

(8)将 EP 管在 4 ℃下 13 000 g 离心 10 min,吸弃上清液,再在 4 ℃下 13 000 g 离心 1 min,将酒精吸干净,将 EP 管盖打开 5 min,使酒精得到充分挥发。

(9)最后,向 EP 管中加入 10 ～20 μL 预冷的 DEPC 水溶解沉淀,于 60 ℃水浴 5 min,以充分溶解沉淀。

【注意事项】

(1)操作中尽量避免 RNA 被 RNA 酶污染,因此全程应在通风橱内进行,并佩戴口罩和手套,所有枪头和 EP 管均需使用无 RNA 酶的。

(2)离心机需要提前预冷和配平。

【思考题】

(1)结合实验原理,思考造成 RNA 提取质量低的原因是什么。

(2)在实验中,如果 RNA 中有基因组 DNA 污染,该采取有效的方法是什么?

(李 华)

三、组织中三磷酸腺苷的检测

【实验目的和要求】

(1)掌握组织中 ATP 含量检测的基本方法。

(2)熟悉解剖小鼠的过程和方法(具体实验操作可以参考第一章的第三节)。

【实验原理】

三磷酸腺苷(ATP)是生物体内能量形式的最基本载体,其含量变化直接影响到各个器官的能量代谢水平。ATP 作为最重要的能量分子,在细胞的各种生理、病理过程中起着重要作用。通常,细胞在凋亡、坏死或处于一些毒性状态下,ATP 水平会下降,而高葡萄糖等一些外部刺激可以上调细胞内 ATP 的水平。ATP 水平的下降也表明线粒体功能的下降或受损,细胞凋亡时,ATP 水平的下降常与线粒体膜电位下降同时发生。本实验利用 ATP 含量测定试剂盒检测组织中的 ATP 含量。

其主要原理是:根据萤光素酶催化荧光素产生荧光时需要 ATP 提供能量来催化该反应的完成。当萤火虫萤光素酶和荧光素都过量时,在一定的浓度范围内荧光的强度与 ATP 的浓度成正比,这样就可以高灵敏地检测溶液中的 ATP 浓度。本试剂盒在 10 nmol/L~10 μmol/L 可以形成良好的标准曲线。

【器材和试剂】

1. 器材

酶标仪,组织匀浆机,冷冻离心机,离心管(2 mL 和 15 mL 两种),高压蒸汽灭菌锅,剪刀,移液枪,枪头若干,等等。C57 小鼠。

2. 试剂

75%酒精,ATP 检测试剂盒(碧云天,具体组成见表 2-16),蒸馏水,等等。

表 2-16 ATP 检测试剂盒试剂表

试剂	包装	保存条件
ATP 检测试剂	0.2 mL(每管 50 μL,共 4 管)	在-20 ℃下避光保存
ATP 检测试剂稀释液	20 mL	
ATP 标准溶液(0.5 mmol/L)	0.1 mL	
ATP 检测裂解液	100 mL	

【实验步骤】

(1)按照每 20 mg 组织加入 100~200 μL 裂解液的比例加入裂解液,然后用组织匀浆机或其他匀浆设备进行匀浆。应充分匀浆,以确保组织被完全裂解。裂解后放于离心管并在 4 ℃下 12 000 g 离心 5 min,取上清液于新的离心管中,用于后续的测定。

(2)冰浴上溶解待用试剂,把 ATP 标准溶液用 ATP 检测裂解液稀释成适当的浓度梯度(0.1 μmol/L、0.5 μmol/L、1 μmol/L、5 μmol/L、10 μmol/L)。在后续的实验中,可以根据样品中 ATP 的浓度对标准溶液浓度进行适当调节。

(3)按照每个样品或标准品需 100 μL ATP 检测工作液的比例配制适当量的 ATP 检测工作液。把待用试剂在冰浴上溶解。取适量的 ATP 检测试剂,按照 1∶100 的比例用 ATP 检测试剂稀释液稀释 ATP 检测试剂(例如,50 μL ATP 检测试剂可以加入 5 mL ATP 检测试剂稀释液配制成 5 mL ATP 检测工作液)。稀释后的 ATP 检测试剂即为用于后续实验的 ATP 检测工作液,要暂时保存在冰浴上。

(4)加 100 μL ATP 检测工作液到对应的检测孔中,在室温下放置 3~5 min。

（5）在检测孔内分别加入 20 μL 样品、标准品和空白对照品（用 ATP 检测裂解液代替），迅速用移液枪混匀，至少间隔 2 s 后，利用酶标仪检测每一个孔的化学荧光值。根据标准曲线计算出样品中 ATP 的浓度。

（6）利用剩余上清液进行蛋白质定量（可采用聚氰基丙烯酸正丁酯，BCA 法），最后采用检测出的 ATP 含量与蛋白量的比值，将 ATP 的浓度表示为"nmol/mg"的形式。

注：以上步骤参照碧云天 ATP 试剂盒说明书。

【注意事项】

（1）ATP，特别是裂解后样品中的 ATP，在室温下不太稳定，需在 4 ℃ 下或冰上操作。

（2）检测 ATP 时应使用孔和孔之间不透光的 96 孔白板或黑板。

【思考题】

（1）为什么要先在空的检测孔中加入 100 μL ATP 检测工作液？

（2）为什么要在最后将 ATP 的含量与蛋白量求比值？

（李　华）

第五节　酶 类 实 验

酶（enzyme）是由活细胞产生的，对底物具有特异性且具有高效催化能力的蛋白质或核酸类物质。迄今为止已发现 4000 多种酶，可分为七类，即氧化还原酶类（oxido-reductase）、转移酶类（transferase）、水解酶类（hydrolase）、裂解酶类（lyase）、异构酶类（isomerase）、合成酶类（synthetase）和移位酶类（translocase）。酶的存在能大大降低相应反应的活化能，使反应速率大幅度加快；同时酶对催化的反应类型、底物、分子结构或官能团有较高的专一性。生命过程中的每一步几乎都与酶相关，失去酶，生命将无法生存。

本节旨在通过实验，促使学生进一步掌握酶反应参数的测定思路和方法，熟悉酶促反应的特性（例如，水解酶类反应见图 2-13）和影响酶促反应速率的因素，并了解酶的固定化及应用情况。

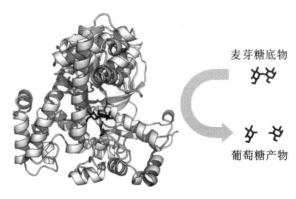

图 2-13　麦芽糖在水解酶的作用下生产葡萄糖

一、酶底物对酶促反应速率的影响

【实验目的和要求】

(1)掌握检测酶的专一性的原理及方法。

(2)熟悉排除干扰因素的实验设计思路,设计酶学实验。

(3)了解酶的专一性。

【实验原理】

酶的专一性指酶对特定底物及催化反应的选择性。通常,酶只能催化一种化学反应或一类相似的化学反应。不同的酶具有不同程度的专一性。酶的专一性可分为绝对专一性、相对专一性和立体专一性三种类型,也可分为结构专一性和立体异构专一性。

本实验以唾液淀粉酶对淀粉及蔗糖的催化作用为例,观察酶的专一性。

淀粉可以分为直链淀粉和支链淀粉两类。直链淀粉为无分支的螺旋结构,由 $200\sim300$ 个 α-葡萄糖以 $\alpha-1,4$-糖苷键连接而成;支链淀粉不仅有 $\alpha-1,4$-糖苷键,还有 $\alpha-1,6$-糖苷键相连。因此,支链淀粉是在直链淀粉基础上形成分支结构的。然而,蔗糖是一种双糖,由 α-葡萄糖和 β-果糖以 $\alpha-1,2-\beta$-糖苷键相连组成。

从分子结构上看,淀粉几乎没有半缩醛基,而蔗糖也全无半缩醛基,因此它们与 Benedict 试剂无法进行呈色反应,即无还原性。但在淀粉和蔗糖发生水解反应后,其水解产物为葡萄糖和果糖,这两种水解生成的己糖可以形成半缩醛基,进而可与 Benedict 试剂发生反应,生成红色的氧化亚铜沉淀。因此,本实验以此颜色反应观察淀粉酶和蔗糖酶对淀粉及蔗糖的水解作用。

【器材和试剂】

1. 器材

电子分析天平,试管架 1 只,试管 10 支,烧杯(100 mL 5 个,200 mL 5 个),水浴锅,恒温箱,量筒,等等。

2. 试剂

(1)新鲜唾液:每位学生进入实验室后自己制备。新鲜唾液 1 mL 左右,用蒸馏水稀释。稀释倍数因人而异,可稀释 $100\sim400$ 倍,甚至更高。

(2)蔗糖酵母溶液:称取干酵母 100.0000 g,置于研钵中,加入少许蒸馏水和石英砂,用力研磨,提取,1 h 后加蒸馏水,使总体积为 500 mL。

(3)Benedict 试剂:试剂 1,在 100 mL 水中加入 21.2500 g 柠檬酸钠和 12.5000 g 无水碳酸钠;试剂 2,在 12.5 mL 热水中加入 2.1300 g 无水硫酸铜;把试剂 1 和试剂 2 混合,滤去沉淀即成。

(4)2%蔗糖溶液:称取 2.0000 g 蔗糖,溶于 100 mL 水中。

(5)含 0.3%氯化钠溶液的 0.5%淀粉溶液(新鲜配制):称取 0.5000 g 淀粉,用热水溶解后加入 0.3000 g 氯化钠,溶于 100 mL 水中,混匀。

【实验步骤】

1. 检查试剂

取 3 支试管,按表 2-17 操作。

表 2 - 17　试剂加样表

项目	0	1	2
0.5%淀粉溶液(含 0.3%氯化钠溶液)(mL)	—	3	—
2%蔗糖溶液(mL)	—	—	3
蒸馏水(mL)	3	—	—
Benedict 试剂(mL)	2	2	2
沸水煮沸 3 min 左右			
观察结果			

2. 淀粉酶的专一性

取 3 支试管,按表 2 - 18 操作。

表 2 - 18　试剂加样表

项目	0	1	2
稀释的唾液(mL)	1	1	1
0.5%淀粉溶液(含 0.3%氯化钠溶液)(mL)	3	—	—
2%蔗糖溶液(mL)	—	3	—
蒸馏水(mL)	—	—	3
摇匀置于 37 ℃水中,保温 15 min			
Benedict 试剂(mL)	2	2	2
沸水煮沸 3 min 左右			
观察结果			

3. 蔗糖酶的专一性

取 3 支试管,按表 2 - 19 操作。

表 2 - 19　试剂加样表

项目	0	1	2
蔗糖酶溶液(mL)	1	1	1
0.5%淀粉溶液(含 0.3%氯化钠溶液)(mL)	3	—	—
2%蔗糖溶液(mL)	—	3	—
蒸馏水(mL)	—	—	3
摇匀置于 37 ℃水中,保温 15 min			
Benedict 试剂(mL)	2	2	2
沸水煮沸 3 min 左右			
观察结果			

【思考题】

(1)在观察酶的专一性实验中,为什么要设计三组实验?各组实验有何意义?

(2)此实验为什么要使用 0.5%淀粉溶液(含 0.3%氯化钠溶液)?0.3%氯化钠溶液的作用是什么?

(李　华)

二、底物浓度对酶促反应速率的影响——K_m值的测定

【实验目的和要求】

(1)以胰蛋白酶为例,掌握用双倒数作图法测定酶促反应米氏常数的原理和方法。

(2)了解底物浓度对酶促反应速率的影响。

【实验原理】

在表示底物浓度与酶促反应速率的关系中,米氏方程有重要的生物学意义:$v=V[S]/(K_m+[S])$,式中,v 代表初速度,V 为最大反应速度,$[S]$ 为底物浓度,K_m 为米氏常数。其中,K_m值(酶促反应速率达到最大反应速度一半时所对应的底物浓度)是酶的生物学特征之一。不同酶对应的 K_m 值不同,同一种酶催化不同底物反应时其 K_m 值也有所不同。K_m值的大小可近似反映酶与底物亲和力的强弱,K_m值越大,表明亲和力越小;反之亦然。大多数纯酶的 K_m 值在 $0.01\sim100$ mmol/L。

本实验以胰蛋白酶(trypsin)为例,采用双倒数作图法测定胰蛋白酶的 K_m值(图 2-14)。胰蛋白酶可催化由碱性氨基酸的羧基所形成的肽键、酰胺键和酯键的水解,并且胰蛋白酶的催化活性敏感度为酯键>酰胺键>肽键。在实验中,选用苯甲酰-L-精氨酰-对硝基苯胺(简称为 BAPA 或 BAPNA)为底物,利用胰蛋白酶催化酰胺键水解的特性,在反应体系 pH 值为 8.1、28 ℃的条件下,可将一分子的 BAPA 水解成一分子的苯甲酰-L-精氨酸和一分子的对硝基苯胺。其中,BAPA 的最大光吸收波长为 315 nm,而高于 400 nm 几乎无任何光吸收。对硝基苯胺则在 380 nm 处有最大光吸收值,且在 410 nm 处仍有很大的光吸收值。随着水解反应的进行,产物对硝基苯胺含量的不断增加,反应液的颜色也由无色变为淡茶黄色。因此,可以通过测定反应体系中的对硝基苯胺在 410 nm 处的光吸收值计算出胰蛋白酶的 K_m值。

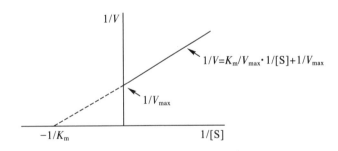

图 2-14　米氏方程双倒数线性关系

【器材和试剂】

1. 器材

紫外分光光度计,可调电热恒温水浴箱,电子分析天平,秒表,容量瓶,试管若干,移液枪,枪头若干,等等。

2. 试剂

0.1 mol/L 三羟甲基氨基甲烷盐酸(Tris-HCl)底物缓冲液(内含 0.4%氯化钙溶液,pH 值为 8.1),1 mmol/L BAPA 溶液,60%乙酸溶液,0.6 mg/mL 胰蛋白酶溶液,等等。

（1）0.1 mol/L Tris-HCl 底物缓冲液（内含 0.4％氯化钙溶液，pH 值为 8.1）：精确称取 Tris 6.0570 g 和无水氯化钙 2.0000 g，加入 450 mL 去离子水，使其完全溶解，加入盐酸调节其 pH 值，使其达到 8.1，最后定容至 500 mL。

（2）1 mmol/L BAPA 溶液 200 mL：称取 0.0435 g BAPA，加入 90 mL 蒸馏水，放在 90 ℃水浴中加热溶解，然后迅速放在冰浴中冷却，用蒸馏水定容至 100 mL。使用前用水稀释成所需浓度。

（3）60％乙酸溶液（V/V）150 mL：将 94.6 mL 冰乙酸和 55.4 mL 纯水混合即成。

（4）0.6 mg/mL 胰蛋白酶溶液：精确称取 0.3000 g 胰蛋白酶，使其完全溶解于 500 mL 0.001 mol/L 盐酸溶液中，在 4 ℃下保存，备用。

【实验步骤】

（1）将 1 mmol/L BAPA 溶液用蒸馏水稀释成 6 种不同的浓度，对试管编号后按照表 2-20 加样。表中 1、3、5、7、9、11 号管为测定管，2、4、6、8、10、12 号管为对照管。

表 2-20 K_m 测定加样顺序表

组别	管号	底物缓冲液（mL）	底物（mL）	水（mL）	酶（mL）	总体积（mL）	终浓度（mmol/L）
①	1	1.6	0.2	1.8	0.4	4.0	0.05
	2	1.5	0.2	2.3	0.0	4.0	0.05
②	3	1.6	0.4	1.6	0.4	4.0	0.1
	4	1.5	0.4	2.1	0.0	4.0	0.1
③	5	1.6	0.8	1.2	0.4	4.0	0.2
	6	1.5	0.8	1.7	0.0	4.0	0.2
④	7	1.6	1.2	0.8	0.4	4.0	0.3
	8	1.5	1.2	1.3	0.0	4.0	0.3
⑤	9	1.6	1.6	0.4	0.4	4.0	0.4
	10	1.5	1.6	0.9	0.0	4.0	0.4
⑥	11	1.6	2.0	0.0	0.4	4.0	0.5
	12	1.5	2.0	0.5	0.0	4.0	0.5

（2）将加好底物的各试管在 28 ℃恒温水浴箱中保温 2 min 以上，待管内温度恒定后，向测定管内加入 0.4 mL 酶溶液，立即混匀，并计时，继续放在 28 ℃恒温水浴箱中保温 2 min，迅速加入 0.4 mL 60％乙酸溶液并摇匀，终止反应。以相应对照管进行调零，检测其波长为 410 nm 处的吸光度。

（3）利用公式 2-6，计算出反应的初速度，利用双倒数作图法求得此酶促反应的 K_m 值。

$$v = \frac{A_{410\,nm}}{8800 \times 10^{-3} \times 60 \times 2} \qquad (2-6)$$

式中：$A_{410\,nm}$ 为 410 nm 处的吸光度；8800 为 BAPA 的摩尔消光系数；10^{-3} 为摩尔转换成毫摩尔的转换值；60 为时间分钟转换成秒；2 为反应时间[v 的单位为 mmol/(L·s)]。

【注意事项】

(1)反应速率只在最初一段时间内保持恒定,随着反应时间的延长,酶促反应速率逐渐降低。因此,研究酶活力应以酶促反应的初速度为准。

(2)配制溶液时,应用同一母液进行稀释,并严格控制酶促反应时间。

(3)酶活力测定时,所用实验用具均需清洗干净。

【思考题】

(1)在实验中,底物浓度对酶促反应速率有哪些影响?

(2)在什么条件下,测定酶的 K_m 值可以作为鉴定酶的一种手段?为什么?

(李 华)

三、转氨酶的活性测定——谷丙转氨酶的活性测定

【实验目的和要求】

(1)掌握转氨酶活性测定的操作步骤。

(2)了解转氨酶的分类情况。

(3)学习转氨酶催化反应特性及活性测定原理。

【实验原理】

转氨酶(transaminase)又称为氨基转移酶,在动、植物组织和微生物中普遍存在,能催化氨基酸氨基转移反应(辅基多为磷酸吡哆醛或磷酸吡哆胺);氨基的接受分子是 α-酮酸时,生成新 α-氨基酸,而原氨基酸分子转变为相应的新 α-酮酸。反应过程见图 2-15。

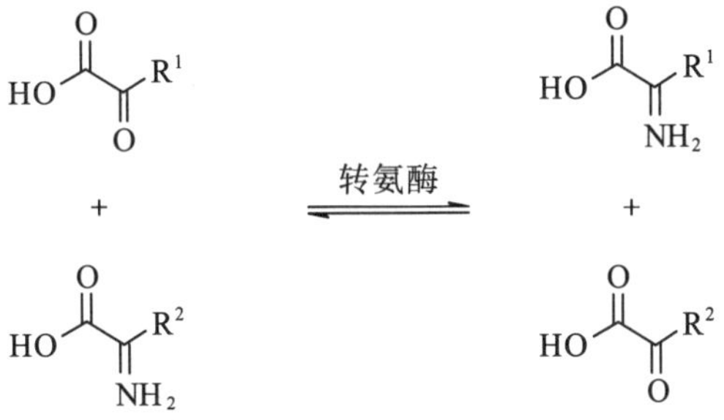

图 2-15 转氨酶催化反应过程示意图

在正常的高等动物体内,心脏、肝脏等组织中转氨酶[以谷草转氨酶(GOT)和谷丙转氨酶(GPT)最为重要]的含量及活性较高,而血液中转氨酶的含量较低。但当某些脏器(如肝脏)发生炎症、损伤时,细胞中的转氨酶会释放到血液里,使得血液转氨酶增加。基于此,可通过检测血液中转氨酶的活性来检测相应疾病。例如,测定血液中 GPT 活力可作为诊断肝功能的指标(GPT 正常值是 $0\sim40$ U/L);又如,测定血液中 GOT 活力可作为心脏病变的诊断指标(GOT 正常值是 $0\sim37$ U/L)。

本实验拟测定肝脏中 GPT 的活性。其主要原理为:GPT 催化 α-酮戊二酸和丙氨酸反应生成丙酮酸和谷氨酸;而生成的产物可与 2,4-二硝基苯肼反应生成丙酮酸苯腙(图 2-16);苯腙在碱性条件下呈红棕色,可以在 505 nm 处通过吸光度变化的测定来计算酶活力。

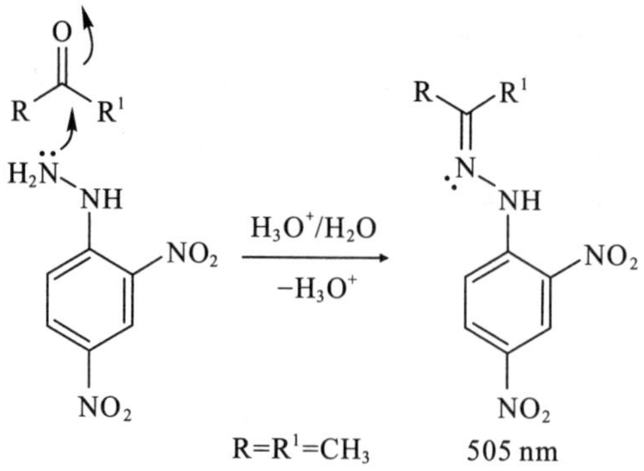

图 2-16　酮酸与 2,4-二硝基苯肼反应

【器材和试剂】

1. 器材

电子分析天平,可见分光光度计,水浴锅,移液器,台式离心机,1 mL 玻璃比色皿,研钵,组织匀浆机,pH 计,制冰机,等等。新鲜猪肝 200 g。

2. 试剂

丙氨酸,α-酮戊二酸,盐酸,蒸馏水,2,4-二硝基苯肼,生理盐水,等等。

10 mmol/L 丙酮酸标准溶液:称取 99.06 mg 丙酮酸钠,溶解于 100 mL 1％盐酸溶液中即成。

【实验步骤】

(1)使用 3 倍体积预冷的生理盐水清洗肝脏组织。称取组织 0.1000 g 放入研钵,加 1 mL 提取液后在研钵中(置于冰浴上操作)磨成糜状并放于离心管中。将离心管在 4 ℃下 8000 g 离心 10 min,留取上清液,置于冰上待测。

(2)按照表 2-21 进行操作,并在 505 nm 处测定各管吸光度,依据以下方法计算丙酮酸的生成量。

表 2-21　样品加样表

项目	空白管	丙酮酸标准管	待测样品管
丙酮酸(μL)	100	100	100
肝组织糜(μL)	0	200	200
混匀,37 ℃水浴 30 min			
盐酸(μL)	200	200	200
2,4-二硝基苯肼(μL)	200	200	200
混匀,37 ℃水浴 10 min			
生理盐水(μL)	200	0	0
冷却至室温后,测定吸光度 $A_{505\,nm}$			

丙酮酸的生成量$(mg/\mu L)=0.7845\times100\times(A_{样品}/A_{标准})$

（3）以 37 ℃下 30 min 内产生 2.5 μg 丙酮酸为 1 活力单位，计算该肝组织中 GPT 的活性。

【注意事项】

肝组织表面尽量用生理盐水冲洗干净。

【思考题】

肝脏中、血液中本底的丙酮酸是否对测定有干扰？如何设计实验排除此干扰？

（孔 宇）

四、酪氨酸酶的固定化及反应特性研究

【实验目的和要求】

(1)掌握酪氨酸酶固定化的操作步骤。

(2)了解壳聚糖载体颗粒的制备原理。

(3)学习戊二醛交联方法和酪氨酸酶活性测定方法。

【实验原理】

壳聚糖(chitosan)，即聚葡萄糖胺或(1－4)－2－氨基－β－D－葡萄糖，由几丁质经过脱乙酰处理制得。壳聚糖具有良好的生物相容性，广泛用作物质载体。本实验主要利用壳聚糖的氨基及酶的自由氨基可与戊二醛脱水缩合形成 C＝N 键而实现酶的固定化。连接过程见图 2－17。

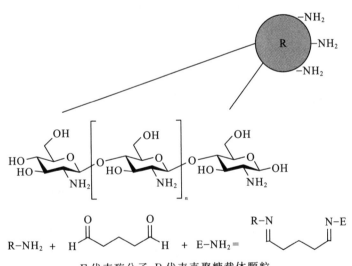

E 代表酶分子，R 代表壳聚糖载体颗粒。

图 2－17 壳聚糖载体与酶通过戊二醛偶联图

酪氨酸酶(tyrosinase,Tyr)是一种金属酶，广泛分布于微生物、动物、植物的体中，与生物体合成黑色素直接相关。L－酪氨酸在该酶的催化作用下可羟化生成多巴，多巴可进一步被氧化形成多巴醌，而多巴醌可用于合成黑色素。本实验基于酪氨酸酶催化多巴生成多巴醌后紫外吸光度的改变来表征酶的活性(图 2－18)：多巴在 317 nm 处有特征吸收，多巴醌在 475 nm 处有特征吸收，而这两个波长下吸光度的变化(斜率，OD/min)即可反映出酪氨酸酶的活性。

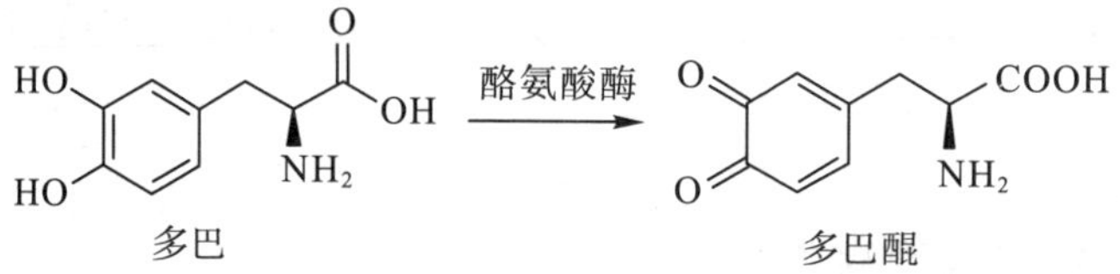

图 2-18　多巴生成多巴醌的反应

【器材和试剂】

1. 器材

电子分析天平,恒流泵,磁力搅拌器,分光光度计,pHS-25 型 pH 计,离心机,针管,组织匀浆机,纱布,锥形瓶,烧杯,磁子,枪头若干,等等。新鲜香菇若干。

2. 试剂

酪氨酸酶,壳聚糖,盐酸,甲醇,氢氧化钠,戊二醛(25%,V/V),甲醛,等等。实验用水均为双蒸水,所有的溶液及样品均经 0.22 μm 微孔滤膜处理。抗坏血酸,多巴,考马斯亮蓝 G-250 实验相关试剂参见蛋白质含量测定实验。

(1)1%(V/V)盐酸溶液:量取 1 mL 浓盐酸,加水稀释并定容至 100 mL。

(2)3%(m/V)壳聚糖稀盐酸溶液:称取 3.0000 g 壳聚糖,溶解于 100 mL 1%盐酸溶液中即可。

(3)20%(m/V)氢氧化钠凝聚液:称取 20.0000 g 氢氧化钠,溶于水中,并定容至 100 mL。

(4)5%(V/V)戊二醛溶液:取戊二醛(25%,V/V)20 mL,加水稀释并定容至 100 mL。

(5)5 mmol/L 多巴:称取 0.0197 g 多巴,溶于 20 mL 水中。

【实验步骤】

(1)壳聚糖载体的制备:使用恒流泵(或带针管注射器),向凝聚液中逐滴加入壳聚糖溶液(浓度可适当调整,约 3%),控制滴加高度(高于液面约 10 cm)和速度(1 滴/秒),以保证制备小球的均匀性和完整性。滴加完毕后,使用纱布过滤,得到壳聚糖小球。用纯水将得到的壳聚糖小球充分洗涤干净,在室温下干燥后得到壳聚糖小球(直径为 2～3 mm,质地均匀,呈乳白色)。

(2)酪氨酸酶的提取:详见分离工程综合开放实验中酪氨酸酶提取分离实验部分。以含 0.5 mmol/L 抗坏血酸的 0.05 mol/L pH 值为 6.8 的磷酸盐缓冲液为提取液,使用前预冷至 4 ℃;取 10.0000 g 新鲜香菇,切成约 0.5 cm 的小碎块,与提取液一同匀浆至糊状。将匀浆液转入离心管中,在 4 ℃下 10 000 r/min 离心 15 min。上清液即酪氨酸酶粗提液。

(3)壳聚糖载体的活化(戊二醛化):将制备的小球置于 200 mL 5%(V/V)戊二醛溶液中,放于摇床中,在室温下轻微摇动 2 h。滤出载体并充分洗涤,干燥后可得活化的壳聚糖载体。

(4)酪氨酸酶的固定化:称取 1.0000 g 活化载体,与 10 mL 酶液(原酶液)或 100 U 的标准酪氨酸酶混合于 15 mL 离心管中。在 20 ℃下反应 2 h 后即得固定化酶颗粒。颗粒用水洗净并在空气中干燥后在 4 ℃下密封保存。

(5)固定化效率测定:使用考马斯亮蓝法测定固定化前、后反应溶液中蛋白质的量的变化,根据公式 2-7 计算固定化效率。

$$固定化效率(\%)=\dfrac{反应后溶液中残存蛋白质浓度×反应液体积}{粗提液中蛋白质的浓度×固定化前加入粗提液的体积}×100\%$$

$$(2-7)$$

(6)固定化酶活性验证:将固定好酪氨酸酶的载体 1.0000 g 与 9 mL 10 mmol/L 多巴充分混合(请自行设计空白),每隔 1 min 测定 1 次 $A_{475\,nm}$ 的值,直到吸光度不再变化为止。

(7)依据实验数据绘制 $A_{475\,nm}$-t(反应时间)曲线图,计算线性变化区域的斜率,表征活力值,并与标准酪氨酸酶进行对比。

【注意事项】

甲醇、戊二醛具有一定毒性,实验应在通风橱内进行。

【思考题】

(1)如何控制载体小球的直径? 载体的直径对酶的固定化过程有何影响?

(2)固定化过程对酶活性的影响如何鉴定?

(孔 宇)

第六节　维生素类实验

维生素(vitamine)是人体维持正常生理功能所必需(从食物中获得)的一类微量有机物质。维生素既不参与组织构成,也不提供能量,但在生长、发育、代谢等过程中发挥重要作用。

维生素共有脂溶性和水溶性两大类 13 种,如维生素 A、维生素 B 族、维生素 C、维生素 D、维生素 E、维生素 K 等。其中,维生素 B 族又包括泛酸、烟酸、生物素、叶酸、维生素 B_1(硫胺素)、维生素 B_2(核黄素)、吡哆醇(维生素 B_6)和氰钴胺(维生素 B_{12})、肉毒碱、硫辛酸等。

维生素的种类多,功能也各异,如维生素 A 与夜盲症、角膜干燥症等有关;维生素 B_1 与神经炎、脚气病、生长迟缓等有关;维生素 B_2 与口腔溃疡、角膜炎等有关;维生素 B_{12} 与巨幼红细胞贫血等有关;维生素 C 与坏血病等有关;维生素 D 与儿童的佝偻病、成人的骨质疏松症等有关。

一、维生素 C 含量的测定——2,6-二氯酚靛酚法

【实验目的和要求】

(1)掌握滴定法测定维生素 C 含量的步骤。

(2)了解 2,6-二氯酚靛酚的显色原理。

(3)学习植物组织维生素 C 提取的处理方法。

【实验原理】

维生素 C 又称为抗坏血酸,具有较强的还原性。在生物体内,维生素 C 具有多种生理功能,如维持体内正常的氧化应激水平、抗黑色素生成、促进胶原合成等。人体不能合成维生素 C,而一个健康的人体内,血浆中维生素 C 的平均含量大约为 50 $\mu mol/L$,所以人只能从食物(主要是植物)中获取维生素 C。因此,检测食物中维生素 C 含量亦成为评价食品营养水平的重要指标之一。

本实验的主要原理是:还原型维生素 C 能与氧化型 2,6 -二氯酚靛酚钠盐染料反应,生成还原型 2,6 -二氯酚靛酚,维生素 C 本身则发生氧化反应,生成脱氢维生素 C。在酸性溶液中,氧化型 2,6 -二氯酚靛酚呈紫红色,被还原后则为无色(图 2 - 19)。因此,利用 2,6 -二氯酚靛酚可滴定样品中还原型维生素 C。在维生素 C 全部被氧化后,稍微多加一些染料,使滴定液呈淡红色,即为滴定终点。如果在此过程中无其他杂质干扰,样品提取液所还原的标准染料与样品中所含的还原型维生素 C 含量成正比。因此,通过对氧化型 2,6 -二氯酚靛酚使用量的计算,可求出维生素 C 的含量。

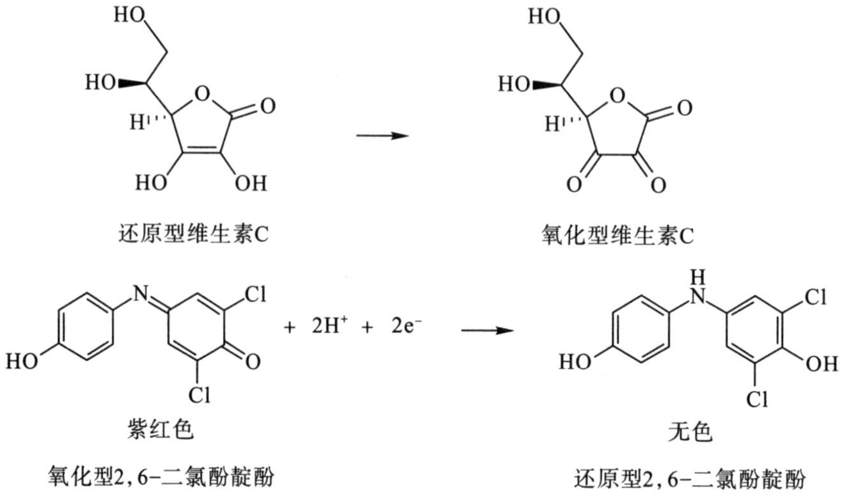

图 2 - 19 维生素 C 与染料的反应

【器材和试剂】

1. 器材

电子分析天平,锥形瓶(100 mL),组织捣碎器,吸量管(10 mL),漏斗,滤纸,微量滴定管(5 mL),容量瓶(100 mL,250 mL),棕色瓶,等等。新鲜水果。

2. 试剂

草酸,维生素 C,2,6 -二氯酚靛酚,等等。

(1)2％草酸溶液:将草酸 2.0000 g 溶于 100 mL 蒸馏水中。

(2)1％草酸溶液:将草酸 1.0000 g 溶于 100 mL 蒸馏水中。

(3)标准维生素 C 溶液(0.1 mg/mL):准确称取 0.0100 g 维生素 C(应为洁白色,如变为黄色则不能用),溶于 1％草酸溶液中,并稀释至 100 mL,储存在棕色瓶中,冷藏。最好临用前配制。

(4)0.1％ 2,6 -二氯酚靛酚溶液:将 2,6 -二氯酚靛酚 0.2500 g 溶于 150 mL 含有 0.0520 g 碳酸氢钠的热水中,冷却后加水稀释至 250 mL,储存在棕色瓶中,冷藏(4 ℃),约可保存 1 周。每次临用时以标准维生素 C 溶液标定。

【实验步骤】

(1)样品中维生素 C 的提取:猕猴桃(去皮)、白菜、黄瓜等先用水清洗干净,并用纱布或吸水纸吸干表面水分,后称取猕猴桃(10.0000 g)、白菜(20.0000 g)、黄瓜(50.0000 g)并加入等体积2%草酸,研磨至糜状后用纱布过滤。合并滤液并定容至50 mL。

(2)标准液滴定:准确吸取标准维生素C溶液1 mL置于100 mL锥形瓶中,加入1%草酸9 mL,混匀。用微量滴定管以0.1% 2,6-二氯酚靛酚溶液滴定提取液或维生素C标样至淡红色,并保持15 s不褪色,即达终点。由所用染料的体积计算出1 mL染料相当于多少毫克维生素C(取10 mL 1%草酸作空白对照,按以上方法滴定)。

(3)样品滴定:准确吸取滤液2份,每份20 mL,分别放入2个锥形瓶内,滴定方法同前。另取20 mL 1%草酸作空白对照滴定。

(4)计算:依据公式2-8计算植物样本中维生素C含量M。

$$M = 100 \times \{1\ mL \times [(V_A - V_B)/(V_A - V_0)] \times 0.1\ mg/mL \times (V_{定容}/C)\}/(W \times D)$$

$$(2-8)$$

式中:V_A为滴定样品所耗用的染料的平均毫升数;V_B为滴定空白对照所耗用的染料的平均毫升数;V_0为滴定标准维生素C标样所耗用的染料的平均毫升数;C为样品提取液的总毫升数;D为滴定时所取的样品提取液毫升数;W为称量水果或蔬菜的克数。

【注意事项】

(1)整个滴定反应过程应在2 min内全部完成。

(2)实验中可依据样本来源及维生素C含量自行调节取样量。

(3)实验中需要注意区分1%、2%的草酸溶液。

【思考题】

测定维生素C含量时,染料的浓度与最终结果有何关系?

（孔　宇　李　华）

二、维生素C含量的测定——高效液相色谱法

【实验目的和要求】

(1)掌握液相色谱分离的基本原理和仪器的简单操作。

(2)熟悉使用液相色谱检测样品中维生素C含量的方法。

【实验原理】

维生素C的结构类似于葡萄糖,是一种含有多羟基的化合物,其分子中第2位和第3位上两个相邻的烯醇式羟基极易解离而释出H^+,故具有酸的性质,因此又称为抗坏血酸(结构式见图2-20),分子式为$C_6H_8O_6$,分子量为176.1。

维生素C参与生物体内的众多氧化还原反应,具有广泛的生理学功能。例如:增加毛细血管壁的致密度,降低其通透性及脆性;具有抗炎、抗过敏作用;具有还原性,可保护酶系中的巯基,以避免被毒物破坏;可用于铅、汞、砷等的慢性中毒的缓解。此外,大量维生素C有中和细菌内毒素、促进抗体合成、增强白细胞吞噬的功能;可促进铁元素在肠内吸收,对血红蛋白的合成和红细胞的成熟都有着显著影响。维生素C的缺乏可以引起全身瘀点,齿龈、肌肉、关节囊及浆膜腔等出血症状。

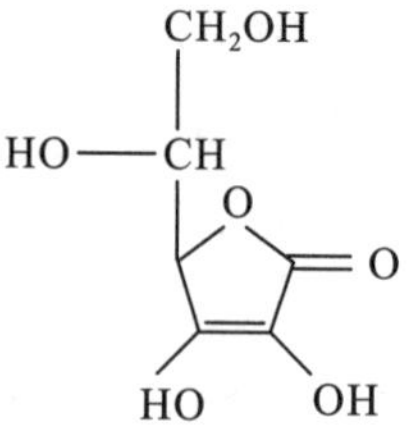

$$CH_2OH$$
$$HO-CH$$

图 2-20　维生素 C 的结构式

液相色谱法的工作原理主要是:被分离物质在流动相和固定相之间不断进行反复分配,由于各组分与固定相之间的分配系数差异的存在,使得被分离的组分按一定次序依次流出色谱柱,进而实现混合物中各组分之间的分离与检测(图 2-21)。

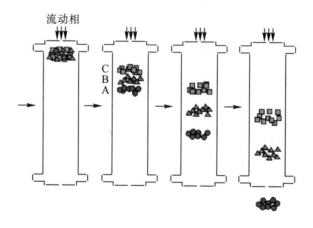

图 2-21　液相色谱法的分离原理图

本实验采用的分析方法为高效液相色谱法(HPLC)。HPLC 采用了高压泵、高效固定相(色谱柱)及高灵敏度的检测器(紫外检测器),这使 HPLC 具有了分析速度快、分离效率高和自动化操作的特点。HPLC 主要由进样系统、输液系统、分离系统、检测系统和数据处理系统 5 部分组成(图 2-22)。

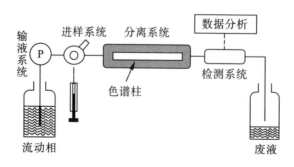

图 2-22　HPLC 的结构示意图

【器材和试剂】

1. 器材

电子分析天平,液相色谱仪(大连依利特公司,eclassical 3100),1 mL 注射器,0.22 μm 微孔滤膜,10 μL、200 μL、1000 μL 移液枪,1.5 mL、15 mL、50 mL 离心管,枪头若干,等

等。水溶 C 饮料。

2. 试剂

维生素 C 标准液(10 mg/mL),甲醇,超纯水,甲酸,磷酸二氢钠,等等。

(1)维生素 C 标准液(10 mg/mL):将 0.0500 g 标准维生素 C 固体溶解到 5 mL 超纯水中,充分振荡,使其完全溶解,放入 4 ℃ 冰箱中备用。

(2)0.1% 甲酸溶液:将 1 mL 甲酸加入 500 mL 烧杯中,混合搅匀,随后移入 1000 mL 容量瓶中,加蒸馏水混合并定容,备用。

(3)0.05 mol/L 磷酸二氢钠溶液:精确称取 7.8005 g 二水合磷酸二氢钠,将其放入 500 mL 烧杯中,混合搅拌溶解,随后移入 1000 mL 容量瓶中,加蒸馏水混合并定容,备用。

【实验步骤】

(1)将标准维生素 C 溶液稀释成 5 μg/mL,并将水溶 C 饮料与甲醇按照 1∶2 的比例充分混合,移至离心管并于 4 ℃ 下 1000 g 离心 5 min,取上清液备用。

(2)每个学生分别进样 2 次(标准品和水溶 C 饮料各进样一次),检测器波长可选择 3 种,分别为 245 nm、255 nm、265 nm,流动相分为 2 种,分别为甲醇和 0.1 mmol/L 甲酸/磷酸二氢钠。学生可以自行选择不同的检测波长和流动相进行分离。

(3)编写程序,进行样品的分离。完成分离后,学生通过分离度(Rs,公式 2-9)或柱效(N,公式 2-10)作为评价标准,对分离图进行简单的分析,同时,可估算出水溶 C 饮料中维生素 C 的含量。

$$Rs = (t_{R_2} - t_{R_1}) / (Y_{1/2_1} + Y_{1/2_2}) \qquad (2-9)$$
$$N = 16 \times (t_R / Y)^2 \qquad (2-10)$$

式中:t_R 为物质的保留时间;Y 为峰宽;$Y_{1/2}$ 为半峰宽。

【注意事项】

(1)添加溶液时,请注意切勿将待测溶液和样品溶液污染。

(2)选择手动进样时,请确保进样针无气泡,并且进样体积大于 20 μL。

(3)使用仪器时,请注意先将流动相进行过滤和脱气操作。

【思考题】

(1)实验中哪些因素会影响维生素 C 在液相色谱中的分离?

(2)在使用液相色谱法时,准备待测样品需要注意哪些事项?

(李　华)

三、毛细管电泳-间接紫外法检测牛奶中肉碱和乙酰肉碱

【实验目的和要求】

(1)掌握毛细管电泳-间接紫外法测定肉碱类物质的操作方法。

(2)熟悉毛细管电泳-间接紫外法的原理。

(3)了解肉碱的性质和作用。

【实验原理】

肉碱和酰基肉碱属于非蛋白质氨基酸家族。其中的 L-肉碱是体内的自然存在形式,能作为载体将长链脂肪酸由细胞质基质运入线粒体进行 β-氧化代谢。肉碱的缺乏

会引起疾病,如酰基肉碱含量的异常与线粒体疾病及自闭症有关。也有报道表明,婴儿的发育与母乳中的肉碱含量有密切联系。可见,检测乳制品中的肉碱含量对于监控产品质量、预防肉碱缺乏非常重要。

肉碱和酰基肉碱本身没有紫外吸收基团及荧光基团(结构式见图 2-23),故很难直接通过光学检测器检测。现有的多数肉碱测定方法中普遍利用衍生化试剂与肉碱类物质反应,使之具有紫外吸收或者荧光特性,再利用高效液相色谱、毛细管电泳等方法实现分离。

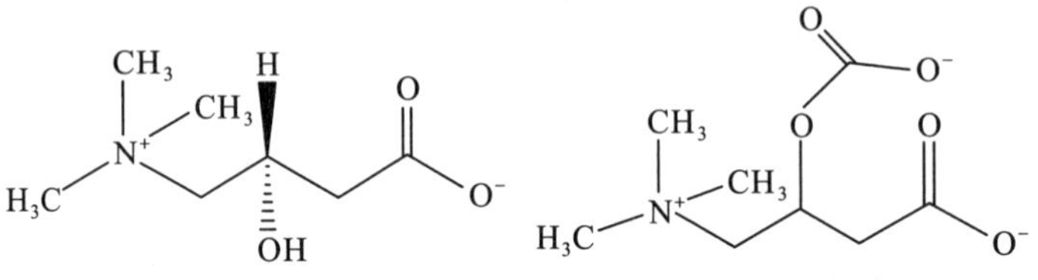

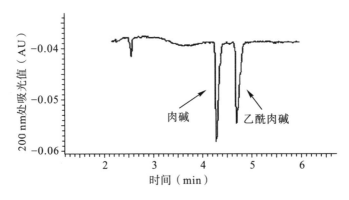

图 2-23　肉碱和乙酰肉碱的结构式

毛细管电泳-间接紫外法是将高紫外吸收的带电物质加入常规电泳缓冲溶液中,使电泳缓冲液其背景吸收提高,在紫外吸收小的待测物质置换背景缓冲液中高吸收物质后,相应区域的紫外吸光度会降低,最终由仪器检测得到负峰(倒峰)。

本实验拟利用毛细管电泳-间接紫外法对牛奶中肉碱、乙酰肉碱进行检测,图 2-24 为经典的毛细管电泳-间接紫外法检测图。

图 2-24　肉碱类物质在间接紫外检测模式下的毛细管电泳分离图

【器材和试剂】

1. 器材

毛细管电泳仪(Beckman MDQ),超声仪,离心机,电子分析天平,烘干器,涡旋混匀仪,超纯水系统,pH 计,等等。

2. **试剂**

肉碱,乙酰肉碱标准样品(电泳纯),磷酸(H_3PO_4),硫酸铜、浓硫酸均为分析纯试剂,甲醇(CH_3OH)、氢氧化钠、乙腈均为色谱纯试剂,等等。

(1)肉碱标准母液:准确称取 0.0016 g 肉碱标准样品,溶于 10 mL 去离子水中,用 0.45 μm 微孔滤膜过滤后得到 1 mmol/L 肉碱标准母液。母液在 -20 ℃下保存。实验用标准样品由母液稀释制得。

（2）乙酰肉碱标准母液：准确称取 0.0024 g 乙酰肉碱标准样品，溶于 10 mL 去离子水中，用 0.45 μm 微孔滤膜过滤后得到 1 mmol/L 乙酰肉碱标准母液。乙酰肉碱标准母液在 −20 ℃ 下保存。实验用标准样品由母液稀释制得。

（3）1 mol/L 硫酸溶液：将 0.5 mL 浓硫酸溶于 10 mL 水中即成。

（4）硫酸铜溶液：称取硫酸铜 0.0160 g，溶于 9 mL 水中，用 1 mol/L 硫酸溶液调 pH 值至 2.0，用水补至 10 mL。

（5）实际样品处理：将牛奶用 2 mL Eppendorf 管分装后在 −20 ℃ 下保存。测定前，将牛奶样解冻，取 200 μL 奶液，按照 1：5(V/V) 的比例加入乙腈甲醇混合液（4：1，V/V），混匀后将 Eppendorf 管在 −4 ℃ 下 15 000 r/min 离心 10 min。留取上清液并在 80 ℃ 下烘干，残留物用 100 μL 去离子水溶解后备用。

【实验步骤】

（1）电泳条件：以内径为 75 μm 的未涂层石英毛细管为分离通道，总长度为 39 cm，有效长度为 28 cm。以硫酸铜溶液作为电泳背景缓冲液，分离电压为 10 kV，检测波长为 580 nm，进样时间为 5 s(0.5 p.s.i)。每次运行前用 0.1 mmol/L 氢氧化钠溶液冲洗 2 min，再用去离子水洗涤 2 min，背景缓冲液平衡 2 min。每次实验完毕时，用 0.1 mmol/L 氢氧化钠溶液冲洗毛细管，而后浸泡于去离子水中。

（2）在相同的条件下，分别测定不同浓度标准样品的分离情况，记录迁移时间、峰高、峰面积等数据，绘制标准曲线。加样量见表 2-22。

表 2-22 加样参考表

编号	肉碱(μL)	乙酰肉碱(μL)	水(μL)
1	0	0	100
2	2	2	96
3	4	4	92
4	10	10	80
5	20	20	60
6	30	30	40
7	40	40	20
8	50	50	0

（3）实际样品的测定：在上述条件下，测定牛奶样品，每个样品测定 3 次，平均值用于计算含量。

【注意事项】

牛奶样本处理得到的残留物不能使用电泳缓冲液溶解。

【思考题】

（1）影响间接紫外检测灵敏度的因素有哪些？

（2）背景吸收物质的浓度对检测有何影响？应如何选择？

（孔 宇）

四、生理浓度硫辛酸的检测

【实验目的和要求】

(1)掌握仪器的主要操作方法,学会基本的分析流程。

(2)了解毛细管电泳堆积模式的基本原理。

【实验原理】

硫辛酸作为体内一种微量维生素,其生理浓度较低,因此采用一般的毛细管区带电泳法无法直接检测其浓度。为了有效降低检测限,本实验采用乙腈盐堆积技术对硫辛酸含量进行有效检测。乙腈盐堆积技术属于毛细管电泳在线堆积技术的一种。在线堆积技术指通过电场分布、场效应、等速电泳、均匀介质等条件,使样品在与其他物质分离前或同时,其自身样品区带发生锐化的方法。在线堆积技术具有一些明显的优势:

(1)可以比较容易地与其他分析方法联用,解决了毛细管区带电泳法检测限不理想的问题。

(2)避免了那些本身含量低,又要用 CE - UV 检测的物质的色谱预富集工作,大大缩短了分析周期。

(3)避免了昂贵的检测仪器的使用,为检测方法的普及带来便利。

常用的毛细管电泳在线堆积技术分类较多,如大体积样品堆积技术、毛细管等速电泳技术、场放大进样技术、胶束电动毛细管色谱富集技术、pH 介导扫描技术、非水体系堆积技术等。

乙腈盐堆积技术属于毛细管等速电泳技术的一种。毛细管等速电泳技术是基于待测离子淌度之间存在差异的电泳富集模式。在不连续的缓冲液中,离子具有不同的迁移率。当样品被放入两种电解质溶液时,两种不同的电解质溶液含有不同的离子,即称为前导离子(leading electrolyte)和尾随离子(terminating electrolyte)。前导离子和尾随离子分别按照迁移率不同进行分类。在施加电场后,前导离子会快速迁移到待测离子前端,而尾随离子则迁移到待测离子末端,因为每个区带内电场强度与离子迁移率成反比,所以离子最终将根据迁移率排序,并以相同的迁移速度移动,最终达到平衡。这种技术利用界面移动,使待测离子堆积于界面之间,形成明显的边界。毛细管等速电泳技术有两个特点:一是区带锐化,区带间如果存在离子扩散,进入其他区带的离子由于迁移速度的差异,会被迫返回到原有区带中;二是区带浓缩作用,即待测组分堆积浓度由前导离子决定。因此,前导离子浓度一旦确定,不同淌度区带内的离子浓度便是定值。

毛细管等速电泳技术既适用于无盐或低盐样品的富集,也适用于高盐样品的富集。现今等速电泳存在多种衍生模式,其中瞬时等速电泳技术又被称为乙腈盐堆积技术,由于其对含有高盐浓度生物样品的适用性,同时能够在一定程度上避免经典毛细管等速电泳技术操作过程中对电渗流、前导离子和尾随离子等的严格控制而受到青睐。

【器材和试剂】

1. 器材

电子分析天平,毛细管电泳仪(Beckman MDQ),1 mL 注射器,0.22 μm 微孔滤膜,200 μL、1000 μL 移液枪,涡旋混匀仪,枪头若干,试管若干,等等。

2. 试剂

硼酸,硼砂,氯化钠,氢氧化钠,氧化性硫辛酸,还原性硫辛酸,盐酸,乙腈,等等。

【实验步骤】

(1)氧化性硫辛酸、还原性硫辛酸标准溶液的配制:分别精确称取 0.3095 g 氧化性硫辛酸和 0.0250 g 还原性硫辛酸并置于试管中,用移液枪分别向试管中加入 10 mL 乙腈,再用涡旋混匀仪充分混匀,在 −80 ℃下避光保存,备用。

(2)用移液枪分别量取氧化性硫辛酸标品 15 μL、还原性硫辛酸 125 μL,同时用乙腈:水的混合物(1:1)稀释至总体积 1.5 mL,过 0.22 μm 微孔滤膜,放入进样瓶中,等待进样使用。

(3)利用硼砂和硼酸配制 pH 值为 9.1 的 90 mmol/L 硼酸缓冲液,过 0.22 μm 微孔滤膜,放入进样瓶中,等待进样使用。

(4)将按比例混合好的缓冲液和样品加入到指定规格的样品瓶中,放入仪器,编写程序,进行样品的分离。仪器操作过程简要描述如下。①打开软件,进入主界面后,根据安装的检测器选择 UV 或 DAD。②根据实验需要,修改波长等一些常见参数,选择"method"—"new method"建立新方法。具体的检测方法为:0.5 $p.s.i$ 进样 180 s,分离电压为 +7 kV,检测温度为 20 ℃,检测波长为 214 nm。③依次编辑"rinse"(水洗)、"inject"(注射)、"separate"(分离),保存后运行即可完成一次电泳分离过程(运行前应确保试剂瓶放入正确位置!)。④使用批处理时,首先选择"sequence_new sequence"建立新批处理方法,然后选择相应的"method",设定实验次数("reps",默认为1)即可。⑤超过 2 h 不使用氩灯时,应关闭氩灯,以延长其寿命,关灯 2 h 后方可再次打开氩灯。

(5)根据单一标准品分离图和混合标准品分离图的比较,以及各物质的保留时间,确定待测物中各物质的保留时间、分离度和最低检测限(与毛细管区带电泳相比)。

【注意事项】

(1)添加溶液时,注意切勿将溶液和样品污染。

(2)编写仪器方法时,注意试剂瓶放置的位置。

(3)注意分离电压的设置,切勿因设置过大而损害仪器。

【思考题】

(1)当使用乙腈盐堆积技术时,为什么要加入氯化钠?

(2)当使用乙腈盐堆积技术检测氧化性硫辛酸和还原性硫辛酸时,乙腈在整个分离过程中是如何起作用的?

(李 华)

第七节 物质代谢实验

物质代谢(metabolism)指糖类、脂类、蛋白质等化合物在体内的消化、吸收、转运、分解有关化学过程的总称。物质代谢的最终结果是生成二氧化碳、水及伴随产生的能量。物质代谢包含同化作用(虚线箭头),也有异化作用(实线箭头)(图 2-25)。

检测代谢过程的中间产物可用于物质代谢途径研究及代谢异常监测,具有重要意义。

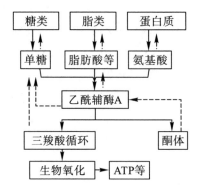

图 2-25 物质代谢的作用示意图

一、非蛋白氮的测定——毛细管电泳法

【实验目的和要求】

(1)掌握毛细管电泳法测定尿液中肌酐等非蛋白氮代谢产物的方法。

(2)熟悉毛细管电泳仪的构成。

(3)了解常规毛细管电泳实验中的样品处理方法。

【实验原理】

非蛋白氮主要指体液中除去蛋白质类分子外,剩余的各种含氮化合物的总称,主要包括尿素、尿酸、肌酸、肌酐、多肽、氨基酸、氨和胆红素等物质。一些疾病发生时(如肾功能障碍),非蛋白质含氮化合物的排泄受到影响,最终导致体液中非蛋白氮类物质浓度异常。因此,测定体液中非蛋白氮主要物质可用于相关疾病的检测和体内氨代谢的监测。

本实验利用经典的毛细管区带电泳法(仪器工作原理见图 2-26)测定尿液中尿酸、肌酸、肌酐的含量。

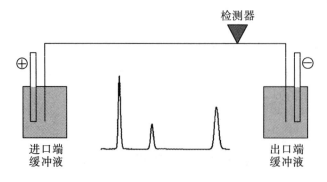

图 2-26 毛细管区带电泳法的原理示意图

肌酸、肌酐、尿酸的结构式见图 2-27。从结构式可以看出,各物质的解离常数有较大差异,荷质比亦不相同,可通过选择合适的电泳条件使三种物质得到分离。

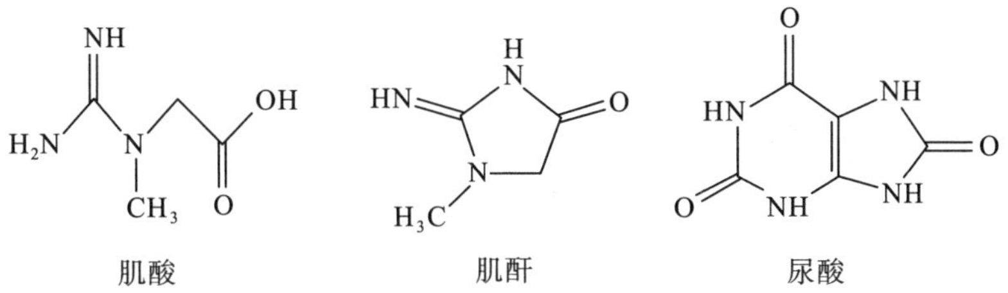

图 2-27 三种非蛋白氮的结构式

【器材和试剂】

1. 器材

毛细管电泳仪(Beckman MDQ 2000),毛细管($75~\mu m$),pH 计,电子分析天平,离心机,等等。

2. 试剂

乙醇(色谱纯试剂),尿酸(uric acid,Ua)、肌酸(creatine,Cr)、肌酐(creatinine,Cn)、磷酸、磷酸二氢钠、磷酸钾、硫脲(thiourea,SU)均为分析纯试剂,等等。实验用水均为双蒸水,所有的溶液及样品均经过 $0.22~\mu m$ 微孔滤膜后使用。

(1)25 mmol/L 磷酸溶液:取 0.163 mL 磷酸加水稀释到 100 mL 即可。

(2)25 mmol/L 磷酸二氢钠溶液:称取 0.3400 g 磷酸二氢钠,溶于 100 mL 水中。

(3)电泳缓冲液:通过调节 25 mmol/L 磷酸溶液与 25 mmol/L 磷酸二氢钠溶液之间的比例,得到 pH 值为 2~4 的 25 mmol/L 磷酸盐缓冲液。

(4)肌酸、肌酐标准溶液:均配制成 0.5 mg/mL 浓溶液,使用前用电泳缓冲液稀释到所需的浓度。

(5)尿酸溶液的配制:取 0.0150 g 磷酸钾,溶于 20 mL 双蒸水中,加热至 60 ℃至完全溶解后将尿酸 0.0140 g 溶于热的磷酸钾溶液中。待溶液冷却至室温后转入 50 mL 棕色容量瓶中待用。

(6)尿液样品的处理方法:取新鲜的尿液,用电泳缓冲液稀释 20 倍后过滤膜待用。

【实验步骤】

(1)截取一定长度的毛细管,烧制检测窗口后放入毛细管卡套。同时确定总长度和有效长度。

(2)配制浓度分别为 600 $\mu mol/L$、100 $\mu mol/L$ 和 400 $\mu mol/L$ 的肌酐、肌酸和尿酸各 1 mL 作为标准样品浓溶液(简称为标样),用于绘制标准曲线等。配制浓度为 40 $\mu mol/L$ 硫脲溶液 1 mL。配制 pH 值 3.45 的 25 mmol/L 磷酸盐缓冲液(作电泳缓冲液)10 mL。

(3)打开毛细管电泳仪和配套工作站,将温度设置为 25 ℃,检测波长设定为 200 nm。分别用 0.1 mol/L 氢氧化钠溶液、水和电泳缓冲液各冲洗毛细管 5 min(20 p.s.i);若毛细管为首次使用,请提前将毛细管用 0.1 mol/L 氢氧化钠溶液活化过夜。每次样品分析前应用电泳缓冲液平衡毛细管 3 min(20 p.s.i)。

(4)将毛细管两端插入电泳缓冲液中,设定操作电压为 15 kV,进行电泳操作,要确定基线稳定。

（5）标样及混合标样的毛细管电泳分析：保持压力进样（0.3 $p.s.i$,4 s）不变,分别对各标样进行分析,并按照（肌酐：肌酸：尿酸：硫脲＝1：1：1：1,体积比）比例配制混合标样,并确认各物质出峰位置,确定电泳分析周期。按照表 2－23 进行相关数据的测定,并绘制标准曲线：A1、A2 分别代表平行 2 次测定的峰面积,A 代表平均值。若重现性差,可重复测定。

（6）尿样的分析：在上述条件下进行实际样品的分离,记录峰面积。样品要求平行测定 5 次,数据填入表 2－24 中。若某些峰过高,可考虑将样品用电泳缓冲液稀释后进行测定。

（7）实验结束后,先用水冲洗毛细管 10 min（20 $p.s.i$）,后用空气吹干（长期不使用）；关闭氚灯、仪器。

表 2－23　标准曲线绘制数据记录表

肌酐	水	A1	A2	A	肌酸	水	A1	A2	A	尿酸	水	A1	A2	A
0	100				0	100				0	100			
10	90				10	90				10	90			
20	80				20	80				20	80			
40	60				40	60				40	60			
50	50				50	50				50	50			
60	40				60	40				60	40			
80	20				80	20				80	20			
100	0				100	0				100	0			

表 2－23 中肌酐、肌酸、尿酸及水栏中的数字单位均为"μL"。

表 2－24　尿样的实验结果记录表（峰面积）

编号	肌酐峰面积		肌酸峰面积		尿酸峰面积	
	A1	A2	A1	A2	A1	A2
1						
2						
3						
4						
5						

【注意事项】

（1）若实验中出现重现较差、基线不稳等情况,则可通过在每次电泳分析前增加氢氧化钠溶液和水冲洗步骤来改善。

（2）若频繁出现断流情况,则建议将电泳缓冲液等进行超声脱气或过膜处理。

（3）在电泳过程中切勿用手接触仪器任何内部组件。

【思考题】

（1）实验中硫脲的作用是什么？

（2）具体实验前记录空白基线的作用是什么？

（孔　宇）

二、细胞中活性氧的检测

【实验目的和要求】

(1)掌握心肌细胞中活性氧的检测方法。

(2)了解活性氧的性质。

【实验原理】

自由基在化学上被称为"游离基",是化合物分子在光、热等外界条件下,共价键发生断裂而形成的具有不成对电子的原子或基团。它有两个主要特性:①化学反应活性高;②具有磁矩。在生物体内,最重要的一种自由基就是活性氧。

活性氧(reactive oxygen species,ROS)包括超氧自由基、过氧化氢及其下游产物过氧化物等。活性氧能够参与细胞生长增殖、发育分化、衰老和凋亡,以及许多生理、病理过程。本实验采用 DCFH-DA(2,7-dichlorodihydrofluorescein diacetate)作为检测细胞内活性氧的探针。DCFH-DA 没有荧光,进入细胞后被酯酶水解为 2,7-二氯二氢荧光素(2,7-dichlorodihydrofluorescein,DCFH)。活性氧存在时,DCFH 被氧化成不能透过细胞膜的绿色荧光物质——2,7-二氯荧光素(2,7-dichlorofluorescein,DCF)——其激发波长为 502 nm,发射波长为 530 nm,其荧光强度与细胞内活性氧水平成正比。因此,通过对荧光强度的检测就可以完成对细胞内活性氧的检测。

【器材和试剂】

1. 器材

电子分析天平,细胞培养箱(Thermo,美国),高速冷冻离心机,紫外可见光分光光度计,涡旋混匀仪,移液枪(2.5 μL、10 μL、100 μL、200 μL、1000 μL),酶标仪,0.22 μm 微孔滤膜,等等。H9C2(心肌细胞,鼠源)。

2. 试剂

活性氧检测试剂盒(含叔丁基过氧化氢,南京建成生物工程研究所),高糖培养基(H-DMEM),羟乙基哌嗪乙硫磺酸(HEPES),碳酸氢钠,青霉素 G 钠盐,硫酸链霉素,胎牛血清,磷酸盐缓冲液,等等。

(1)H-DMEM:将 H-DMEM 培养基粉末 4 袋、HEPES 18.0000 g、碳酸氢钠 14.8000 g、青霉素 G 钠盐 0.2424 g 及硫酸链霉素 0.4000 g 溶于 4000 mL 超纯水中,用保鲜膜封口,充分搅拌溶解后用 0.22 μm 微孔滤膜过滤,在 4 ℃下保存。临用前加 10%(V/V)胎牛血清即可用于细胞培养。

(2)磷酸盐缓冲液:将 1 袋磷酸盐缓冲液粉末(可配制 500 mL 磷酸盐缓冲液)溶于超纯水中,充分搅拌溶解,高压蒸汽灭菌,在 4 ℃下保存。

【实验步骤】

(1)利用 H-DMEM,在 37 ℃、5%二氧化碳条件下,培养 H9C2 大鼠心肌细胞,使 H9C2 细胞均匀生长在 96 孔培养板中,使细胞密度生长至 90%左右。

(2)待细胞达到生长密度后,向细胞中加入含有 250 μmol/L 叔丁基过氧化氢的培养基 200 μL 和等体积的磷酸盐缓冲液,处理 2 h。

(3)吸去培养基,用磷酸盐缓冲液清洗细胞 3 次,并加入新的含有 10 μmol/L DCFH-DA

的培养基培养 1 h。

（4）吸去含有 10 μmol/L DCFH-DA 的培养基，并使用磷酸盐缓冲液清洗细胞3次，在最后清洗完成后，每孔加入 50 μL 磷酸盐缓冲液。

（5）利用酶标仪在 502 nm 条件下，检测 530 nm 处的荧光值。通过对荧光值的读取，检测过氧化氢和磷酸盐缓冲液在处理细胞后细胞产生的活性氧含量。

【注意事项】

进行细胞实验时，需要观察、注意细胞状态和细胞密度，确保细胞状态良好，细胞密度在 80%～90%。

【思考题】

（1）在生物体内，是否能够说活性氧升高，自由基生成也升高？为什么？

（2）在实验中，利用叔丁基过氧化氢处理过的细胞与利用磷酸盐缓冲液处理过的细胞产生的活性氧含量是否存在差异？其可能的原因包括哪些？

（李　华）

三、酮体含量的测定

【实验目的和要求】

（1）掌握测定酮体的基本原理及方法。

（2）了解酮体在体内生成和代谢的过程。

【实验原理】

在肝脏中，脂肪酸经 β-氧化生成乙酰辅酶 A，随后可进一步反应生成酮体，尤其在糖代谢异常时，草酰乙酸含量不足，酮体生成增多，而肝脏不能氧化酮体。因此，肝脏内生成的酮体必须经血液运输到肝脏外组织氧化利用而释放能量。

生物体内的酮体包括乙酰乙酸、β-羟丁酸和丙酮。本实验以测定丙酮含量来反映酮体的生成量，采用丁酸作为底物，与肝组织糜一起保温孵育，最后检测肝组织糜中酮体合成酶体系利用丁酸生成酮体含量的多少。

碘可在碱性条件下将丙酮氧化成碘仿，用硫代硫酸钠溶液滴定反应中剩余的碘，再与对照样品比较，可计算出丙酮的生成量。实验中的丙酮碘化具体反应如下。

$$CH_3COCH_3 + I_2 \longrightarrow CH_3COCH_2I + HI$$

一般认为，反应历程分两步进行。

$$CH_3COCH_3 \underset{}{\overset{H^+}{\rightleftharpoons}} CH_3C(OH)=CH_2$$

$$CH_3C(OH)=CH_2 + I_2 \rightleftharpoons CH_3COCH_2I + HI$$

碘过量时，可继续碘化。

$$CH_3COCH_2I + I_2 \longrightarrow CH_3COCHI_2 + HI$$

$$CH_3COCHI_2 + I_2 \longrightarrow CH_3COCI_3 + HI$$

碱化后三碘取代的丙酮水解。

$$CH_3COCI_3 + OH^- \longrightarrow CH_3COO^- + CHI_3$$

剩余的碘用硫代硫酸钠滴定。

$$Na_2S_2O_3 + I_2 \longrightarrow 2Na_2S_4O_6 + 2NaI$$

【器材和试剂】

1. 器材

电子分析天平,剪刀,试管,锥形瓶,水浴锅,碱式滴定管,铁架台,移液枪,枪头若干,等等。肝脏组织。

2. 试剂

乐氏(Locke)溶液,正丁酸,三氯乙酸,磷酸氢二钠,磷酸二氢钠,氢氧化钠,盐酸,淀粉,碘,碘化钾,硫代硫酸钠,生理盐水,等等。

(1)乐氏(Locke)溶液(100 mL 为例):称取氯化钠 0.9000 g、氯化钾 0.0420 g、氯化钙 0.0240 g、碳酸钠 0.0200 g、葡萄糖 0.1000 g,加水溶解后定容至 100 mL。

(2)0.5 mol/L 丁酸溶液:称取 4.4 mL 正丁酸,溶于 0.1 mol/L 氢氧化钠溶液中,加水定容至 100 mL。

(3)15% 三氯乙酸溶液:将 15.0000 g 三氯乙酸溶于 75 mL 纯水中,定容至 100 mL。

(4)1/15 mol/L pH 值为 7.6 的磷酸盐缓冲液:将 0.6910 g 磷酸氢二钠水合物和 0.7380 g 磷酸二氢钠水合物溶于纯水中,定容至 100 mL。

(5)10% 氢氧化钠溶液:将 30.0000 g 氢氧化钠溶于 270 mL 纯水中,定容至 300 mL。

(6)10% 盐酸溶液:将 82.2 mL 浓盐酸溶于 217.8 mL 纯水中即可。

(7)0.5% 淀粉溶液(新鲜配制):将 0.5000 g 淀粉溶于 100 mL 纯水中即可。

(8)0.1 mol/L 碘液:称取碘单质 3.7500 g 和碘化钾 7.5000 g,加水溶解并定容至 300 mL。

(9)0.025 mol/L 硫代硫酸钠溶液:称取 6.2500 g 硫代硫酸钠,溶于煮沸过并冷却的蒸馏水中(无氧气存在),添加硼砂 3.8000 g 或氢氧化钠 0.8000 g(硫代硫酸钠溶液在 pH 9~10 时最稳定),再用煮沸过并冷却的蒸馏水准确定容至 1000 mL,贮存于棕色瓶中。

(10)生理盐水 500 mL:将 4.5000 g 氯化钠溶于 500 mL 纯水中即可。

【实验步骤】

(1)取新鲜猪肝,用预冷的生理盐水洗净血迹,并用滤纸吸干水分,准确称取 2 份肝组织,各 1.0000 g,分别剪碎成直径约 1 mm 小块的组织糜备用。

(2)取 2 支大试管,按表 2-25 操作。

表 2-25　操作表

项目	测定管	对照管
乐氏溶液	3.0 mL	3.0 mL
1/15 mol/L pH 值为 7.6 的磷酸盐缓冲液	2.0 mL	2.0 mL
15% 三氯乙酸溶液	—	2.0 mL
肝组织糜	1.0000 g	1.0000 g
0.5 mol/L 丁酸溶液	3.0 mL	3.0 mL
混匀后置于 50 ℃水浴中保温 1 h		
15% 三氯乙酸溶液	2.0 mL	—
混匀后室温静置 5 min,分别过滤,留滤液备用		

(3)取 2 个三角瓶,分别加入测定管滤液 4.0 mL;另取 2 个三角瓶,分别加入对照管滤液 4.0 mL,然后依次加入 0.1 mol/L 碘液 5.0 mL、10% 氢氧化钠溶液 5.0 mL,摇匀后在室温下静置 10 min,再加入 10% 盐酸 5.0 mL 后摇匀。

(4)用 0.025 mol/L 硫代硫酸钠溶液快速滴定,当溶液由褐色变为黄色时加入 0.5% 淀粉溶液 1.0 mL,用力振荡并继续滴定至蓝色消失为止。

(5)根据以上实验中测定的结果,采用公式 2-11 计算。

$$丙酮(mg)/100\text{ g 肝脏组织} = (A - B) \times \frac{0.97}{4} \times \frac{11}{4} \times \frac{100}{1} \qquad (2-11)$$

式中:A 为对照管滴定所用硫代硫酸钠溶液的平均毫升数;B 为测定管滴定所用硫代硫酸钠溶液的平均毫升数;$\frac{0.97}{4}$ 为 1 mL 0.025 mol/L 硫代硫酸钠相当的丙酮毫克数。

【注意事项】

(1)本实验以使用新鲜动物肝脏组织为宜,夏天标本在冰箱可保存 3 d,冬天可稍长。

(2)因硫代硫酸钠溶液的滴定必须在酸性或中性环境中进行,故滴定前需加入盐酸溶液中和氢氧化钠。

(3)淀粉溶液宜用新鲜配制的,且不宜加入过早。

(4)在试管利用水浴锅进行保温过程中,浸入水浴锅的深度应高于试管中反应液面。

【思考题】

(1)在生物体内,酮体生成的主要器官和主要途径是什么?

(2)生物体内酮体合成过程中,哪些酶是合成过程的关键酶?

(李 华 孔 宇)

四、生物氧化

【实验目的和要求】

(1)熟悉几种氧化还原酶类的提取过程、作用方式及体外定性方法。

(2)了解生物氧化的概念和特点。

【实验原理】

1. 氧化酶

氧化酶是直接利用分子氧促进底物氧化的酶,其中最典型的是催化酪氨酸氧化生成黑色素的酪氨酸酶。酪氨酸酶存在于新鲜蘑菇、马铃薯等蔬菜中,实验中可利用马铃薯中的酪氨酸酶来催化酪氨酸。

2. 过氧化酶

过氧化酶可催化过氧化氢(H_2O_2)氧化酚类和胺类物质。如过氧化酶可催化焦性没食子酸生成橙红色的焦没食子橙等。

3. 过氧化氢酶

过氧化氢酶能够催化生物体内产生的过氧化氢,消除其危害。此酶分布广,肝脏和红细胞内含量最多。

4. 琥珀酸脱氢酶及丙二酸的抑制作用

琥珀酸脱氢酶可催化琥珀酸脱氢生成延胡索酸。脱下的氢在体外可还原美蓝为美白。脱氢酶活性越高,美蓝褪色所需时间越短。丙二酸是琥珀酸脱氢酶的竞争性抑制剂,可抑制上述过程。

【器材和试剂】

1. 器材

电子分析天平,试管若干,移液器(1 套),烧杯,水浴锅,匀浆器,枪头若干,火柴,等等。马铃薯,白萝卜,新鲜猪肝,新鲜瘦肉。

2. 试剂

过氧化氢,焦性没食子酸,液体石蜡,美蓝,琥珀酸钠,丙二酸钠,二水合磷酸二氢钠,十二水合磷酸氢二钠,碳酸钠,95％酒精,酪氨酸,氯化钠,等等。

(1)酪氨酸溶液:称取酪氨酸 0.1000 g,溶于 200 mL 0.1％碳酸钠(Na_2CO_3)溶液中,如需要,可在水浴上加热助溶。

(2)0.005 mol/L 碳酸钠溶液:称取无水碳酸钠 0.0530 g,溶于 100 mL 水中。

(3)1/15 mol/L pH 值为 7.4 的磷酸盐缓冲液:称取二水合磷酸二氢钠 0.5380 g、十二水合磷酸氢二钠 1.2350 g,溶于 100 mL 水中。

(4)0.2 mol/L 琥珀酸钠溶液:称取 3.2400 g 琥珀酸钠,溶于 100 mL 水中。

(5)0.02 mol/L 琥珀酸钠溶液:称取 0.3240 g 琥珀酸钠,溶于 100 mL 水中。

(6)0.2 mol/L 丙二酸钠溶液:称取 2.9600 g 丙二酸钠,溶于 100 mL 水中。

(7)0.02 mol/L 丙二酸钠溶液:称取 0.2960 g 丙二酸钠,溶于 100 mL 水中。

(8)2％美蓝溶液:将 2.0000 g 美蓝溶于 30 mL 95％酒精中,使用前用生理盐水稀释至 100 mL。

【实验步骤】

1. 氧化酶

(1)将马铃薯表面洗净后削下表皮层,切成 0.5 cm×0.5 cm×0.5 cm 的小块。

(2)在研钵中放入上述小块,加入少量蒸馏水,用杵研磨并挤压出汁液,必要时可用纱布过滤。

(3)取酪氨酸溶液 2 mL 于试管内,加入马铃薯滤液 2 mL,摇匀后置于 35～40 ℃水浴中。

(4)不时振荡,使得空气中的氧能够与溶液充分接触,观察颜色变化,并记录时间。

2. 过氧化酶

(1)白萝卜提取液:称取白萝卜 10.0000 g,加入 0.005 mol/L 碳酸钠溶液 10 mL,捣碎过滤,收集滤液备用。

(2)取适量白萝卜提取液置于试管中,煮沸 3 min,冷却后备用。

(3)取试管 4 支,按表 2 - 26 操作。

表 2 - 26 样品加样表

项目	1	2	3	4
1%焦性没食子酸水溶液	3.0 mL	3.0 mL	3.0 mL	3.0 mL
3%过氧化氢溶液	2 滴	—	2 滴	2 滴
蒸馏水	2.0 mL	2 滴	—	—
白萝卜提取液	—	2.0 mL	2.0 mL	—
煮沸过的白萝卜提取液	—	—	—	2.0 mL
混匀后观察,记录并解释实验结果				

3. 过氧化氢酶

取 0.5000 g 肝脏组织置于试管底部,向试管中加入 3%中性过氧化氢溶液 8 滴,迅速用拇指压紧管口,同时观察有无气泡产生;片刻后松开拇指,立即把即将熄灭的火柴置于管口,观察现象并说明原因。

4. 琥珀酸脱氢酶

(1)制备肌肉提取液:称取新鲜动物肌肉 10.0000 g,剪碎并置于研钵中。

(2)加适量洁净的细砂研磨成糜状,按照每克肌肉加入两倍体积预冷的 1/15 mol/L pH 值为 7.4 的磷酸盐缓冲液,混匀后用双层纱布过滤,取滤液备用。

(3)取试管 5 支,按表 2 - 27 操作。

表 2 - 27 试剂加样表

试剂	1	2	3	4	5
肌肉提取液	20 滴	20 滴	20 滴	20 滴	—
0.2 mol/L 琥珀酸钠溶液	4 滴	4 滴	4 滴	—	4 滴
0.02 mol/L 琥珀酸钠溶液	—	—	—	4 滴	—
0.2 mol/L 丙二酸钠溶液	—	4 滴	—	4 滴	—
0.02 mol/L 丙二酸钠溶液	—	—	4 滴	—	—
蒸馏水	4 滴				24 滴
2%美蓝溶液	2 滴	2 滴	2 滴	2 滴	2 滴

(4)将上述各管混匀后于液面上各加 10 滴液体石蜡(将试管倾斜,沿管壁缓慢加入,注意避免产生气泡)。

(5)将各试管放入 37 ℃水浴保温,随时观察各管美蓝褪色情况,注意在此期间不要振摇试管,以免美蓝再氧化影响实验结果。记录脱色所需时间并解释实验结果。

【思考题】

美白易被空气中的氧再氧化成美蓝,实验中应采取何种措施预防?

(孔　宇)

五、植物组织中丙二醛含量的测定

【实验目的和要求】

(1)掌握植物体内丙二醛含量的测定方法。

(2)了解丙二醛与硫代巴比妥酸反应的原理。

(3)学习植物组织处理的方法。

【实验原理】

丙二醛(MDA)是脂质过氧化的终产物之一(MDA体内产生过程见图2-28)。其含量除与植物衰老(加剧膜的损伤)及逆境伤害有关外,还与动物体内脂代谢(膜脂过氧化)状态相关,因而有必要建立丙二醛的检测方法以辅助相关研究。

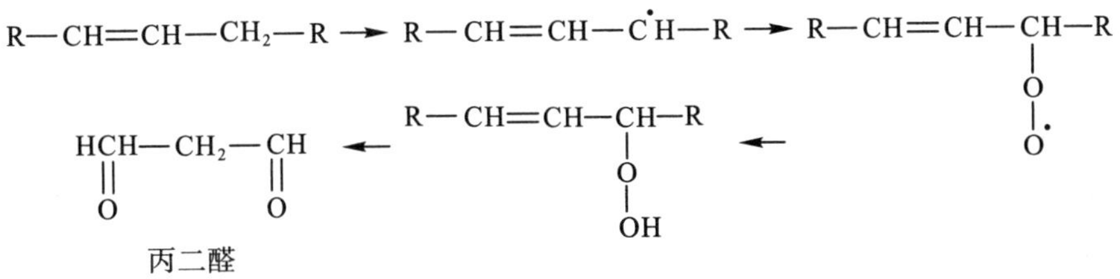

图2-28　体内MDA生成示意图

本实验以测定植物体内丙二醛含量为例,介绍丙二醛的比色测定方法:硫代巴比妥酸(TBA)在加热和酸性条件下可与丙二醛发生显色反应(反应式见图2-29),生成红棕色的三甲川[3,5,5′-三甲基噁唑-2,4-二酮,最大的吸收波长在532 nm],最终通过检测三甲川即可实现MDA的检测。实际测定时,样本中的糖类会影响检测结果(糖-TBA反应产物的最大吸收波长大约在450 nm处,摩尔吸光系数为8.5×10^{-2};532 nm处摩尔吸光系数为7.4×10^{-3},而此时MDA-TBA反应产物的摩尔吸光系数为1.6×10^{-1}),需要校正实验数据后方可进行计算(可选择两种反应产物均无明显吸收的600 nm波长处作为参比)。

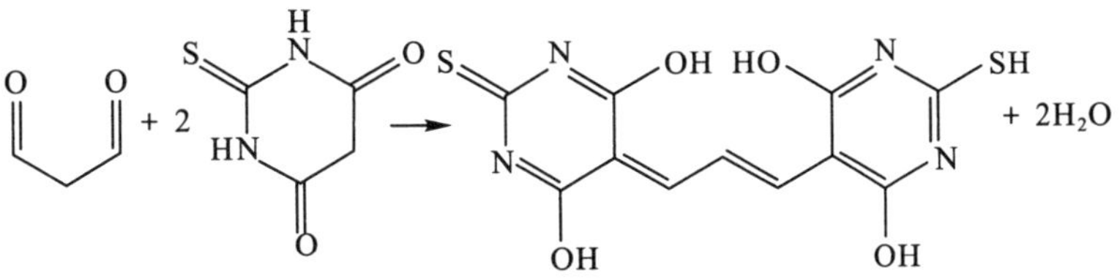

图2-29　显色反应示意图

【器材和试剂】

1. 器材

pH计,离心机,分光光度计,玻璃比色皿,电子分析天平,恒温水浴箱,研钵,剪刀,移液枪(0.2 mL、1 mL),等等。新鲜植物叶片若干。

2. 试剂

硫代巴比妥酸、三氯乙酸为分析纯试剂,等等。实验用水均为双蒸水,石英砂适量。

(1)10%三氯乙酸溶液:称取10.0000 g三氯乙酸,溶于水中,定容至100 mL。

(2)0.6%硫代巴比妥酸溶液:称取硫代巴比妥酸1.2000 g,溶于水中,定容至200 mL。

【实验步骤】

（1）丙二醛的提取：取植物叶片平行 3 份，各 1.0000 g，分别加入 1.0 mL 10%三氯乙酸溶液，研磨，至匀浆 2 min，再加入 4.0 mL 10%三氯乙酸溶液继续研磨 2 min；将匀浆液在 4000 r/min 下离心 10 min，上清液即丙二醛提取液。

（2）取 8 支干净试管，按表 2－28 加入试剂和样品，混匀后在 90 ℃水浴中反应 20 min。反应结束后迅速将试管冰浴冷却，然后在 4000 r/min 下离心 10 min。

表 2－28　试剂加样表

试剂	1	2	3	4	5	6	7	8
提取液 1	1.0 mL	1.0 mL	—	—	—	—	—	—
提取液 2	—	—	1.0 mL	1.0 mL	—	—	—	—
提取液 3	—	—	—	—	1.0 mL	1.0 mL	—	—
双蒸水	—	—	—	—	—	—	1.0 mL	1.0 mL
TBA	1.0 mL	1.0 mL	1.0 mL	1.0 mL	1.0 mL	1.0 mL	1.0 mL	1.0 mL
90 ℃反应 20 min，冷却至室温，待用								

（3）取上清液，分别在 450 nm、532 nm 和 600 nm 波长处测定吸光度（A）（以双蒸水组为参比），记录到表 2－29 中。

表 2－29　数据记录表

试管编号	吸光度		
	$A_{450\ nm}$	$A_{532\ nm}$	$A_{600\ nm}$
1			
2			
3			
4			
5			
6			
7			
8			

（4）按照公式 2－12 至公式 2－14 计算样品中 MDA 的含量（μmol/g）。

$$MDA\ 含量（\mu mol/g）= \frac{[MDA] \times V}{G} \qquad (2-12)$$

式中：[MDA]为提取液中 MDA 的浓度；V 为提取液总体积（mL）；G 为植物叶片的称量质量（g）。

$$[MDA]（\mu mol/mL）= \frac{C_{MDA} \times V_1}{V_2 \times 1000} \qquad (2-13)$$

式中：C_{MDA} 是 MDA 的浓度，V_1 是反应液总体积（mL）；V_2 是参与反应的提取液用量（mL）。

$$C_{MDA}(\mu mol/L) = 6.45 \times (A_{532\,nm} - A_{600\,nm}) - 0.56 A_{450\,nm} \qquad (2-14)$$

式中:$A_{450\,nm}$、$A_{532\,nm}$、$A_{600\,nm}$分别为3个波长处的吸光度。

【注意事项】

(1)三氯乙酸具有较强的腐蚀性,配制时需佩戴手套。

(2)铁离子能够显著增加 TBA 显色反应物在 532 nm、450 nm 处的吸光度,加入 Fe^{3+} 的终浓度建议控制在约 $0.5\ \mu mol/L$(植物叶片中铁离子浓度为 $100\sim300\ \mu g/g$)。

【思考题】

(1)请自行推导公式 2-14。

(2)血液中 MDA 测定是否能用此方法?

(孔 宇)

第三章 细胞生物学实验

细胞生物学实验是生物技术类专业基础实验课程,是细胞生物学课程教学的配套实验课程。课程由验证性、操作性实验内容构成,从显微、亚显微、分子三个水平揭示细胞生物学的基本现象与规律,旨在让学生掌握细胞生物学实验操作技能,熟悉细胞生物学分析方法,同时培养学生初步具备进行细胞生物学创新性研究的基本能力与素质。

第一节 人类血型与血型鉴定

【实验目的和要求】

(1)掌握凝集反应的原理。

(2)熟悉凝集反应的实验步骤。

(3)了解凝集反应的应用。

【实验原理】

血型是以血液里的抗原形式表现出来的一种遗传性状。狭义地讲,血型专指红细胞抗原在个体间的差异。实际上,除红细胞外,白细胞、血小板乃至某些血浆蛋白,个体之间也存在着抗原差异。因此,广义的血型应包括血液各成分的抗原在个体间出现的差异。

通常我们所说的血型是指红细胞膜上的特异性抗原类型,目前已发现人类红细胞有15个主要血型系统,其中最主要的是 ABO 血型系统(1901 年奥地利的卡尔·兰德施泰纳发现第一个血型系统),其次是 Rh 血型系统。这两个血型系统与临床关系最为密切。

1. ABO 血型系统

人类 ABO 血型系统根据红细胞膜上有无特异性抗原(凝集原)A 或 B,可分为 A 型、B 型、AB 型和 O 型四种。A、B 抗原的特异性取决于糖蛋白上所含的糖链。红细胞膜上表达 A 抗原为 A 型,表达 B 抗原为 B 型,含 A、B 两种抗原为 AB 型,不含 A、B 抗原,而含 H 抗原为 O 型。与之相应的,在人类的血液里含有凝集素(又称抗体)A、B。A 型血的血清中含有抗 B 抗体,B 型血的血清中含有抗 A 抗体,AB 型血的血清中没有抗 A、抗

B 的抗体,O 型血的血清中同时存在抗 A、抗 B 的抗体(表 3-1)。

表 3-1　ABO 血型分型原理

血型	A 型	B 型	AB 型	O 型	
红细胞上抗原					
血清中抗体	 抗 B	 抗 A	无	 抗 A	 抗 B

2. ABO 血型的鉴定

血型鉴定可采用红细胞凝集试验,通过正、反定型来确定 ABO 血型。正定型,即血清试验,用已知抗 A、抗 B 分型血清来确定红细胞上有无相应的 A 抗原和 B 抗原;反定型,即细胞试验,是用已知 A 细胞和 B 细胞来测定血清中有无相应的抗 A 或抗 B 的抗体,见表 3-2。

表 3-2　ABO 血型正、反定型结果

分型血清＋受检者红细胞		受检者血型	受检者血清＋试剂红细胞	
抗 A	抗 B		A 细胞	B 细胞
＋	－	A	－	＋
－	＋	B	＋	－
－	－	O	＋	＋
＋	＋	AB	－	－

【器材和试剂】

1. 器材

一次性采血针,消毒牙签,酒精棉球,载玻片,记号笔,等等。手指末梢血。

2. 试剂

标准抗 A 血清,标准抗 B 血清,等等。

【实验步骤】

(1)将载玻片洗干净,擦干,不能留有水分,以防溶血。

(2)用记号笔在载玻片上标记好"抗 A""抗 B",分别滴加一滴抗 A 血清、抗 B 血清。旁边放置两个消毒牙签。

(3)用酒精棉球消毒无名指,等酒精挥发后,用采血针采血,分别用消毒牙签蘸取血液,与血清混合,在室温下静置 2~5 min,观察凝集现象。

(4)结果确定:阴性,红细胞均匀分散分布;阳性,红细胞呈絮状物凝集。

(5)将实验结果记录入表3-3。

表3-3　ABO血型鉴定结果

分型血清＋受检者红细胞		受检者血型
抗A	抗B	

【注意事项】

(1)采血时必须严格消毒,以防感染。

(2)混匀用的竹签(2根)应专用,搅动血清时切不可使抗A、抗B两种血清发生混合。

(丁　岩)

第二节　不同细胞形态观察、大小测量及结构比较

【实验目的和要求】

(1)掌握利用光学显微系统对生命的基本组成单位——细胞进行观察的方法。

(2)了解不同细胞的形态、结构和大小区别。

【实验原理】

细胞是能进行独立繁殖的有膜包围的生物体的基本结构和功能单位。构成生物机体的细胞是多种多样的。要对细胞进行研究,首先要从其形态结构入手。细胞的大小多在 $10\sim100~\mu m$,肉眼无法直接观察,需借助显微镜的成像及放大功能,才能观察到细胞的基本形态结构。

【器材和试剂】

1. 器材

普通光学显微镜,牙签,酒精棉球,载玻片,等等。洋葱表皮,口腔上皮,血涂片,永久制片。

2. 试剂

碘液,吉姆萨染液,生理盐水,甲醇,香柏油,等等。

【实验步骤】

1. 血涂片的制作

(1)取梢末血1滴,置于载玻片一端,另取一边缘光滑的载玻片作为推片,放在血滴前面慢慢后移,接触血滴后稍停。此时血液沿推片散开,将推片与载玻片保持30°～45°角,向前平稳均匀推动推片,载玻片上便留下一层薄薄的血膜。血涂片制成后,立即使其干燥,以免血细胞变形。

(2)将干燥后的血涂片用甲醇固定3～5 min。

(3)将固定的血涂片置于被pH值6.4～6.8磷酸盐缓冲液稀释10～20倍的吉姆萨染液中,浸染10～20 min(标本较少可用滴染法)。

(4)取出血涂片,用水迅速冲洗至血膜呈粉红色,待干后即可镜检观察。

2. 洋葱表皮临时制片的制作

(1)准备:擦净载玻片和盖玻片,晾干。

(2)制片:①把载玻片平放在实验台上,用滴管在载玻片的中央滴一滴清水;②用刀片在洋葱鳞片叶内侧表皮上划出 $2\sim5$ cm^2 的小方格,然后用镊子撕下方格内的表皮并放在载玻片的水滴中;③用镊子将表皮展平;④用镊子夹起盖玻片,使它的一侧先接触载玻片上的水滴,慢慢放平。

(3)染色:①用滴管在盖玻片的一侧滴适量稀释的碘酒;②用吸水纸在盖玻片的另一侧吸染液。

(4)观察。

3. 人的口腔上皮细胞临时制片的制作

(1)准备:擦净载玻片和盖玻片,晾干。

(2)制片:①把载玻片平放在实验台上,用滴管在载玻片的中央滴一滴生理盐水;②用凉开水漱口,取消毒牙签在口腔侧壁上轻刮几下,将刮下的碎屑在载玻片的液滴中抹匀;③用镊子夹起盖玻片,使它的一侧先接触载玻片上的液滴,慢慢放平。

(3)染色:①用滴管在盖玻片的一侧滴适量碘液;②用吸水纸在盖玻片的另一侧吸碘液。

(4)观察。

【注意事项】

(1)取血滴不宜过多,以免涂片过厚,影响观察。

(2)要使涂片厚薄均匀,推片角度和速度都要适中,用力要均匀。涂片时,血滴愈大,角度愈大,推片速度愈快则血膜愈厚,反之血膜愈薄。

(3)涂片一般在后半部为好,边缘和尾端白细胞较多。

(丁 岩)

第三节　细胞无丝分裂、有丝分裂和减数分裂的形态观察

【实验目的和要求】

通过标本制备和观察了解生物体细胞的无丝分裂、有丝分裂形态特征及生殖细胞的减数分裂过程。

【实验原理】

1. 动物细胞无丝分裂的观察——蛙血涂片

无丝分裂是自然界中最早被发现的细胞分裂现象。无丝分裂不仅是原核生物增殖的方式,而且在鸡胚血细胞中也发现此现象(雷马克于 1841 年最先发现)。因此过程没有出现纺锤丝和染色体的变化,故被称为无丝分裂(amitosis)。其后,无丝分裂又在各种动物、植物中陆续被发现,尤其在分裂旺盛的细胞中更多见,但遗传物质是如何分配的还有待进一步研究。

蛙红细胞体积较大、数量多,而且有核,是观察无丝分裂的较好材料。

2. 减数分裂的观察——蝗虫精巢永久制片

减数分裂(meiosis)是配子发生过程中的一种特殊有丝分裂,即染色体复制一次,而细胞连续分裂两次,结果使染色体数目减半的过程。减数分裂过程体现了遗传三大定律,即基因分离定律、基因自由组合定律、基因的连锁和交换定律。因此,减数分裂在稳定种的遗传性状和繁殖中均起着重要作用。

蝗虫精巢取材方便,标本制备方法简单,其染色体数目较少(蝗虫初级精母细胞染色体数为 $2n=22+X$),经过减数分裂形成四个精细胞,每个精细胞的染色体数为 $n=11+X$ 或 $n=11$(注:蝗虫的性别决定与人类不同,雌性有两条 X 染色体、雄性为 XO,即只有一条 X 染色体,没有 Y 染色体)。一般多用它来研究观察减数分裂染色体形态变化。

1)精原细胞(spermatogonia) 位于精细管的游离端,胞体较小,通过有丝分裂增殖,其染色体较粗短、染色较浓。

2)减数分裂Ⅰ(meiosisⅠ) 是从初级精母细胞到次级精母细胞的一次分裂。

(1)前期Ⅰ(prophaseⅠ):在减数分裂中,前期Ⅰ最具特征,核的变化复杂。根据染色体的变化,前期Ⅰ可细分为五个时期。①细线期(leptotene stage):染色体呈细丝状,称为染色线,具有念珠状的染色粒,核仁清楚。染色体端粒通过接触斑与核膜相连,而染色体的其他部分以绊状伸延到核质中。②偶线期(zygotene stage):同源染色体开始配对,即联会,形成联会复合体。同时出现极化现象,各以一端聚集于细胞核的一侧,另一端则散开,形成花束状。③粗线期(pachytene stage):染色体明显变粗、变短,同源染色体的非姐妹染色单体间发生 DNA 的片断互换(crossing-over),可产生新的等位基因组合,出现重组节,与 DNA 的重组有关。④双线期(diplotene stage):染色体缩得更短,联会复合体消失,联会的同源染色体相互排斥、开始分离,但在交叉点(chiasma)上还保持着联系,因此染色体呈麻花状。⑤终变期(diakinesis):染色体更为粗短,形成"X""Y""V""O""8"等形状,终变期末核膜、核仁消失。

(2)中期Ⅰ(metaphaseⅠ):二价体排列在赤道面上,着丝点与纺锤丝相连。这时的染色体组居细胞中央,侧面观呈板状,极面观呈空心花状。

(3)后期Ⅰ(anaphaseⅠ):同源染色体在纺锤丝牵引下向两极移动,非同源染色体自由组合。两条姐妹染色单体仍连在一起,同去一极。

(4)末期Ⅰ(telophaseⅠ):染色体到达两极,逐渐去凝集,两极各得到 n 条染色体,数目由 $2n \rightarrow n$。

3)减数分裂Ⅱ(meiotic divisonⅡ) 减数分裂Ⅱ与一般的有丝分裂类似,但从细胞形态上看,可见胞体明显变小,染色体数目少。

(1)前期Ⅱ(prophaseⅡ):末期Ⅰ的细胞进入前期Ⅱ状态,姐妹染色单体显示分开的趋势,染色体像花瓣状排列,使前期Ⅱ的细胞呈实心花状。

(2)中期Ⅱ(metaphaseⅡ):纺锤体再次出现,染色体排列于赤道面。

(3)后期Ⅱ(anaphaseⅡ):着丝粒纵裂,姐妹染色单体彼此分离,分别移向两极。

(4)末期Ⅱ(telophaseⅡ):移到两极的染色体分别组成新核,新细胞的核具有单倍数(n)的染色体组,细胞质再次分裂,这样,通过减数分裂每个初级精母细胞就形成了四个精细胞。

4)精子形成 在两次精母细胞分裂过程中,各种细胞器,如线粒体、高尔基体等也大致平均地分到四个精细胞中。精细胞经过一系列分化成熟及变形过程成为精子。镜下精子头部呈梭形,由细胞核及顶体共同组成,尾部呈细线状。

3. 细胞有丝分裂的观察——马蛔虫子宫切片、洋葱根尖压片

1880 年,Strasburger 在植物细胞中发现了有丝分裂(mitosis)现象。两年后,1882年,Flemming 在动物细胞中发现了有丝分裂。有丝分裂过程中有纺锤体出现,将染色体平均分配到两个子细胞。马蛔虫受精卵细胞中只有 6 条染色体,而洋葱体细胞的染色体为 16 条,因为它们都具有染色体数目少的特点,所以便于观察和分析。

4. 动物细胞有丝分裂的观察——马蛔虫子宫切片

取马蛔虫的子宫切片标本,先在低倍镜下观察,可见马蛔虫子宫腔内有许多椭圆形的受精卵细胞,它们均处在不同的细胞周期时相。每个卵细胞都包在卵壳之中,卵壳与卵细胞之间的腔称为卵壳腔。细胞膜的外面或卵壳的内面可见有极体附着。需要转换高倍镜仔细寻找和观察处于分裂间期和有丝分裂不同时期的细胞形态变化。

1)间期(interphase) 细胞质内有两个近圆形的细胞核,一为雌原核,另一为雄原核。两个原核形态相似不易分辨,核内染色质分布比较均匀,核膜、核仁清楚,细胞核附近可见中心粒存在。

2)分裂期(mitosis) 包括前期、中期、后期、末期。

(1)前期(prophase):雌原核、雄原核相互接近,染色质逐渐浓缩变粗,核仁消失,最后核膜破裂、染色体相互混合,两个中心粒分别向细胞两极移动,纺锤体开始形成。

(2)中期(metaphase):染色体聚集排列在细胞的中央形成赤道板。由于细胞切面不同,此期有侧面观和极面观两种不同现象。侧面观染色体排列在细胞中央,两极各有一个中心体,中心体之间的纺锤丝与染色体着丝点相连;极面观由于染色体排列于赤道面上,6 条染色体清晰可见,此时的染色体已纵裂为二,但尚未分离。

(3)后期(anaphase):纺锤丝变短,纵裂后的染色体被分离为两组,分别移向细胞两极,细胞膜开始凹陷。

(4)末期(telophase):移向两极的染色体恢复染色质状态,核膜、核仁重新出现,最后细胞膜横缢,两个子细胞形成。

5. 植物细胞有丝分裂的观察——洋葱根尖压片

在高等植物体内,有丝分裂常见于根尖、芽尖等分生区细胞。由于各个细胞的分裂是独立进行的,因此在同一分生组织中可以看到处于不同分裂时期的细胞。

染色体容易被碱性染料(如龙胆紫溶液或乙酸洋红溶液)着色,通过在高倍显微镜下观察各个时期细胞内染色体的存在状态,就可判断这些细胞处于有丝分裂的哪个时期,进而认识有丝分裂的完整过程。

【器材和试剂】

1. 器材

显微镜,载玻片,盖玻片,镊子,滴管,培养皿,剪刀,等等。蛙血涂片和固定的蝗虫精

巢永久制片,洋葱。

2. 试剂

95％酒精,15％盐酸溶液,0.01 g/mL龙胆紫溶液,蒸馏水,等等。

【实验步骤】

1. 培养

将洋葱根尖培养至长1～5 cm。

2. 制作临时装片

(1)解离:在培养皿中滴入少许95％酒精,再滴入与酒精等量的15％盐酸溶液,制成解离液,剪取数条1～1.5 cm的洋葱根尖,在室温下解离3～5 min后取出。注意:解离充分是实验成功的必备条件;解离的目的是用药液溶解细胞间质,使组织细胞分开。

(2)漂洗:待根尖酥软后,用镊子取出,放入盛有清水的玻璃皿中漂洗约10 min。

(3)染色:取一干净培养皿,滴入少许0.01 g/mL龙胆紫溶液,将根置于溶液中染色3～5 min。

(4)制片:取一干净载玻片,在中间滴一滴清水,将染色好的根用剪刀剪取根尖2～3 mm,放入载玻片上的清水内,盖上盖玻片,用吸水纸吸去周围的水分,用镊子圆滑的那头轻轻按压盖玻片,使标本成云雾状,此时细胞就分散开了。

3. 显微镜观察

低倍镜下找到分生区细胞,其特点是:细胞呈正方形,排列紧密,有的细胞正在分裂。将其移到视野中心,在高倍镜下找到处于分裂期的细胞。移动装片,找到分裂各期的细胞,观察各期特点。

分裂间期:细胞中有明显的核膜、核仁,染色质着色均匀。

前期:染色体出现,纺锤体形成,核膜解体,核仁消失。

中期:纺锤体清晰可见,染色体的着丝点排列在赤道板上。

后期:着丝点分裂,姐妹染色单体分离,在纺锤丝牵引下移向细胞两极。

末期:染色体变成染色质,纺锤丝消失,核膜、核仁出现,形成新的细胞壁。

【注意事项】

(1)染色时,染液的浓度和时间要把握好,否则染色过深,不易观察细胞中的染色体。

(2)加盖玻片时,注意防止产生气泡。

(3)压片时,要尽可能使细胞分散开,细胞在盖玻片下呈云雾状。

(4)观察洋葱根尖细胞有丝分裂临时装片时,所看到的细胞是死细胞。由于分生区的细胞分裂速度不同,同一时间把细胞固定后,就可以在同一个装片上观察到细胞分裂的各个时期的图像。

(5)学生:在实验前,先回忆在细胞分裂过程中,各时期的染色体的形态和行为有哪些变化,以便在实验中能够准确地观察到各个时期的图像,并能区分出来。

(6)教师:教师准备好实验材料,在实验课前3～4 d,取洋葱,放于广口瓶上,装满清水,让洋葱的底部接触瓶内的水面,把广口瓶放在温暖的地方培养。注意的问题:应选择底盘大的洋葱做生根材料;剥去外层老皮,用刀削去老根,注意不要削掉四周的根芽;培养时注意每天换水 1～2 次,防止烂根。

【思考题】

(1)取材的时间最好在什么时候进行? 在解离过程中应注意哪些问题? 解离后细胞是否仍保持活性?

(2)为什么要进行漂洗?

(丁　岩)

第四节　植物细胞微丝束的观察

【实验目的和要求】

(1)掌握考马斯亮蓝 R-250 染植物细胞内微丝束的方法。

(2)了解微丝束在细胞内的分布特点。

【实验原理】

细胞骨架指真核细胞中的蛋白纤维网架体系,由微管(microtubule,MT)、微丝(microfilament,MF)及中间丝(intermediate filament,IF)组成。微丝是一实心的螺旋状纤维,由肌动蛋白亚单位组成。在细胞中它们又与某些结合蛋白一起形成不同的亚细胞结构,如应力纤维(又称为微丝束)等。光镜下细胞骨架的形态学观察,多用 1% 聚乙二醇辛基苯醚(Triton X-100)处理细胞,使 95% 以上的可溶性蛋白质及全部脂质被抽提,固定后用蛋白质染料考马斯亮蓝 R-250 染色,使细胞质中微丝得以清晰显见。但由于有些细胞骨架纤维在该实验条件下不够稳定,如微管;还有些类型的纤维太细,在光学显微镜下无法分辨,因此通常观察到的主要是由微丝平行排列组成的微丝束。

(1)细胞骨架在通常情况下不稳定:如低温、高压、锇酸处理等条件。单体肌动蛋白(globular actin,G-actin)在富含 ATP、Mg^{2+} 及高浓度的 Na^+、K^+ 条件下,装配为纤维状肌动蛋白(F-actin),在含有 Ca^{2+} 及低浓度的 Na^+、K^+ 等阳离子溶液中,微丝趋于解聚成 G-actin。染色时用的 M-缓冲液,其中咪唑是缓冲剂,乙二醇双(2-氨基乙醚)四乙酸[ethylene glycol bis(2-aminoethylether)tetraacetic acid,EGTA]和乙二胺四乙酸(ethylenediaminetetra-acetic acid,EDTA)螯合 Ca^{2+},溶液中含有 Mg^{2+},在此低钙条件下,骨架纤维保持聚合状态并且较为舒张。

(2)微丝是由肌动蛋白构成的纤维,称为肌动蛋白纤维。单根微丝直径约 7 nm,在光学显微镜下看不到。本实验观察的是由微丝平行排列组成的纤维束。在动物细胞里称为"应力纤维"。

(3)考马斯亮蓝 R-250 可以染各种蛋白质,并非特异染微丝。实验中用 1% Triton X-100 是为了抽提掉细胞质中除骨架蛋白以外的其他蛋白质,以便能清晰地显示微丝束。

(4)当用适当浓度的 Triton X-100 处理细胞时,能溶解质膜结构中及细胞内许多蛋白质,而细胞骨架系统的蛋白质却不被破坏而显得更清晰;M-缓冲液洗涤细胞可以提高细胞骨架的稳定性;戊二醛固定能较好地保存细胞骨架成分,经考马斯亮蓝 R-250 染色后,可使细胞骨架蛋白着色,而细胞质背景着色弱,有利于细胞骨架纤维显示。

【器材和试剂】

1. 器材

电子分析天平,显微镜,载玻片,盖玻片,镊子,培养皿,滤纸,剪刀,废液缸,滴瓶,等等。洋葱鳞茎。

2. 试剂

磷酸盐缓冲液,1% Triton X-100,M-缓冲液,3%戊二醛,等等。

(1)M-缓冲液:咪唑 50 mmol/L,氯化钾溶液 50 mmol/L,氯化镁溶液 0.5 mmol/L,EGTA 溶液 1 mmol/L,EDTA 溶液 0.1 mmol/L,巯基乙醇溶液 1 mmol/L,甘油 4 mmol/L,用 1 mol/L 盐酸溶液调 pH 值为 7.2。

(2)0.2% 考马斯亮蓝 R-250 染液:将 0.2000 g 考马斯亮蓝 R-250 溶于甲醇 46.5 mL,冰乙酸 7 mL、蒸馏水 46.5 mL。

【实验步骤】

(1)取洋葱鳞茎内表皮(大小约 1 cm²),置于盛有 0.2 mol/L 的磷酸盐缓冲液(pH 6.8)的培养皿中。

(2)吸去缓冲液,将洋葱鳞茎内表皮用 1% Triton X-100 处理 20～30 min,在室温或 37 ℃下均可。

(3)除去 Triton X-100,将洋葱鳞茎内表皮用 M-缓冲液充分漂洗 3 次,每次 10 min。

(4)将洋葱鳞茎内表皮在 3% 戊二醛固定液中固定 0.5～1 h。

(5)将洋葱鳞茎内表皮在磷酸盐缓冲液中洗 3 次,每次 10 min。吸去残液。

(6)将洋葱鳞茎内表皮用 0.2% 考马斯亮蓝 R-250 染色 15～20 min。

(7)小心地用水漂洗数次,将样品置于载玻片上,盖好盖玻片,在显微镜下观察。

【注意事项】

(1)撕取洋葱鳞茎内表皮时不可带茎肉,样本要展开铺平。

(2)去垢处理要掌握好时间。

(3)染色时间需掌握好,必要时可分不同时间染色。

(4)观察时选择平展、染色适中的部位观察。

(丁 岩)

第五节　联会复合体的染色与观察

【实验目的和要求】

(1)学习联会复合体的制备方法。

(2)观察光镜下联会复合体的形态结构。

【实验原理】

联会复合体(synaptonemal complex,SC)最早由 Mose(1956 年)在研究蝗蝻精母细胞减数分裂前期的超微结构时发现。1977 年,他又证明使用光学显微镜可以检查联会复合体。第一次减数分裂前期 Ⅰ 的偶线期,在染色体联会部位(紧密相贴处)形成一种特殊结构,沿同源染色体纵轴分布,该结构由蛋白质构成,可分为侧生组分和中央组分,是一暂时性的结构,一般开始于偶线期,成熟于粗线期,消失于双线期。它与减数分裂三个重要环节同源染色体联会、交换及分离有着密切关系。SC 在真核生物的减数分裂过程中是普遍存在的。

【器材和试剂】

1. 器材

电子分析天平,离心机,显微镜,生化培养箱(80 ℃),培养皿,镊子,剪刀,吸管,解剖针,烧杯,量筒,离心管,载玻片,盖玻片,滤纸,棕色瓶,滴瓶,等等。雄性小白鼠数只。

2. 试剂

(1)3%中性福尔马林溶液:甲醛 8.3 mL,乙酸钠 1.1000 g,蒸馏水 91.7 mL,混匀。

(2)2%明胶显影液:明胶粉 0.2000 g,双蒸水 10 mL,甲酸 0.1 mL。加甲酸时要不停地摇动,使之完全溶解,储存在棕色瓶内,置于 4 ℃冰箱中保存,使用前用滤纸过滤。

(3)50%硝酸银溶液:硝酸银 4.0000 g,双蒸水 8 mL,使之充分溶解,储存在棕色瓶内,置于 4 ℃冰箱中保存。

(4)甲醇-冰乙酸溶液(3:1)。

(5)0.7%柠檬酸三钠溶液。

【实验步骤】

(1)以脊椎脱臼法处死小鼠,取出睾丸,放入盛有 2 mL 0.7%柠檬酸三钠溶液的培养皿中。

(2)剪开白膜,用解剖针和小弯镊夹出曲细精管并剪碎,用吸管轻轻吹打,使曲细精管内容物释放出来,最后使细胞悬液总体积为 1 mL。

(3)移至刻度离心管中,加 8 mL 0.7%柠檬酸三钠溶液制成细胞悬液,在室温下低渗 45~60 min。

(4)在低渗终止前 10 min,加 3%中性福尔马林溶液 0.3 mL,至最终浓度为 0.1%,混匀。

(5)将离心管在 1000 r/min 下离心 5 min,弃上清液。

(6)加 5 滴甲醇-冰乙酸溶液(3:1)固定,用空气干燥法制片。

(7)在一个搪瓷盘内预先加入少量蒸馏水和一块滤纸,上放 2 根小玻璃棒(或小木棒),置于生化培养箱(80 ℃)或水浴锅(80 ℃)中,也可放于水浴锅外盖上保温。

(8)将标本细胞面朝上平放,加 4 滴 50%硝酸银溶液和 2 滴明胶显影液,覆以盖玻片,直到标本呈金褐色为止,过程为 3~4 min。

(9)移去盖玻片,并用蒸馏水快速漂洗,晾干。

(10)将标本放于镜下观察并分析。

实验的参考结果:①银染后的 SC 呈金黄色或黄褐色,两条同源染色体联会比较紧密,但端部仍可见 SC 结构的双股性。②可见 Y 染色体的大部分和 X 染色体的一部分局部配对,形成短而清晰的 SC。

【注意事项】

制片的关键是长时间的低渗液处理和添加福尔马林溶液。

(丁　岩)

第六节　细胞凋亡的诱导与形态学观察

【实验目的和要求】

(1)掌握体外诱导细胞凋亡的方法。

(2)熟悉使用普通光学显微镜和荧光显微镜观察凋亡细胞的形态学变化,并根据观察结果判断凋亡的具体阶段的技能。

(3)了解细胞凋亡的常用检测方法和原理。

【实验原理】

细胞凋亡(apoptosis)是多细胞生物在发育过程中一种由基因控制的主动的细胞生理性自杀行为。典型动物细胞的凋亡过程在形态学上分为三个阶段。

1. 凋亡的起始

细胞体积缩小,表面特化结构如微绒毛等消失,细胞膜依然完整,仍具有选择通透性;细胞质中内质网肿胀、积液形成液泡,线粒体大体完整;细胞核内染色质固缩,凝集成新月状,沿核膜分布。

2. 凋亡小体的形成

核染色质片段化,与细胞器聚集在一起被内陷的细胞膜包裹,形成球形的结构,称为凋亡小体(apoptotic body)。

3. 吞噬

凋亡小体被邻近吞噬细胞吞噬,在溶酶体中被消化分解。

整个凋亡过程中细胞膜保持完整,内容物不会泄露,因而不会引发炎症反应。由于细胞凋亡过程中细胞核变化明显、特征突出,因此细胞核染色质的形态改变常用作判定细胞凋亡进展的指标。

细胞凋亡可以发生在机体正常发育和生理病理等过程中,也可通过人工诱导产生。引起凋亡的因子可分为三大类:①物理因子,包括射线、较温和的温度刺激等;②化学因子,包括重金属离子、活性氧基团等;③生物因子,包括生物毒素、肿瘤坏死因子、抗肿瘤药物、DNA 和蛋白质抑制剂等。

依托泊苷(VP-16)是干扰细胞周期的抗肿瘤药物,为 DNA 拓扑异构酶Ⅱ的抑制剂,临床上用于治疗白血病、恶性淋巴癌、小细胞肺癌等多种癌症,可用于体外诱导细胞凋亡。

目前,细胞凋亡的检测常基于凋亡细胞的形态学变化和生物化学特征,常用的方法如下。

(1)形态学观察:光镜、电镜、荧光显微镜、倒置相差显微镜。

(2)DNA 琼脂糖凝胶电泳。

(3)流式细胞仪分析。

(4)凋亡细胞的原位末端标记(TUNEL)。

(5)细胞膜磷脂酰丝氨酸(PS)荧光显示等。

本实验使用的吉姆萨染液是一种复合染料,含有天青和伊红,适用于多种细胞的染色质(体)染色,故凋亡细胞染色质的特征变化可被显示。4′,6-二脒基-2-苯基吲哚(4′,6-diamidino-2-phenylindole,DAPI)为一种荧光染料,既可进入活细胞也可进入死细胞,特异性结合 DNA,从而反映凋亡细胞核的形态学变化。凋亡细胞核可见致密浓染颗粒或块状荧光。

【器材和试剂】

1. 器材

二氧化碳培养箱,超净工作台,荧光显微镜,载玻片,细胞爬片,微量移液器,胶头滴管,镊子,玻璃皿,暗盒,Parafilm 封口膜,等等。肿瘤细胞。

2. 试剂

甲醇,吉姆萨染液,磷酸盐缓冲液,培养基,血清,等等。

(1)VP-16:实验前用二甲基亚砜(dimethyl sulfoxide,DMSO)新鲜配制成 100 mmol/L 的储存液,4 ℃下保存。

(2)DAPI 染色液:用双蒸水配制成 1 mg/mL 的储存液,−20 ℃下保存。使用时用磷酸盐缓冲液或双蒸水稀释为 1 μg/mL。

【实验步骤】

1. 细胞培养

人前列腺癌 PC3 细胞为贴壁生长细胞。

培养条件:R/MINI-1640+10%胎牛血清,37 ℃,5%二氧化碳。

2. 诱导凋亡

细胞处于对数生长期时(细胞丰度 50%～60%),VP-16 处理(终浓度为 0.1 mmol/L)24 h,用等体积二甲基亚砜溶液作对照。

3. 吉姆萨染色

(1)取出细胞爬片,用磷酸盐缓冲液洗细胞 1 次,晾干后甲醇固定 3～5 min。

(2)滴加吉姆萨染液,染色 10～15 min。

(3)用自来水冲洗,再用蒸馏水冲洗。

(4)风干后在酒精灯上烘一下,用二甲苯透明 2 min,在普通光学显微镜下镜检。

4. DAPI 染色

(1)弃培养基,用磷酸盐缓冲液洗细胞 1 次。

(2)加入适量−20 ℃冰预冷的甲醇溶液,在−20 ℃或室温下固定 10 min。

(3)弃固定液,用磷酸盐缓冲液洗细胞 1 次。

(4)在载玻片上放一小条 Parafilm 封口膜,膜上滴加 70 μL DAPI 染液,将细胞爬片有细胞的一面朝下放置于染液上,避光染色 5～10 min。

(5)用磷酸盐缓冲液洗细胞 3 次。

(6)将细胞爬片在荧光显微镜下观察。

【注意事项】

(1)DAPI 染色的关键在于染液用量与染色时间的把握,这两个参数可以根据具体情况调整,以达到最佳实验效果。

(2)VP-16为有毒物质,在实验中要注意安全使用,配制过程中需佩戴口罩、手套,不要触及皮肤。

(3)染色时各步骤操作要轻柔,加液时不要直接冲击细胞,以免细胞脱落。

(4)DAPI染色结果应迅速观察,以免时间过长,荧光淬灭。

【思考题】

(1)细胞凋亡的生物学意义是什么?

(2)鉴定细胞凋亡的常用方法有哪些?

(丁 岩)

第七节 免疫荧光标记法观察微管在细胞中的分布

【实验目的和要求】

(1)掌握免疫荧光标记技术在细胞骨架研究中的应用。

(2)观察微管在细胞中的分布。

【实验原理】

免疫荧光技术是利用抗原抗体特异结合的原理,与荧光标记技术结合起来研究特异蛋白抗原在细胞内分布的方法。由于荧光素所发的荧光可在荧光显微镜下检出,因此可对抗原进行细胞定位。

微管(microtubule)是由 α 微管蛋白和 β 微管蛋白异二聚体装配成的中空的管状结构,在细胞中呈网状或束状分布,能与其他蛋白共同装配成纺锤体、中心粒、纤毛、鞭毛、基粒等结构。微管作为细胞内运动元件与细胞多种运动功能密切相关,参与细胞有丝分裂、减数分裂、膜泡运输和信息传递等过程。

【器材和试剂】

1. 器材

二氧化碳培养箱,超净工作台,荧光显微镜,载玻片,细胞爬片,微量移液器,胶头滴管,镊子,玻璃皿,暗盒,Parafilm 封口膜,等等。肿瘤细胞。

2. 试剂

抗微管蛋白 α 亚基的单抗(一抗),正常 IgG(免疫球蛋白 G)抗体,异硫氰酸荧光素(fluorescein isothiocyanate,FITC)标记的二抗,磷酸盐缓冲液,PBST(含 0.1% 吐温 20 的磷酸盐缓冲液),37 g/L 多聚甲醛(磷酸盐缓冲液配制),0.1% Triton X-100(磷酸盐缓冲液配制),0.5 μg/mL DAPI,甘油-磷酸盐缓冲液(9:1)封片剂,培养基,血清,等等。

【实验步骤】

1. 细胞培养

(1)取细胞爬片放入 24 孔板,将细胞培养在细胞爬片上至丰度达 70%～80%。

(2)取出细胞爬片,置于小平皿中用 37 ℃预热的磷酸盐缓冲液冲洗 3 次。

(3)将细胞爬片用 37 g/L 多聚甲醛在室温下固定 20 min,用磷酸盐缓冲液冲洗 3 次。

(4)将细胞爬片用 37 ℃预热的 0.1% Triton X-100 处理 5 min,用磷酸盐缓冲液冲洗 3 次。

（5）在干净载玻片上放一小条 Parafilm 封口膜，膜上滴加 30 μL 抗微管蛋白 α 亚基的单抗（1∶50～1∶500 稀释，参考说明书），将细胞爬片细胞面朝下置于一抗溶液中，放入有湿纱布的暗盒，在 37 ℃下避光孵育 30 min。

2. 阴性对照设置

（1）将对照组细胞按照细胞培养步骤（5）的方法孵育于正常 IgG 抗体稀释液中。

（2）小心取出实验组及对照组细胞爬片，分别用 PBST 洗 3 次，每次 10 min。

（3）加 30 μL FITC 标记的二抗溶液（1∶100～1∶500 稀释，参考说明书），放入有湿纱布的暗盒，在 37 ℃下避光孵育 30 min。

（4）小心取出细胞爬片，用 PBST 洗 3 次，每次洗 10 min。

（5）滴加 0.5 μg/mL DAPI 染色液，用量以完全覆盖细胞爬片为宜。

（6）取洁净载玻片一张，滴一滴封片剂，将细胞爬片细胞面向下放在封片剂中，尽量避免封入气泡。

（7）用滤纸吸去多余封片剂，在荧光显微镜下观察细胞中微管结构及分布（微管：蓝光激发，产生绿色荧光；细胞核：紫外线激发，产生蓝色荧光）。

【注意事项】

（1）注意区分细胞爬片正、反面。

（2）实验过程中应始终保持样品湿润，干燥会导致细胞结构变化。

（3）一抗和二抗孵育后，先在细胞爬片上滴加一滴 PBST，使爬片漂起来后再取下，以免破坏细胞结构。

（4）注意二抗孵育后的所有操作应在避光条件下进行，以免荧光淬灭。

【思考题】

微管体外聚合的条件是什么？

（丁　岩）

第八节　鬼笔环肽标记法观察微丝在细胞中的分布

【实验目的和要求】

（1）掌握微丝的标记技术，以及鬼笔环肽、细胞松弛素的应用。

（2）观察微丝在细胞中的分布。

【实验原理】

微丝（microfilament）又称为肌动蛋白纤维，是细胞中一种高度动态的三维网状结构，与细胞的多种生命活动过程相关，如细胞突起（微绒毛、伪足）的形成、细胞质分裂、吞噬作用、细胞迁移等。

构成微丝的基本成分是肌动蛋白（actin），以单体肌动蛋白（G - actin）和由单体组装成的纤维状肌动蛋白（F - actin）两种形式存在。单体肌动蛋白和纤维状肌动蛋白通过聚合和解聚等过程相互转变是微丝的功能基础。在含有 Ca^{2+} 及低浓度的 Na^+、K^+ 等阳离子溶液中,微丝趋于解聚成 G - actin;而在富含 ATP、Mg^{2+} 及高浓度的 Na^+、K^+ 条件下则有利于 G - actin 装配成 F - actin。

鬼笔环肽(phalloidin)和细胞松弛素(cytochalasin)是研究微丝的常用药物。细胞松弛素是一种真菌代谢产物,可与微丝结合并将其切断,以结合在微丝末端的形式抑制肌动蛋白在该部位的聚合,但对微丝解聚没有显著影响。鬼笔环肽是从一种毒蕈中产生的双环杆肽,具有较强的微丝表面亲和力,但不与肌动蛋白单体结合,能阻止微丝解聚,使其保持稳定状态。用荧光标记的鬼笔环肽染色可以清晰地显示细胞中微丝的分布。但需要特别指出的是,鬼笔环肽破坏了微丝聚合和解聚的动态平衡,因此无法看到细胞微丝变化的动态过程,而绿色荧光蛋白(green fluorescent protein,GFP)标记法可以帮助人们更好地观察到细胞微丝的动态变化过程。

【器材和试剂】

1. 器材

二氧化碳培养箱,超净工作台,荧光显微镜,载玻片,细胞爬片,微量移液器,胶头滴管,镊子,玻璃皿,暗盒,Parafilm 封口膜,等等。肿瘤细胞。

2. 试剂

(1)PEM 缓冲液:50 mmol/L 哌嗪 - 1,4 - 二乙磺酸(piperazine - 1,4 - bisethanesulfonic acid,PIPES),pH 值为 7.4 的 5 mmol/L EGTA,5 mmol/L 硫酸镁($MgSO_4$),0.225 mol/L 山梨醇。

(2)60 nmol/L Alex -鬼笔环肽,Alex 标记的羊抗 IgG 抗体,40 g/L 多聚甲醛(PEM 缓冲液配制),0.1% Triton X - 100(PEM 缓冲液配制),甘油-磷酸盐缓冲液(9∶1)封片剂,培养基,血清。

【实验步骤】

1. 细胞培养

(1)取细胞爬片放入 24 孔板,将细胞培养在细胞爬片上至丰度达 70%～80%。

(2)取出细胞爬片,放于小平皿中用 37 ℃预热的 PEM 缓冲液轻轻漂洗 3 次。

(3)将细胞爬片用 37 ℃预热的 40 g/L 多聚甲醛溶液室温下固定 15 min,然后用 37 ℃预热的 PEM 缓冲液轻轻漂洗 3 次。

(4)将细胞爬片用 37 ℃预热的 0.1% Triton X - 100 处理 10 min,接着用 37 ℃预热的 PEM 缓冲液轻轻漂洗 3 次。

(5)在干净载玻片上放一小条 Parafilm 封口膜,膜上滴加 60 nmol/L Alex -鬼笔环肽 20 μL,将细胞爬片细胞面朝下置于染色液中,放入湿盒,在 37 ℃下避光孵育 30 min。

2. 阴性对照设置

(1)将对照组细胞按照细胞培养步骤(5)的方法孵育 20 μL Alex 标记的羊抗 IgG 抗体稀释液中(1∶100～1∶500 稀释,参考说明书)。

(2)取出实验组及对照组细胞爬片,分别用 37 ℃预热的 PEM 缓冲液避光漂洗 3 次。

(3)用去离子水洗 1 次,晾干后用甘油-磷酸盐缓冲液封片剂封片。

(4)用滤纸吸去多余封片剂,在荧光显微镜下观察细胞中微丝结构及分布(蓝光激发,产生绿色荧光)。

【注意事项】

(1)培养细胞生长状态的好坏直接影响实验结果,因此在选材上应选择比较容易铺展的细胞,并确保生长状态良好。

(2)在加入各种试剂的过程中操作应轻柔,不要冲击到细胞,以免细胞脱落。

(3)在加入荧光标记物后的所有操作应在避光条件下进行,以免荧光淬灭。

【思考题】

鬼笔环肽用于细胞骨架研究的优、缺点是什么?

(丁 岩)

第九节 细胞的冻存、复苏与培养

【实验目的和要求】

掌握细胞实验的一些基本要求和操作方法,如细胞的培养、冻存与复苏。

【实验原理】

单纯的细胞培养对环境有较高的要求,是对生理条件在一定水平上的模拟,需要为细胞提供必需的营养成分,使其在离体情况下能够正常地生长、繁殖。

【器材和试剂】

1. 器材

超净工作台,37 ℃培养箱,培养皿(直径为 10 cm),水浴锅,无菌移液管(5 mL),移液枪,枪头若干,细胞冻存管,程序性降温盒,超低温冰箱,液氮罐,等等。细胞株为 SGC - 7901 胃癌细胞株或大鼠心肌 H9C2 细胞系。

2. 试剂

H - DMEM(Dulbecco's modified Eagle medium)培养基,胎牛血清(FBS),磷酸盐缓冲液,二甲基亚砜,0.25%胰酶,75%酒精,异丙醇,等等。

【实验步骤】

1. 细胞传代

当培养皿中细胞密度达到 90%左右时即可进行传代。吸除培养基,用 0.25%胰酶消化约 40 s,去胰酶并加入新配制的完全培养基(1∶2 传代则加 2 mL、1∶3 传代则加 3 mL,以此类推),用移液枪吸取培养基反复吹打皿底,使贴壁细胞尽可能全部脱落,轻轻混匀细胞液。取新的培养皿加入约 7 mL 完全培养基,再对每皿接种 1 mL 上述细胞悬液,"8"字形缓慢晃动培养皿使细胞均匀分布。在培养皿表面标记传代时间、细胞代数等信息,置于 37 ℃含 5%二氧化碳的细胞培养箱中培养。

2. 细胞冻存

配制细胞冻存液:细胞冻存液由 90%含血清培养基和 10%二甲基亚砜溶液组成。

待细胞全部覆盖皿底,吸除培养基,加入 0.25%胰酶 1 mL,消化 40 s 左右,弃去胰酶。用移液枪吸取 1 mL 配好的细胞冻存液,反复轻柔吹打皿底使细胞分散均匀。将细胞液转移至冻存管中,标注细胞种类、日期等信息。将标记好的冻存管放入程序性降温盒中,置于-80 ℃保存十几个小时,取出后转移到液氮罐中长期保存。

3. 细胞复苏

向 10 cm 培养皿中加入约 7 mL 完全培养基。从液氮罐中取出细胞冻存管,快速置于 37 ℃水浴锅中摇晃解冻,当管内细胞溶解约 70%时取出,用 75%酒精喷洒消毒后放入超净工作台。将冻存管中的细胞液转移至准备好的培养皿中,"8"字形缓慢晃动培养皿使细胞均匀分布。标记为 P1 代,混匀细胞后将培养皿放入培养箱中,待细胞贴壁后更换一次培养基,继续培养以备后用。

【思考题】

(1)在细胞的冻存和传代中需要注意的问题是什么?

(2)观察细胞在整个传代过程中有哪些形态上的变化?

(高美丽 党 凡)

第十节 吖啶橙染色法检测抑癌剂对细胞活性的影响

【实验目的和要求】

(1)掌握细胞荧光染色的一般过程。

(2)熟悉吖啶橙染色的基本原理。

【实验原理】

吖啶橙(acridine orange,AO),除能与双链 DNA 形成绿色荧光复合物,还可与单链 DNA 或 RNA 形成红色荧光复合物。当一个吖啶橙分子嵌入双链 DNA 的三个碱基对时,可以发出最大波长为 526 nm(激发 502 nm)的绿色荧光;当与单链 DNA 或 RNA 的一个磷酸基相互作用形成聚集或堆叠的结构时,可以发出最大波长为 650 nm(激发 460 nm)的红色荧光。因此,吖啶橙常被用来检测双链 DNA、单链 DNA 或 RNA,使氩激光激发器或流式细胞仪能同时测定 DNA 和 RNA。

【器材和试剂】

1. 器材

移液枪,枪头,锡箔纸,EP 管(5 mL),离心管(50 mL),EP 管架(5 mL、50 mL),96 孔板,载玻片,盖玻片,镊子,培养皿,荧光显微镜,水浴锅,真空泵,滤瓶,滴管,载玻片,盖玻片,镊子,剪刀,显微镜,等等。

2. 试剂

1640 培养基,胎牛血清,磷酸盐缓冲液,吖啶橙染液,二甲基亚砜,0.25%胰酶,75%酒精,抑癌剂(如阿霉素),等等。

【实验步骤】

(1)吸除经培养的对照或阿霉素处理的 6 孔或 96 孔板细胞中的培养液,加入等量的磷酸盐缓冲液饥饿培养 3 h。

(2)消化细胞后制成细胞悬液,1000 g 离心 10 min 后弃上清液。

（3）用磷酸盐缓冲液重悬细胞,调整细胞浓度为1×10^6个/mL(通过计数板计数确定)。

（4）将95 μL细胞悬液加5 μL吖啶橙染液混匀,吸取一滴混合液点于洁净的载玻片上,盖玻片封片。

（5）将标本放在荧光显微镜下观察并拍照。

【思考题】

（1）简述本实验中所用的阿霉素对癌细胞活性的影响及可能的作用机制。

（2）还有哪些检测细胞活性(活力)的实验方法?

（高美丽　党　凡）

第十一节　线粒体的分离

【实验目的和要求】

（1）熟悉离心机、匀浆器的使用方法。

（2）了解用差速离心法逐级分离细胞组分的原理和过程。

【实验原理】

细胞由细胞膜、细胞核和细胞质组成。细胞质中含有若干细胞器和细胞骨架(也称为亚细胞组分)。分离亚细胞组分主要有差速离心法和密度梯度离心法。差速离心法利用不同的离心速度产生的离心力,将亚细胞组分和颗粒逐级分离,适用于密度和大小有显著数量级差别的颗粒。随着离心力从低速短时间增大到高速长时间,可依次将细胞核、线粒体、微粒体和核糖体分离出来。对于较为精细的分离需求,密度梯度离心法效果更好,但制备梯度介质(图3-1)较为费时。

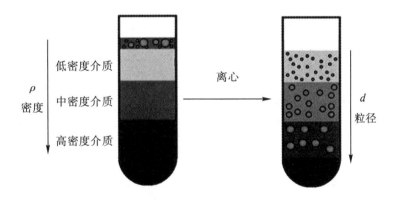

图3-1　密度梯度离心示意图

线粒体(mitochondrion)存在于多数细胞中,由双层膜包被,直径在$0.5 \sim 1.0$ μm,是细胞有氧呼吸的主要场所,被称为细胞的"动力工厂",可以提供生命活动所需的约80%的能量。

不同亚细胞组分的大小及离心性质、不同离心力下的细胞组分别见表3-4、表3-5。

表 3－4　不同亚细胞组分的大小及离心性质

亚细胞颗粒	大小（μm）	离心力（g_{av}）	时间（min）
细胞核	4～12	500～1000	5～10
线粒体	0.4～2.5	1000～10 000	10～15
溶酶体	0.4～0.8	6000～15 000	10～20
过氧化物酶体	0.4～0.8	6000～15 000	10～20
高尔基体	1.0～2.0	10 000～20 000	20～30
内质网	0.05～0.35	30 000～100 000	30～60

注：选译自 G. B. Dealtry 所著 *Cell Biology Labfax*。

表 3－5　不同离心力下的细胞组分

沉淀	离心力（g_{av}）×时间（min）	组分
P1	1000×10	未破碎的细胞,细胞核,细胞膜复合物,重线粒体
P2	3000×10	细胞膜复合物,重线粒体
P3	6000×10	线粒体,溶酶体,过氧化物酶体,完整的高尔基体
P4	10 000×10	线粒体,溶酶体,过氧化物酶体,高尔基体膜片段
P5	20 000×10	溶酶体,过氧化物酶体,高尔基体膜片段,粗内质网
P6	100 000×50	内质网,质膜,高尔基体等的膜片段小泡

注：选译自 G. B. Dealtry 所著 *Cell Biology Labfax*。

【器材和试剂】

1. 器材

电子分析天平,眼科剪,镊子,玻璃匀浆器,尼龙织物,离心管,制冰机,冰箱,载玻片,盖玻片,光学显微镜,冷冻高速离心机,等等。小白鼠肝脏。

2. 试剂

(1)生理盐水 1000 mL:准确称取 9.0000 g 氯化钠,溶于水中并定容至 1000 mL。

(2)0.25 mol/L 蔗糖-0.01 mol/L Tris－HCl 缓冲液(pH 值为 7.4):取 0.1 mol/L Tris 溶液 10 mL,0.1 mol/L 盐酸溶液 8.4 mL,加双蒸水至 100 mL。再向上述缓冲液中加 D-(＋)-蔗糖使浓度为 0.25 mol/L。

(3)0.34 mol/L 蔗糖-0.01 mol/L Tris－HCl 缓冲液(pH 值为 7.4):配法同上,加 D-(＋)-蔗糖使浓度为 0.34 mol/L。

(4)1％詹纳斯绿(Janus green B)染液:称取 1.0000 g 詹纳斯绿,溶于 90 mL 生理盐水中并定容至 100 mL。

【实验步骤】

(1)抓取小鼠,采用断颈法处死小鼠并解剖,迅速取出小鼠肝脏,用生理盐水洗净血水,滤纸吸干。称取约 1 g 肝组织,剪碎,加 9 mL 浓度为 0.25 mol/L 蔗糖-0.01 mol/L Tris－HCl 缓冲液匀浆(先加 2 mL 匀浆,匀浆后再加 7 mL),双层尼龙布过滤于 10 mL

离心管中备用。

（2）差速离心：取 1 mL 浓度 0.34 mol/L 蔗糖-0.01 mol/L Tris-HCl 缓冲液放于 2 mL 离心管中（用滴管加至 1 mL 刻度即可），再沿管壁小心加入肝匀浆约 0.5 mL 覆盖于上层，700 g 离心 10 min，弃去沉淀取上清液，10 000 g 离心 10 min（实验中 15 000 g 离心 15 min 再处理一份，与前边比较结果差异），得到沉淀为线粒体（粗制）。

（3）染色：取线粒体沉淀做稀薄涂片，不待干即滴加 1% 詹纳斯绿染液染色 10～20 min。

（4）盖上盖玻片，在显微镜下观察，线粒体呈蓝绿色、小棒状或哑铃状。

【注意事项】

（1）尽可能充分破碎组织，缩短匀浆时间，整个分离过程不宜过长，以保持组分生理活性。

（2）差速离心要求在 0～4 ℃进行，如果使用非冷冻控温的离心机，一般只宜分离细胞核和线粒体，同时注意用冰浴使样品保持冷冻。

【思考题】

差速离心法与密度梯度离心方法有什么不同？

（高美丽　党　凡）

第十二节　苹果酸脱氢酶活性的测定

【实验目的和要求】

（1）掌握苹果酸脱氢酶活性的测定方法。

（2）熟悉酶标仪的使用方法。

（3）学习二喹啉甲酸蛋白质定量的方法。

【实验原理】

二喹啉甲酸（bicinchoninic acid，BCA）利用碱性环境使待测蛋白质与 Cu^{2+} 络合并将 Cu^{2+} 还原成 Cu^+，后 BCA 与 Cu^+ 结合形成稳定的紫蓝色复合物，在 562 nm 处有高的光吸收值并与蛋白质浓度成正比，从而测定蛋白质浓度。

真核细胞的线粒体及细胞质内均含有苹果酸脱氢酶（EC 1.1.1.37），如心脏及肝脏细胞质内的苹果酸脱氢酶主要参与苹果酸-天冬氨酸穿梭途径，将细胞溶胶内的烟酰胺腺嘌呤二核苷酸（nicotinamide adenine dinucleotide，NADH）的电子转运至线粒体。苹果酸脱氢酶是线粒体基质的标志酶，参与柠檬酸循环并作为重要组成部分，催化草酰乙酸与苹果酸之间的相互转化。

检测原理：在 340 nm 波长处，苹果酸脱氢酶催化反应的吸光度随着反应时间的延长而降低，因而每分钟吸光度的变化即可反映苹果酸脱氢酶的活力。

【器材和试剂】

1. 器材

第十一节实验所分离的线粒体悬液。

2. 试剂

BCA蛋白质浓度测定试剂盒,标准蛋白质溶液(牛血清白蛋白配制),苹果酸脱氢酶测定试剂盒,生理盐水,等等。

【实验步骤】

1. 线粒体蛋白质定量

(1)配制BCA工作液:根据样品数量,按BCA试剂A与试剂B的体积比为50∶1配制适量BCA工作液,充分混匀。

(2)完全溶解标准蛋白质溶液:分别配制成浓度梯度为0 μg/mL、125 μg/mL、250 μg/mL、500 μg/mL、750 μg/mL、1000 μg/mL、1500 μg/mL、2000 μg/mL的蛋白质溶液。

(3)将标准蛋白质溶液按每孔10 μL依次加入到96孔板中,每孔再加入10 μL线粒体样品。

(4)各孔加入200 μL BCA工作液,在37 ℃下放置30 min。(注:也可在室温下放置2 h,或在60 ℃下放置30 min。BCA法测定蛋白质浓度时,吸光度会随着时间的延长不断加深,并且显色反应会因温度升高而加快。若浓度较低,则适合在较高温度孵育,或延长孵育时间。)

(5)设定酶标仪,测定562 nm波长处的吸光度,根据标准曲线计算出蛋白质浓度。

注:以上步骤参照北京鼎国生物BCA蛋白质浓度测定试剂盒说明书。

2. 苹果酸脱氢酶活性测定

(1)10%匀浆液制备:准确称取一定量的小鼠肝脏组织,按质量(g)∶体积(mL)=1∶9的比例加入9倍体积的生理盐水,在冰浴条件下机械匀浆,在2500 r/min下离心,取上清液进行测定。

(2)参考取样浓度:肝匀浆一般为0.2%,肌肉匀浆一般为0.5%。

(3)将紫外分光光度计调至340 nm处,0.5 cm石英比色皿,以双蒸水调零(两个比色皿,一个用于调零,一个用于测定)。

(4)将工作液于37 ℃预热3 min以上。

(5)向相应编号的试管中加入50 μL待测样本,取1 mL工作液迅速冲入试管中,立即混匀并开始计时(空白管取50 μL双蒸水,加入1 mL工作液,其他操作与测定管相同)。

(6)迅速倒入石英比色皿中在紫外分光光度计340 nm比色,20 s读取吸光度(A1值),在80 s时再次测定吸光度(A2值)。

(7)求出两次吸光度差值(ΔA=A1−A2)。

注意:若测定值过大,则可将肝匀浆稀释不同倍数再进行测定。

(8)计算公式:每毫克组织蛋白质在本反应系统中1 min内催化1 μmol的底物转变成产物,即为1个酶活力单位。计算公式如下。

$$\frac{MDH_{活力}}{(U/mg\ prot)} = \frac{\Delta A_{测定管} - \Delta A_{空白管}}{6.2 \times 比色光径(0.5\ cm)} \times \frac{反应液总体积(1.05\ mL)}{取样量(0.05\ mL)} \times \frac{样本测试前}{稀释系数} + \frac{待测样本蛋白质浓度}{(mg\ prot/mL)}$$

式中:6.2为底物的微摩尔消光系数;$\Delta A_{测定管}$为20 s时测定管的吸光度减去80 s时测定管的吸光度;$\Delta A_{空白管}$为20 s时空白管的吸光度减去80 s时空白管的吸光度。

注:以上步骤参照南京建成苹果酸脱氢酶测定试剂盒说明书。

【思考题】

(1)苹果酸脱氢酶的活性测定过程中需要注意哪些问题?

(2)苹果酸脱氢酶活性的测定有何意义?酶活性可能会受到哪些因素的影响?

(3)试计算本实验中所测定的苹果酸脱氢酶的活性。

(高美丽 党 凡)

第四章 生物信息学实验

本实验是与《生物信息学》相配套的专业基础实验课程。学生通过学习,可了解和掌握生物信息学的基本理论、方法,并加深对相关理论、方法的理解,掌握常用的生物信息学研究方法和手段,学习根据基本理论和工作需要设计解决实际问题的方法,培养解决生物信息学问题的能力。

第一节 核酸和蛋白质序列数据的使用

【实验目的和要求】

(1)掌握基本的序列数据信息的查询方法。

(2)熟悉美国国家生物技术信息中心(National Center for Biotechnology Information,NCBI)核酸、蛋白质序列数据库,可使用其进行序列搜索,解读 GenBank(基因库)结果。同时可对蛋白质序列的结构域进行搜索,解读蛋白质序列信息,可在蛋白质三维数据库中查询相关结构信息并进行显示。

(3)了解常用的序列数据库。

【实验步骤】

在序列数据库中查找某条基因序列(比如胰岛素,或者你自己感兴趣的序列),通过相关数据库的搜索、比对与结果解释,回答以下问题。

(1)该基因的基本功能是什么?

(2)编码的蛋白质序列是怎样的?

(3)该蛋白质有没有保守的功能结构域(NCBI CD-search)?

(4)该蛋白质的功能是怎样的?

(5)该蛋白质的三级结构是什么?如果没有的话,与它最相似的同源物的结构是什么样子的?给出示意图。

(吴晓明 杜建强)

第二节　双序列比对实验

【实验目的和要求】

(1)练习使用动态规划算法进行双序列比对。

(2)理解打分矩阵和参数对双序列比对结果的影响,以及动态规划算法的原理。

【实验原理】

动态规划算法是序列比对最基本的算法,可以确保找到最优比对。动态规划算法分为全局比对(Needleman – Wunch algorithm)和局部比对算法(Smith – Waterman algorithm)。通过本实验的练习,学生可更好地理解动态规划算法。

【实验步骤】

对以下的两条序列进行双序列比对分析:

> Drosophila Sex-lethal protein

ASNTNLIVNYLPQDMTDRELYALFRAIG-
PINTCRIMRDYKTGYSYGYAFVDFTSEMDSQRAIKVLNG

> Mouse Huc RBD

MDSKTNLIVNYLPQNMTQDEFKSLFGSIG-
DIESCKLVRDKITGQSLGYGFVNYSDPNDADKAINTLNGL

这些蛋白质包含一个 RNA 识别模体(RNA recognition motif,RRM)。该模体包含 *RNP1* 和 *RNP2* 两个高度保守的功能区。可通过 EBI 网站(http://www.ebi.ac.uk/Tools/psa/emboss_needle/)的在线工具完成练习。

(1)*RNP1* 和 *RNP2* 是否得到比对?

选择至少三个(差别大的)空位罚分和延伸值来进行比对。

(2)算法是否找到 *RNP1* 和 *RNP2* 的正确比对?当空位开启罚分高时,结果发生什么变化?当空位延伸罚分高时,结果发生什么变化?为什么 k 个连续的空位罚分要小于 k 个间隔的空位罚分?

(3)使用 PAM250 矩阵重复上述过程。继续进行这两条序列的局部比对,通过 EBI 网站的在线工具完成练习,网址为 http://www.ebi.ac.uk/Tools/psa/emboss_water/,比对结果是否发生变化?

(4)*RNP1* 和 *RNP2* 是否在局部比对中得到比对?局部比对的生物学意义是什么?为什么在这种比对中我们选择局部比对而不是全局比对?

(5)采用不同的打分参数和其他打分矩阵。比对结果发生了什么变化?

(吴晓明　杜建强)

第三节　序列的点阵分析

【实验目的和要求】

(1)熟悉点阵分析的原理和参数对分析结果的影响,可以对结果进行解读和解释。

（2）了解点阵分析的原理和方法。

【实验步骤】

本实验在 http://myhits. isb – sib. ch/cgi – bin/dotlet(需设置浏览器支持 Java 小程序)或者 https://dotlet. vital – it. ch/上完成。

学生首先学习根据 Dotlet 的在线教程,快速学习其基本使用方法和参数设置,然后进行以下的序列分析。

【思考题】

（1）点阵分析的基本原理是什么?

（2）重复序列:通过点阵分析可以很容易地发现序列中的重复,果蝇的一个蛋白质(索引号码:P24014)中具有几个重复片段,需通过 Dotlet 分析,找到这些序列重复的片段。

SLIT_DROME(P24014):

MAAPSRTTLMPPPFRLQLRLLILPILLLLRHDAVHAEPYSGGFGSSAVSSGGLGSV

GIHIPGGGVGVITEARCPRVCSCTGLNVDCSHRGLTSVPRKISADVERLELQGNN

LTVIYETDFQRLTKLRMLQLTDNQIHTIERNSFQDLVSLERLDISNNVITTVGRRV

FKGAQSLRSLQLDNNQITCLDEHAFKGLVELEILTLNNNNLTSLPHNIFGGLGRL

RALRLSDNPFACDCHLSWLSRFLRSATRLAPYTRCQSPSQLKGQNVADLHDQEF

KCSGLTEHAPMECGAENSCPHPCRCADGIVDCREKSLTSVPVTLPDDTTDVRLE

QNFITELPPKSFSSFRRLRRIDLSNNNISRIAHDALSGLKQLTTLVLYGNKIKDLPS

GVFKGLGSLRLLLLNANEISCIRKDAFRDLHSLSLLSLYDNNIQSLANGTFDAMKS

MKTVHLAKNPFICDCNLRWLADYLHKNPIETSGARCESPKRMHRRRIESLREEK

FKCSWGELRMKLSGECRMDSDCPAMCHCEGTTVDCTGRRLKEIPRDIPLHTTEL

LLNDNELGRISSDGLFGRLPHLVKLELKRNQLTGIEPNAFEGASHIQELQLGENKI

KEISNKMFLGLHQLKTLNLYDNQISCVMPGSFEHLNSLTSLNLASNPFNCNCHLA

WFAECVRKKSLNGGAARCGAPSKVRDVQIKDLPHSEFKCSSENSEGCLGDGYCP

PSCTCTGTVVACSRNQLKEIPRGIPAETSELYLESNEIEQIHYERIRHLRSLTRLDL

SNNQITILSNYTFANLTKLSTLIISYNKLQCLQRHALSGLNNLRVVSLHGNRISML

PEGSFEDLKSLTHIALGSNPLYCDCGLKWFSDWIKLDYVEPGIARCAEPEQMKDK

LILSTPSSSFVCRGRVRNDILAKCNACFEQPCQNQAQCVALPQREYQCLCQPGYH

GKHCEFMIDACYGNPCRNNATCTVLEEGRFSCQCAPGYTGARCETNIDDCLGEIK

CQNNATCIDGVESYKCECQPGFSGEFCDTKIQFCSPEFNPCANGAKCMDHFTHY

SCDCQAGFHGTNCTDNIDDCQNHMCQNGGTCVDGINDYQCRCPDDYTGKYCEG

HNMISMMYPQTSPCQNHECKHGVCFQPNAQGSDYLCRCHPGYTGKWCEYLTSI

SFVHNNSFVELEPLRTRPEANVTIVFSSAEQNGILMYDGQDAHLAVELFNGRIRV

SYDVGNHPVSTMYSFEMVADGKYHAVELLAIKKNFTLRVDRGLARSIINEGSND

YLKLTTPMFLGGLPVDPAQQAYKNWQIRNLTSFKGCMKEVWINHKLVDFGNA

QRQQKITPGCALLEGEQQEEDDEQDFMDETPHIKEEPVDPCLENKCRRGSRCVP

NSNARDGYQCKCKHGQRGRYCDQGEGSTEPPTVTAASTCRKEQVREYYTENDC
RSRQPLKYAKCVGGCGNQCCAAKIVRRRKVRMVCSNNRKYIKNLDIVRKCGCTK
KCY

根据蛋白质数据库 UniProt(Universal Protein)或者 GenBank 数据库中的注释信息进一步确认你所发现的结果。

问题：序列中有重复片段的话会在点阵分析中出现什么信息？为什么？

（3）低复杂度区域：恶性疟原虫抗原蛋白质前体（索引号码：P69192）具有一段低复杂度区域的序列，通过点阵分析找到这个特点（可以调节滑动窗口大小及灰度比率使得结果易于观察）。

＞SERA_PLAFG(P69192)：

MKSYISLFFILCVIFNKNVIKCTGESQTGNTGGGQAGNTVGDQAGSTGGSPQGST
GASQPGSSEPSNPVS
SGHSVSTVSVSQTSTSSEKQDTIQVKSALLKDYMGLKVTGPCNENFIMFLVPHIY
IDVDTEDTNIELRTTLKETNNAISFESNSGSLEKKKYVKLPSNGTTGEQGSSTGTV
RGDTEPISDSSSSSSSSSSSSSSSSSSSSSSSSSSSSSSSSSSSESLPANGPDSPTVKPPRN
LQNICETGKNFKLVVYIKENTLIIKWKVYGETKDTTENNKVDVRKYLINEKETP
FTSILIHAYKEHNGTNLIESKNYALGSDIPEKCDTLASNCFLSGNFNIEKCFQCALL
VEKENKNDVCYKYLSEDIVSNFKEIKAETEDDDEDDYTEYKLTESIDNILVKMFK
TNENNDKSELIKLEEVDDSLKLELMNYCSLLKDVDTTGTLDNYGMGNEMDIFNN
LKRLLIYHSEENINTLKNKFRNAAVCLKNVDDWIVNKRGLVLPELNYDLEYFNE
HLYNDKNSPEDKDNKGKGVVHVDTTLEKEDTLSYDNSDNMFCNKEYCNRLKD
ENNCISNLQVEDQGNCDTSWIFASKYHLETIRCMKGYEPTKISALYVANCYKGE
HKDRCDEGSSPMEFLQIIEDYGFLPAESNYPYNYVKVGEQCPKVEDHWMNLWD
NGKILHNKNEPNSLDGKGYTAYESERFHDNMDAFVKIIKTEVMNKGSVIAYIKA
ENVMGYEFSGKKVQNLCGDDTADHAVNIVGYGNYVNSEGEKKSYWIVRNSWG
PYWGDEGYFKVDMYGPTHCHFNFIHSVVIFNVDLPMNNKTTKKESKIYDYYLK
ASPEFYHNLYFKNFNVGKKNLFSEKEDNENNKKLGNNYIIFGQDTAGSGQSGKE
SNTALESAGTSNEVSERVHVYHILKHIKDGKIRMGMRKYIDTQDVNKKHSCTRS
YAFNPENYEKCVNLCNVNWKTCEEKTSPGLCLSKLDTNNECYFCYV

问题：为什么会出现中间那种方块？能解释一下原因吗？

（吴晓明　杜建强）

第四节　多序列比对及序列徽标分析

【实验目的和要求】

（1）熟悉多序列比对相关的操作和编辑方法。

（2）了解并熟悉多序列比对的原理和基本方法。

【实验步骤】

1. 多序列比对

(1)使用 CLUSTALW 算法,比对一组蛋白质序列。从 Balibase 数据库(http://www.lbgi.fr/balibase/BAliBASE_R10/)选择一个多序列比对数据集,解压后选择"BBA0184.tfa"蛋白质序列数据集。

(2)使用 EBI 网站(https://www.ebi.ac.uk/Tools/msa/)的多个在线比对工具(或者使用 MEGA 中的比对工具)进行比对——将序列数据拷贝复制到窗口,采用默认参数进行比对。需将结果与 Balibase 第一个参考数据集中的第一个数据进行比较,观察有无差异。

2. 序列徽标

序列徽标(sequence logo)是一个常用的、直观的多序列比对的图示工具,对以下的一些序列,创建其序列徽标。

网址为 http://weblogo.threeplusone.com/create.cgi。

>dinD 32 ->52

aactgtatataaatacagtt

>dinG 15 ->35

tattggctgtttatacagta

>dinH 77 ->97

tcctgttaatccatacagca

>dinI 19 ->39

acctgtataaataaccagta

>lexA-1 28 ->48

tgctgtatatactcacagca

>lexA-2 7 ->27

aactgtatatacacccaggg

>polB(dinA) 53 ->73

gactgtataaaaccacagcc

>recA 59 ->79

tactgtatgagcatacagta

>recN-1 49 ->69

tactgtatataaaaccagtt

>recN-2 27 ->47

tactgtacacaataacagta

>recN-3 9-29

TCCTGTATGAAAAACCATTA

>ruvAB 49 ->69

cgctggatatctatccagca

＞sosC 18 ->38

tactgatgatatatacaggt

＞sosD 14 ->34

cactggatagataaccagca

＞sμLA 22 ->42

tactgtacatccatacagta

＞umuDC 20 ->40

tactgtatataaaaacagta

＞uvrA 83 ->103

tactgtatattcattcaggt

＞uvrB 75 ->95

aactgtttttttatccagta

＞uvrD 57 ->77

atctgtatatatacccagct

将结果保存并解释结果。

3. 多序列比对在线小游戏

选择一个多序列比对的小游戏(需要任选一关并完成),了解多序列比对方法和打分的基本原理。网址为 https://phylo.cs.mcgill.ca/play.html。

【思考题】

(1)序列比对方法的基本原理是什么?

(2)Balibase 平台的作用是什么?

(3)序列徽标有什么用途? 字符大小和高度分别表示什么?

(4)总结多序列比对打分和比对的一些基本规则。

(吴晓明　杜建强)

第五节　序列数据库的搜索比对

【实验目的和要求】

(1)掌握局部对比搜索工具(Basic Local Alignment Search Tool,BLAST)的基本原理。

(2)熟悉利用 BLAST 进行相关序列检索的方法。

【实验步骤】

1)查询视黄醇结合蛋白 4 序列(AC:NP_006735, retinol binding protein 4,RBP4)

RBP4 在脂肪组织表达和分泌,参与胰岛素抵抗的发生,属于视黄醇结合蛋白家族成员,是血清视黄醇结合蛋白和细胞外最主要的转运蛋白,负责结合、转运血液中的视黄醇。

(1)在 NCBI 中采用"blastp"程序,搜索上述序列。使用默认参数并查看结果。(注意:选择在新窗口中显示结果,方便调整参数;若在"Organism"里选择"human",结果有何变化?)

(2)继续将数据库(Database)限制在"Refseq_protein",结果有何变化?

(3)步骤(2)中一条匹配是 NP_000597(complement component C8gamma chain precursor [Homo sapiens]),E 值较大,可否推测该序列不是 RBP4 的同源序列? 请检查二者的比对情况。

(4)以 NP_000597 为检索序列,再进行检索,请确认在检查结果中是否发现 NP_006735。

(5)改变(4)中的打分矩阵(将打分矩阵调节为"PAM250"或者"BLOSUM45"),再进行同样的一次检索,请确认在结果中是否能发现 NP_006735)。

2)查询 HIV-1 的 Gag-Pol 前体蛋白序列的同源序列　HIV-1 的 Gag-Pol 前体蛋白(NP_057849)有 1435 个氨基酸,包括分开的蛋白酶、整合酶和反转录酶等,因此是一个非常典型的多结构域蛋白。通过 BLAST 检索在数据库中查询该序列的同源序列。

(1)在默认的参数下,以 NP_057849 开始检索,并查看结果。请确认是否发现多个结构域命中图示,并点击进入 NCBI CD 进一步查看。

(2)在"Formatting options"中选择"Query-anchored with dots for identities",将"Limit results"的"Alignments"调节为 10,将"Line length"调节为 150,查看序列匹配情况。

(3)进一步限制搜索范围:将数据库修改为"refseq_protein",为了避免结果中过多"predicted"的序列,设置 Entrez Query 时加入限制"all[filter] NOT predicted[title]"。查看结果时选择"Taxonomy reports",即可了解该序列在不同物种间的分布。请总结HIV-1 的 Gag-Pol 前体蛋白分布在哪些物种中。

(4)检索细菌中的同源序列:将物种限制为细菌,请查看并总结细菌中的同源结构域有何特点。

【思考题】

(1)BLAST 的基本原理是什么?

(2)如何有效地缩小 BLAST 检索的命中范围?

(3)进行 C8G(NP_000597)的检索时,调节打分矩阵的原因是什么? 为什么要调节为"PAM250"或者"BLOSUM45",为什么不是"PAM70"或者"BLOSUM90"?

(吴晓明　杜建强)

第六节　狂犬病毒的分子系统发生分析

【实验目的和要求】

(1)熟悉系统发生分析的基本流程和结果解读。

(2)了解和学习系统发生分析的步骤和基本方法,根据对我国及周边国家的狂犬病毒的分析,大致了解狂犬病毒在我国的分子分型。

【实验步骤】

本实验选择来自我国及相邻国家的狂犬病毒的 113 条 N 基因序列,用 MEGA7.0 进行分析。选择一个进化树的构建方法,构建进化树并进行解释。

(1)在 MEGA7.0 依次选择"Align"→"Edit/Build Alignment"→"Retrieve sequences from a file",导入上述的". fas"的文件,再依次选择"Alignment"→"Align By Clustalw"或"Align By Muscle(Codons)"。选择默认参数进行比对,将结果保存。

(2)在"Alignment Explorer"中的"Data"选项中选择"Phylogenetic Analysis"进入系统发生分析。

(3)在 MEGA7.0 主程序中,选择合适的核酸替代模型,具体操作路径为"Models"→"Find Best DNA/Protein Models(ML)"。

(4)在 MEGA7.0 主程序中,选择"Phylogeny",选择一种构建树的方法(NJ 或者 ML),选择上一步骤选择的模型,在参数选择中点击"Phylogeny Test"并选择"Bootstrap method",再选择 100。

树的美化:

(1)节点的压缩及命名进化枝。

(2)树的内容显示调整。

(3)确定外围群(outgroup)序列(本数据集中为来自智利的序列)。

(4)最终的结果以图显示,可以对图进行进一步的编辑和美化(将 MEGA7.0 中的图拷贝在 Word 文档中,点击鼠标右键选择"编辑图片"。将图片转为图形对象,在各元件都是独立的可编辑对象后,可进一步修改大小、颜色等属性)。

【思考题】

(1)系统发生分析的步骤是什么?

(2)为什么不直接使用序列的全长,而只是用部分序列(比如本例中,选择的是 N 基因)?

(3)为什么在构建进化树之前需要进行多序列比对? 对多序列比对结果一般如何处理?

(4)简述常用构建树的方法及原理。

(5)常用的进化树的评估方法是什么? 基本原理是什么?

(6)通过本实验,你对我国狂犬病毒的分布和分型可以得出什么结论?

(7)什么是外围群? 为什么要使用外围群? 选择依据是什么?

(吴晓明　杜建强)

第七节　隐马尔可夫模型

【实验目的和要求】

(1)掌握计算简单的隐马尔可夫模型概率的方法。

(2)了解隐马尔可夫模型的基本原理。

【实验步骤】

隐马尔可夫模型是生物序列分析中常见的方法之一。本实验通过简单的一个实例来了解其原理。图 4-1 为一个简化的隐马尔可夫模型示意图(正方框:匹配状态;菱形:插入状态;圆形:删除状态;箭头:从一个状态到另一个状态的概率)。其实验步骤如下。

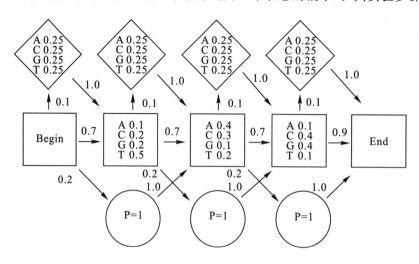

图 4-1 简化的隐马尔可夫模型

(1)计算序列 TAG 的概率。路径是从"Begin"开始,通过 3 个"Match"状态,在"End"结束。

(2)重复(1)的计算。但本次路径是从"Begin"开始,然后直接到第一个插入状态,然后到匹配状态,接着到删除状态,然后到"Match"状态,最后在"End"结束。

(3)重新计算(1)的值为对数比值比(log odds scores)。假设每个碱基的频率为 0.25,转移概率也转换为对数比值比(背景概率为 $\frac{1}{3}$、$\frac{1}{2}$ 或者 1 中的一个,也就是 1 除以可能的转移路径数目)。上述对数值均指以 2 为底的对数。

【思考题】

上述两条路径哪条更合理? 比值比是多少(概率大的/概率小的)?

(吴晓明　杜建强)

第五章　微生物学实验

微生物学具有很强的实践性。它要求学生不仅要掌握理论知识,而且还要把所学的知识应用到操作实践当中去,并在操作实践中不断地发现问题、分析问题、解决问题。鉴于此,本课程基本分为两大部分。其一为理论验证性实验:通过实验教学使学生加深对课堂基础理论知识的理解和认识,深化感性知识和概念,同时掌握相关的微生物学实验基本技能和操作技术;其二为综合性和设计性实验:在前期学习相关技术及基本实验方法的基础上,通过因材设计的相关开放性实验,让学生学习自己设计实验,实施实验计划,锻炼分析问题、解决实际问题的能力,初步实践科研活动程序,建立科研概念。

第一节　显微镜的认识和使用

【实验目的和要求】

(1)掌握普通光学显微镜的操作和使用。

(2)熟悉普通光学显微镜的结构部件和作用。

(3)了解显微镜的种类和用途。

【实验原理】

显微镜是放大微小物体使其成为人肉眼能见对象的仪器设备(图5-1),主要由一个或几个透镜组合构成。根据入射光源的不同,将显微镜分为光学显微镜和电子显微镜两大类。此处仅介绍光学显微镜。

光学显微镜通常由光学部分、机械部分和照明部分组成。其中,光学部分最为重要,它由目镜和物镜系统组成。机械部分的作用是外部帮助显微镜稳固搁置和调节物像清晰度的结构,由镜座(厚重的支持底座)、镜臂(手握部位)、镜筒(目镜安装处)、物镜转换器(旋转调换不同倍数物镜的结构)、载物台和压片夹(用来夹持玻片标本)、粗准焦螺旋和细准焦螺旋(使镜台上下移动以定焦)等组成。照明部分由光源、聚光器(集中光线到目标上)和光阑(调节光量)等组成。

显微镜的放大倍数为目镜放大倍数与物镜放大倍数的乘积。分辨率指的是分辨两点间最小距离的能力,在数值上 $d = 0.61\lambda/NA$,其中 d 为最小分辨距离(nm);λ 为照明光线波长(nm);NA 为物镜的数值孔径 $N \times \sin(\alpha/2)$,N 为物镜和被检目标之间介质的折射率,α 为物镜的镜口角。油镜(100×)的数值孔径为 1.25,可见光平均波长为 550 nm,则 $d = 270$ nm,约为照明光线波长一半。一般来讲,以可见光作为光源的显微镜分辨力的极限是 200 nm 左右。

可通过降低入射光波长 λ(如使用紫外线作为光源),和/或增大介质折射率 N(如使用香柏油),和/或增大镜口角 α,即尽可能地使物镜与标本的距离缩短等措施,来提高显微镜的分辨率。一般常见的光学显微镜可把物体放大 1600 倍。

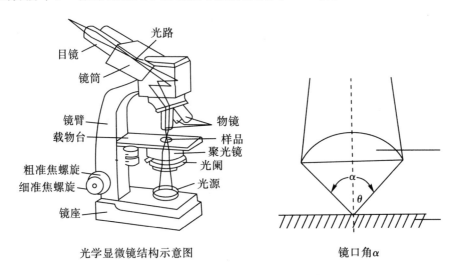

图 5-1 显微镜部件和物镜镜口角示意图

光线的路径是从显微镜下方进入,再通过载玻片与镜头之间的空气后进入物镜到达目镜,在放大倍数较低的物镜下,透光面积较大,光线充足,从而我们得以看见物像。在使用油镜情况下,由于空气与载玻片的密度差异,即光线从光密介质进入光疏介质,此时光线在进入物镜之前发生折射且偏离法线,降低了进入物镜的光通量,导致视野的照明度下降,我们不能看见物像。若将空气介质换成香柏油(其折射率与玻片的相近),进入视野的光通量衰减不大,从而可使物像清晰,这就是油镜的使用原理。

本实验提供光学双目显微镜,供学生用以认识显微镜的结构部件并学习显微镜的用法。

【器材和试剂】

1. 器材

显微镜,载玻片,酒精灯,等等。待观察涂片或装片。

2. 试剂

结晶紫染色液,香柏油,洁净水,等等。

【实验步骤】

(1)显微镜的取送和放置:一手握镜臂一手平托镜座,不可倾斜,置于胸前,稳拿轻放。镜筒近自己,镜臂在远端置于桌上,距桌沿 5 cm 左右。

(2)对光:打开光源调亮视野,将光阑调到最小,再调节聚光镜的高低,直到看到清晰的多边形,如果六边形位置不在视野中心,还需要通过聚光器上的对中螺钉进行调整使其位于视野中心,此后固定聚光器位置不变,调大光阑。转动转换器调换放大倍数更大的物镜,每个样本的观察都应从低倍镜到高倍镜循序渐进搜寻目标,随着物镜放大倍数增加,由弱到强调节光量,使目标清晰为准。

(3)观察:以载玻片为载体,将所要观察的对象制作成涂片(液体材料)或装片(非液体)或浸片(配合盖玻片),放到载物台上并用压片夹压住,目标对准通光孔。使用目镜观察之前,首先要从外部进行肉眼观察,转动粗准焦螺旋,使物镜和标本间距离最短,然后使用目镜观察,同时转动粗准焦螺旋,使镜台和标本缓慢远离,直至物像隐约出现时,换为细准焦螺旋调节,使物像清晰。若错过物像,则需从外部观察调整最短距离重新开始,重复该过程。

(4)油镜使用:借用油镜观察时,首先要借用低倍镜找到合适的视野区域,然后不再移动载玻片位置。在光孔位置加上香柏油,检查油镜缩回功能正常后,从外侧观察,将油镜缓慢浸入香柏油中,缩短物镜和目标距离直至油镜镜头开始缩回时停止,然后以缓慢调远方式通过目镜寻找物像,切不可反向调近油镜和载玻片。

【注意事项】

(1)用目镜搜寻物像过程中,一定使物镜和目标不断远离,不能翻转粗准焦螺旋,否则可能造成砸片或损坏物镜。

(2)显微镜属于精细仪器,要求托拿不可斜倾,稳拿轻放,避免磕碰。

【思考题】

查阅资料,了解光学显微镜的各种类型和用途。

(杨水云)

第二节　口腔微生物的染色和观察

【实验目的和要求】

(1)掌握和巩固显微镜及其油镜的使用方法。

(2)熟悉口腔微生物制片和微生物单染色法。

(3)了解人体对外开口部位存在各种类型微生物的事实,以及微生物类型多样性和生存环境多样性。

【实验原理】

口腔是人体对外开口部位之一,也是寄居微生物密度最高、种类最多的部位之一。口腔微生物种类多样,其中细菌为口腔微生物的主要类型。目前,已分离出的菌属多达数十种,细菌既有革兰氏阳性菌也有革兰氏阴性菌,既有球菌也有杆菌、螺旋菌。其中,链球菌中的变形链球菌所占比例最大,是口腔常驻菌,为牙斑的主要成分之一,同时有证据表明该菌与人类龋病密切相关(图 5 - 2)。革兰氏阴性球菌有韦永氏菌、奈瑟氏菌等。

此外还包括一些革兰氏阴性兼性厌氧菌、螺旋体、支原体、真菌、病毒、原虫等。

本实验以学生自己的牙垢作为观察材料,经过涂片制备和染色在显微镜下观察口腔微生物的多样性,了解微生物与食物残渣在显微镜下的区别。

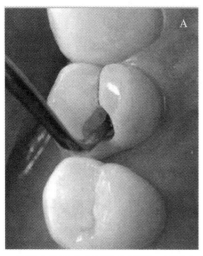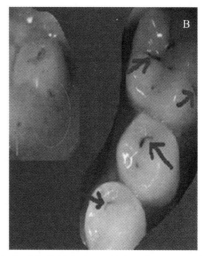

A为微生物导致的龋齿和龋洞,龋洞内有食物时会觉得疼痛;B为微生物生长导致的牙菌斑。

图 5-2 龋齿与微生物

【器材和试剂】

1. 器材

显微镜,酒精灯,载玻片,牙签,接种环,等等。

2. 试剂

结晶紫染色液,香柏油,95%酒精,洁净水,等等。

【实验步骤】

(1)用一次性牙签采取牙垢,均匀涂布在载玻片中央的洁净水中。

(2)若有食物残渣,则将其移离样品涂布区。

(3)在涂布区自然干燥后于酒精灯上加热固定。

(4)加结晶紫染色液染色1~2 min,用水冲洗除去染料。

(5)在自然干燥或吸水纸吸干水分后,用100×物镜观察其中的微生物,注意食物残渣与微生物的区别。

(6)绘图说明显微镜下所看到的微生物形态,了解口腔中有几种形态的微生物。

【注意事项】

(1)微生物涂片一定要加热固定,否则在染色和水洗过程中涂片中的目标将丢失殆尽。

(2)食物残渣不是要观察的目标,因此要尽量将肉眼可见的残渣移出目标区域,否则在显微镜下看到的微生物目标将受到很大干扰。

【思考题】

(1)通过本实验你可认识到口腔微生物是普遍存在的。请查阅资料说明口腔微生物对人体的益处和害处。

（2）查阅资料,说明龋齿的形成与微生物的关系,解释牙菌斑和生物膜的概念。

（杨水云）

第三节 理化因素的杀菌、抑菌力

【实验目的和要求】

（1）掌握抑菌、杀菌效果检测的基本方法。

（2）熟悉抑菌圈的观察,学习紫外线杀菌的基本原理。

（3）了解常见抑菌剂、杀菌剂和紫外线对微生物生长的抑制影响。

【实验原理】

不同化学物质对微生物的作用不同,有的可促进其生长繁殖而呈现营养作用,也有的阻碍其新陈代谢而呈现抑菌作用,还有的可使微生物结构不可逆破坏而起到杀灭作用。

抑菌剂和杀菌剂被广泛应用于人类生活或生产实践中,特指可抑制微生物生长或杀灭微生物的化学制剂,化学消毒剂即属于这类制剂。常用的化学消毒剂主要有重金属及其盐类,酚、醇、醛等有机化合物,以及碘、表面活性剂等,它们的杀菌或抑菌作用主要是使菌体蛋白质或酶变性失活。

抗生素类药物(可通过微生物发酵进行生物合成,也可通过化学合成或半合成而生产)是一类特殊的化学制剂,通过干扰微生物正常的生理代谢过程而发挥抑制或杀灭微生物的作用。按照化学结构不同,抗生素类药物可以分为喹诺酮类、β-内酰胺类、大环内酯类、氨基糖苷类等。其作用机制一般是针对"微生物有而人无"的代谢过程进行阻断或干扰破坏。微生物特有的代谢活动有细胞壁合成、原核生物核糖体合成等,因此一般抗生素均具有对微生物作用的特异性。青霉素是传统抗生素的代表,通过干扰细菌细胞壁的合成来杀灭细菌。细胞壁的合成发生于细菌的繁殖期,故青霉素只对繁殖期的细菌起作用,而对静止期的细菌几乎无作用,所以常称这类药为繁殖期杀菌药。动物的细胞没有细胞壁,所以青霉素对动物机体的毒性很低。

一种肉眼看不见的,波长为 $100\sim400$ nm 的光波,存在于紫色射线的短波段外侧,故称为紫外线。紫外线可分为 UVA（$320\sim400$ nm,长波）、UVB（$280\sim320$ nm,中波）、UVC（$100\sim280$ nm,短波）3 个波段(图 5-3)。其中,短波在 $250\sim265$ nm 的紫外线杀菌力最强。由于紫外线直线传播,因此只有对射线到达之处的微生物才能起到杀菌作用。紫外光强度与距离的平方成比例衰减,远距离紫外线杀伤力有限。

紫外线属于非电离射线,穿透力弱,不足以引起物质的电离。物质吸收紫外线后,物质分子因电子的激发而变成激发分子,从而引起分子结构的改变。以 DNA 分子为例,在紫外线的照射下,DNA 分子结构变化的方式很多,有 DNA 链的断裂,DNA 分子内、分子间的交联,DNA 与蛋白质的交联,胞嘧啶的水合作用及嘧啶二聚体的形成等。这些变化都能引起基因突变,甚至导致细胞死亡。嘧啶二聚体的形成是引起突变的主要原因。

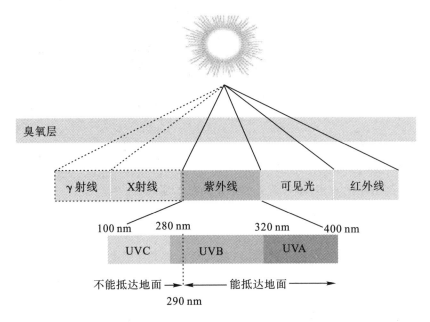

图 5-3 紫外线波长示意图

DNA 双链之间嘧啶二聚体的形成会阻碍双链的分开和下一代 DNA 的复制;同一条链上相邻嘧啶之间二聚体的形成会阻碍碱基的正常配对,使复制在这个位点上终止或错误地配对,导致基因突变。

【器材和试剂】

1. 器材

紫外灯,超净工作台,恒温培养箱,培养皿,涂布器,等等。菌种为大肠杆菌、葡萄球菌、芽孢杆菌。

2. 试剂

龙胆紫,碘酒,升汞(二氯化汞),石炭酸,来苏儿(煤皂酚),青霉素,肉汤固体培养基,等等。

【实验步骤】

1. **紫外线的杀菌力检测**

(1)倒肉汤固体培养基培养皿1个,在冷却凝固后加 0.1 mL 大肠杆菌悬液,涂布均匀,直至菌液吸收完全。

(2)给平板中央覆盖1片直径小于平皿直径的灭菌纸(形状随意),在超净工作台中紫外灯下照射 30～60 min。照相记录纸片形状。

(3)去除纸片,在 37 ℃下将其培养 24 h,观察菌苔生长情况,与之前纸片照片对照,分析菌苔形状形成原因。

2. **五种化学试剂对细菌生长的影响**

(1)倒肉汤固体培养基培养皿1个,在冷却凝固后加 0.2 mL 葡萄球菌悬液,涂布均匀,直至菌液吸收完全。

(2)取粘有化学试剂的小纸片,沥去多余药液,贴在接种平板上,做好标记。

(3)将培养皿在 37 ℃下培养 24 h 后观察各试剂纸片周围菌苔生长情况,查看是否形成抑菌圈(抑菌圈反映细菌受抑制的程度)。

3. **青霉素的抗菌实验**

(1)倒肉汤固体培养基培养皿 1 个,在冷却凝固后分别平行划线接种葡萄球菌和芽孢杆菌。

(2)取粘有青霉素的滤纸条,沥去多余药液,垂直贴在菌种划线的中间。

(3)将培养皿在 37 ℃下培养 24～48 h 后观察不同细菌生长的起始位置距离青霉素纸条边缘的距离,比较青霉素对不同微生物的杀菌能力。

【注意事项】

(1)紫外线对人体皮肤具有伤害作用,请严格执行实验操作规程。

(2)考虑青霉素在培养温度下可能逐渐失活,其药液配制浓度要尽可能高。

【思考题】

(1)查阅资料,学习紫外线与不同人种及其皮肤癌之间的关系,了解日常生活中如何避免紫外线的伤害。

(2)教师要求学生将培养过致病菌的空试管进行杀菌处理后再洗涤,学生随手将试管浸泡在青霉素药液中,请分析如此是否可达目的,为什么?

(杨水云)

第六章 基因工程实验

基因工程又称为基因拼接技术或DNA重组技术,是从分子水平上对遗传的基本物质——基因在体外进行剪切、组合和拼接,然后通过载体转化入细胞内进行无性繁殖,使目的基因在体内扩增、表达或组建成新的生物类型的过程。基因工程的主要环节包括目的基因的获得、基因的体外重组、基因的转化、重组体的筛选与检测、基因的扩增与基因的表达等核心内容,以及基因工程在不同物种的应用。

本章为基因工程理论课程的配套课内实验,包含感受态细胞的制备、质粒的转化与重组体细胞的培养、重组体的检测与酶切鉴定等内容。

第一节 感受态细胞的制备

【实验目的和要求】

(1)学习细菌感受态细胞的制备方法。

(2)了解细菌感受态细胞的概念。

【实验原理】

将基因成功转入宿主细胞是对宿主细胞进行遗传学改造的关键步骤。先将宿主细胞制备成感受态细胞,而后转入外源基因是个常用的策略。

目前,常用的感受态细胞制备方法有氯化钙法和氯化铷(氯化钾)法。氯化铷(氯化钾)法制备的感受态细胞转化效率较高,但氯化钙法简便易行,且其转化效率完全可以满足一般实验的要求,制备出的感受态细胞暂时不用时,加入占总体积15%的无菌甘油在-70℃下可保存(半年)。因此,氯化钙法使用更广泛。

用冰冷的氯化钙处理对数期的细胞,可使细胞膜的通透性发生暂时性的改变,成为能允许外源DNA分子进入的感受状态,即称为感受态细胞(competent cell)。

【器材和试剂】

1. 器材

电子分析天平,台式高速离心机,无菌工作台,烧瓶,恒温水浴锅,低温冰箱,制冰机,分光光度计,微量移液枪,磁力搅拌器,培养皿,聚丙烯管,锥形瓶,试管,等等。大肠杆菌 (*Escherichia coli*,*E. coli*)DH5α 菌株。

2. 试剂

30%甘油,氯化钙,LB 培养基,等等。

【实验步骤】

1. 0.1 mol/L 氯化钙溶液的配制

称取 1.1100 g 无水氯化钙,溶于 90 mL 蒸馏水中,定容至 100 mL,装于 250 mL 三角瓶中,15 *p. s. i*(1.034×10⁵Pa)高压蒸汽灭菌 10 min,在 4 ℃下保存。

2. 感受态细胞的制备(分大量制备和小量制备两种方式)

1)大量制备 具体如下。

(1)从 37 ℃下培养 16～20 h 的平板中挑取一个单菌落(直径为 2～3 mm),转到一个含有 100 mL LB 培养基的烧瓶中,在 37 ℃下剧烈振摇培养 3 h。一般经验,1 OD_{600} 约含有 *E. coli* DH5α 10⁹个/mL。

(2)将细菌转移到一个无菌的、一次性使用的、用冰预冷的 50 mL 聚丙烯管中,在冰上放置 10 min,使培养物冷却至 0 ℃。

(3)将培养物在 4 ℃下 4100 r/min 离心 10 min,以回收细胞。

(4)倒出培养液,将管倒置 1 min,以使最后的痕量培养液流尽。

(5)每 50 mL 初始培养液用 30 mL 预冷的 0.1 mol/L 氯化钙溶液重悬每份细胞沉淀。

(6)将其在 4 ℃下 4100 r/min 离心 10 min,以回收细胞。

(7)倒出培养液,将管倒置 1 min,以使最后的痕量培养液流尽。

(8)将 50 mL 初始培养物用 2 mL 用冰预冷的 0.1 mol/L 氯化钙溶液重悬每份细胞沉淀。

(9)此时,可以用新鲜制备的感受态细胞直接做转化实验,也可以将细胞冻存在 −70 ℃下备用。

2)小量制备 具体如下。

(1)细菌培养同大量制备的步骤。

(2)将 1.5 mL 培养液转入 2 mL 离心管中,冰上放置 10 min,然后在 4 ℃下 3000 *g* 离心 10 min。

(3)弃去上清液,用预冷的 0.1 mol/L 氯化钙溶液 200 µL 轻轻悬浮细胞,冰上放置 20 min后,在 4 ℃下 3000 *g* 离心 10 min。

(4)弃去上清液,加入 100 µL 预冷含 15%甘油的 0.1 mol/L 氯化钙溶液,轻轻悬浮细胞,冰上放置几分钟,即成感受态细胞悬液。

(5)可以现用,也可以冻存备用。储存在 −70 ℃下可保存半年。

【注意事项】

(1)为达到高效转化,活细胞数务必少于 10⁸个/mL。对于大多数大肠杆菌来说,这相当于 OD_{600} 值为 0.4 左右。为保证细菌培养物的生长密度不致过高,可每隔 15～20 min

测定 OD_{600} 值来监测,并将监测的时间及 OD 值列成图表,以便预测培养物的 OD_{600} 值达到 0.4 的时间。当 OD_{600} 值达到 0.35 时,可收获细菌培养物。要尽量保证 OD_{600} 值不要过高,更不能超过 0.6。

(2)在菌株与菌株之间,OD_{600} 值与每毫升活细胞数间的关系变化很大,因此有必要通过测量特定大肠杆菌的生长培养物在生长周期的不同时相的 OD_{600} 值,并将各稀释度的培养物铺于无抗生素的 LB 琼脂板上,计算每一时相的活细胞数,从而使分光光度计读数得到标准化。

(3)制备的感受态细胞可以于 4 ℃ 的氯化钙溶液中保存 24~48 h,在储存的最初 12~24 h 内,转化率增加 4~6 倍,然后降低到初始水平。

(4)要保证克隆的新鲜程度,一定要选新鲜平板的单克隆,即刚涂布生长过夜的平板。

(5)低温处理的时间,做完后可在冰上保存 12~24 h 后分装,并保存于 -80 ℃。

(6)所有的试剂和用品(离心管、药瓶等)用新的,如果使用旧的,要确保干净。

(7)要无菌操作。制备时一定要在冰上操作。

(8)第二次加氯化钙时一定要轻、慢操作,不能用力振荡或者吹吸。

【思考题】

(1)感受态细胞的概念是什么?

(2)影响感受态的因素有哪些?

(孔令洪)

第二节 质粒的转化与基因工程细胞的筛选培养

【实验目的和要求】

学习外源 DNA 导入原核生物细胞的方法;热休克转化法的操作技术;基因工程细胞的筛选与培养方法。

【实验原理】

将带有外源 DNA 的重组质粒在体外构建好后导入感受态(宿主)细胞,只有随着细胞的大量复制、繁殖,才能够有机会获得纯的重组质粒 DNA,该过程称为转化过程。

利用氯化钙法等处理制备的感受态细胞,质粒 DNA 等黏附在感受态细胞的表面,通过热休克处理,即置于 42 ℃ 热激 90 s,促进 DNA 吸收,然后在非选择性(不含抗生素)培养基中培养一代(至少 0.5 h),待质粒上所带的抗生素基因表达后就可以在含抗生素的培养平板上生长(初筛)形成菌落。这些菌落就是初筛获得的可能含有外源基因的菌落。

【器材和试剂】

1. 器材

电子分析天平,恒温摇床,电热恒温培养箱,微量移液器,微量离心管,台式离心机,恒温振荡摇床,恒温水浴锅,制冰机,计时器,高压蒸汽灭菌锅,等等。pUC19 质粒、DH5α 感受态细胞。

2. 试剂

胰化蛋白胨,酵母提取物,去离子水,琼脂粉,氯化钠,氢氧化钠,LB 培养基,氨苄青霉素,等等。

(1)LB 液体培养基的配制:称取胰化蛋白胨(bacto‐tryptone)10.0000 g、酵母提取物(bacto‐yeast extract)5.0000 g、氯化钠 10.0000 g,放入 1000 mL 烧杯中,加去离子水950 mL,磁力搅拌至完全溶解,用 5 mol/L 氢氧化钠溶液调节 pH 值至 7.0,用去离子水定容至 1000 mL,在 15 p.s.i(1.034×10⁵Pa)高压蒸汽灭菌 20 min,冷却后,在 4 ℃下保存备用。

(2)LB 固体培养基的配制:称取 0.6000 g 琼脂粉,溶解于 30 mL LB 液体培养基中,在 15 p.s.i(1.034×10⁵ Pa)高压蒸汽灭菌 20 min,冷却到 55~50 ℃时(手可触摸),在超净工作台中加入 30 μL 的氨苄青霉素(ampicillin,Amp),每培养皿倒入 10 mL LB 液体培养液,平置,待凝固。

(3)配制 100 mg/mL 氨苄青霉素:将 1.0000 g 氨苄青霉素钠溶于 10 mL 高压蒸汽灭菌放冷的去离子水中,配成 100 mg/mL 储存溶液,0.22 μm 无菌微孔滤膜过滤除菌。分装储存在−20 ℃冰箱内,工作浓度为 100 μg/mL。

【实验步骤】

质粒的转化与基因工程细胞的筛选培养步骤如下。

(1)事先将恒温水浴的温度调到 42 ℃,取新鲜制备的感受态细胞 100 μL 置于冰上,或者从−70 ℃冰箱中取冻存的 100 μL 感受态细胞悬液,迅速使其解冻,解冻后立即置于冰上。

(2)将 1~2 μL pUC19 质粒加到感受态细胞悬液中,用移液器轻柔混匀,在冰上放置 30 min。

(3)将其在 42 ℃水浴中热激 90 s,然后迅速置于冰上冷却 3~5 min。整个过程不要振荡菌液。

(4)向管中加入 1 mL LB 液体培养基(不含氨苄青霉素),混匀后在 37 ℃下振荡培养(小于 200 r/min)1 h,使细菌恢复正常生长状态,并表达质粒编码的抗生素抗性基因(Ampʳ)。将上述菌液摇匀后取 100 μL 均匀涂布于含氨苄青霉素的 LB 筛选平板上,正面向上放置 0.5 h,待菌液完全被培养基吸收后倒置培养皿,在 37 ℃下培养 16~24 h。菌落生长良好而又未互相重叠时,取出放凉,在 4 ℃下保存。

(5)平板上的各菌落可能含有转化的 DNA,可以将各单菌落扩大培养后提取质粒,进行进一步的鉴定。

【注意事项】

(1)DNA 与感受态细胞混合后一定要在冰浴条件下操作,温度控制不佳时转化效率极差。

(2)盖紧 Eppendorf 管,以免反应液溢出或外面水进入而污染。

(3)42 ℃热处理很关键,转移速度要快,但温度要准确。

(4)涂布转化液时要避免反复来回涂布,因为感受态细菌的细胞壁有了变化,过多的机械挤压涂布会使细胞破裂,影响转化率。

【思考题】

(1)DNA 转化细胞的关键是什么?

(2)如果 DNA 转化后没有得到转化子或者转化子很少,试分析原因。

(3)如何提高转化效率?

(孔令洪)

第三节　重组质粒的酶切鉴定

【实验目的和要求】

(1)掌握单酶切、双酶切的技术方法。

(2)熟悉酶切法进行鉴定的原理。

(3)了解重组质粒的鉴定方法。

【实验原理】

重组质粒的筛选和鉴定是基因工程中的一个重要环节。在重组体的构建过程中,由于存在着载体的自身环化、未能酶解完全的载体及非目的 DNA 片断插入的载体所形成的非目的性克隆的可能性,因此要进行鉴定。常用的重组质粒的筛选与鉴定方法有两类。

1. 通过聚合酶链反应(polymerase chain reaction,PCR)方法鉴定

用 PCR 对重组子进行分析,不但可以迅速扩增插入片段,而且可以直接进行 DNA 序列分析。以重组质粒为模板,以 PCR 扩增产物的特异性引物或者载体的通用引物进行 PCR 扩增,然后进行电泳鉴定,一般可用于克隆的初筛。

2. 通过酶切方法得到限制酶图谱并进行鉴定

从培养皿中挑取单克隆菌落,在抗性液体培养基中扩增,制备出质粒。质粒可能以线性、开环和闭环超螺旋 3 种形式存在。尽管 3 种形式的质粒分子量一样,但是它们的电泳速度不一样,电泳时可能会出现 2~3 条带。用设计的内切酶(一种或两种)进行酶切后电泳,如果载体中有插入的目的基因,电泳出现两条带,一条是载体,另一条是目的基因,反之,电泳后就只有一条载体带。在一块胶上同时设分子量标记、空质粒等对照,就可以看出载体中是否有插入片段及插入片段的大小。对于可能存在双向插入的重组子还可用适当的限制性内切酶消化鉴定插入方向,然后用凝胶电泳检测插入片段和载体的大小。酶切鉴定是克隆鉴定的比较可靠的鉴定方法,如果酶切电泳条带与设计相符,可以初步确定目的基因插入了载体,下一步就可以进行测序鉴定。

本实验采用限制酶图谱鉴定。

核酸限制性内切酶是在原核生物中发现的一类专一识别双链 DNA 中特定碱基序列的核酸水解酶。它们的功能类似于高等动物的免疫系统,用于抗击外来 DNA 的侵袭。现已发现几百种限制性内切酶,分子生物学中经常使用的是 Ⅱ 型限制性内切酶,它能识别双链 DNA 分子中特定的靶序列(4~8 bp),以内切方式水解核酸链中的磷酸二酯键,产生的 DNA 片段 $5'$ 端为 P,$3'$ 端为—OH。由于限制性内切酶能识别 DNA 特异序列并

进行切割,因而在基因重组、DNA 序列分析、基因组甲基化分析、基因物理图谱绘制及分子克隆等技术中得到广泛应用。酶活力通常用酶单位(U)表示。酶单位的定义是:在最适反应条件下,1 h 完全降解 1 μg DNA 的酶量为一个单位。

双酶切鉴定时只要出现质粒条带与插入片段的目的条带就行了。若出现质粒条带很亮,而目的条带暗的现象,亦属正常。因为,在一般情况下质粒的碱基数比目的条带的碱基数多得多(一般质粒有数千碱基对,而目的条带通常在几百到一千碱基对)。当用 EB 进行染色时,EB 掺入到 DNA 链中,碱基数越多,掺入的 EB 就越多,在紫外光下显示的条带就越亮,即条带亮度与目的片段的长度成正比。

如果两种方法的鉴定都正确,即可进行测序,做最后确认。

若需加强目的条带亮度,则可以采取以下方法。

(1)电泳时吸取的产物量加大,加入到大孔梳子的胶当中,如可以加产物 10 μL 或更多。

(2)凝胶成像拍照时,可以适当把曝光时间延长。

(3)如果还是不清楚,可把酶切产物浓缩。

【器材和试剂】

1. 器材

电子分析天平,水平电泳装置,电泳仪,水浴锅,恒温振荡器,台式高速离心机,微量移液器,凝胶成像系统,EP 管,等等。pET28a 质粒,pET28a - ch 质粒。

2. 试剂

限制性内切酶 *Eco*R I 及 10×酶切缓冲液,限制性内切酶 *Bam*H I 及 10×酶切缓冲液,Tris -硼酸(TBE)电泳缓冲液,琼脂糖,6×电泳加样缓冲液[0.25%溴酚蓝,40%(*m/V*)蔗糖水溶液,贮存在 4 ℃下],DNA 标记物(marker),等等。

【实验步骤】

1. 酶切反应体系的配制与酶切

在灭菌的 0.2 mL EP 管中分别加入 pET28a 质粒 DNA、pET28a - ch 质粒 DNA 各 3 μL(约 1 μg DNA),以及 13 μL 灭菌双蒸水和 10×酶切缓冲液 2 μL。将管内溶液混匀后再各加入 1 μL *Eco*R I 和 1 μL *Bam*H I 酶液,用手指轻弹管壁使溶液混匀,并用微量离心机离心,使溶液集中在管底。

将 EP 管置于 PCR 仪加热块上 37 ℃下保温 2～3 h,使酶切反应完全。终止酶切反应时将 PCR 仪加热块升到 65 ℃,保温 10 min。

2. 琼脂糖凝胶电泳实验操作

(1)5×TBE 电泳缓冲液的配制:将 54.0000 g Tris、27.5000 g 硼酸、20 mL 0.5 mol/L EDTA 溶液加蒸馏水至 1000 mL 即成。用时稀释 10 倍即成 0.5×TBE 电泳缓冲液。

(2)称量:称取 0.2000 g 琼脂糖,置于锥形瓶中,量取 20 mL 0.5×TBE 电泳缓冲液加入锥形瓶。

(3)琼脂糖溶解:将上一步的锥形瓶中溶液稍稍摇匀,放入微波炉中,中火加热 2 min,中高火加热数分钟至琼脂糖溶解,取出锥形瓶摇匀,观察溶液是否澄清透明。

（4）搭制胶架：将制胶板放在胶架上，固定，插入样品梳。

（5）倒胶：待琼脂糖冷却至 60 ℃，加入 1 μL 染料（EB 替代物），摇匀倒入搭制好的胶架中。定性观察，胶厚度略薄，没过样品梳下端 2～3 mm 即可。

（6）冷却凝固：将胶放在平整的台面上，避免移动胶架或者震动台面，约 30 min（与室温有关）后胶冷却凝固，由透明状变成胶状。

（7）胶板固定：将制胶板上的样品梳小心往上拔出，将制胶板取下放入电泳槽中，在电泳槽中加入 0.5×TBE 电泳缓冲液，直到电泳缓冲液没过胶面。

（8）上样：各取 1 个 0.2 mL EP 管，分别加入 5 μL 酶切样品和 1 μL 6× 上样缓冲液，混匀。取 DNA 标记物加入到琼脂糖凝胶左侧第一个孔，再依次加入处理的样品。

（9）电泳：盖上电泳槽盖子，插好电源，设置电泳条件为 80 V（5 V/cm），时间设置约 30 min，开始电泳。

（10）观察结果：观察电泳中的蓝色条带，电泳至中间偏下处停止电泳，取出胶块，放入琼脂糖凝胶成像仪中，调节合适的曝光时间，观察条带。

【注意事项】

（1）如果所用两种酶的反应条件完全相同（温度、盐离子浓度等），可以将它们同时加到一个试管中进行酶切。

（2）如果所用的两种酶对温度要求不同，那么要求低温的酶先消化，要求高温的酶后消化，即在第一个反应结束后，加入第二个酶，升高温度后继续进行酶切。

（3）如果两种酶对盐离子浓度要求不同，则要求低盐的酶先消化，要求高盐的酶后消化。具体方法是：在低盐缓冲液中加入第一个酶，反应结束后，补加 1/10 体积的高盐缓冲液，加入第二个酶再消化，或第一个反应结束后抽提 DNA，再用高盐缓冲液酶切。目前，各试剂商都提供了双酶切缓冲液或通用缓冲液，可以根据说明书进行操作。

（4）市售的内切酶浓度一般很大，为节约起见，使用时可事先用酶反应缓冲液（1×）进行稀释；可采取适当延长酶切时间或增加酶量的方式提高酶切效率，但内切酶用量不能超过总反应体积的 10%，否则酶活性将因为内切酶保护剂甘油的过量而受到影响。

（5）酶切反应的整个过程应注意枪头的洁净以避免造成对酶的污染，为防止酶活性降低，相关操作应在冰上操作且动作迅速。

【思考题】

（1）什么是限制性核酸内切酶？

（2）影响酶切反应效率的因素有哪些？

（孔令洪）

下篇 综合开放实验

　　生命科学是一门实践性很强的学科,学习中的实践操作至关重要。在教学改革的今天,人才的能力培养和实践性教学日益受到重视。实验教学在能力教育中起着不可替代的重要作用,实验室是提高学生素质教育的前沿阵地。传统验证性实验的操作,学生根据现有的实验指导书籍或实验讲义,按拟定的实验步骤,利用已准备好的实验器材进行实验,能力虽得到了一定的提高,但对学生发散思维和综合能力的提高有限。不过,综合性实验教学则具有典型的个性特征:①促使学生有效地巩固理论知识,按照自己的思维查阅资料、设计相应的实验方案,根据要研究的问题考虑进行哪些相关实验;②促使学生学会多种科研方法和思维方法,形成自我判断能力、创造能力,在探索、拓展的乐趣中锻炼分析问题的能力;③促使学生所学成为各自内在潜能和精神品质的"催化剂"。因此,综合性实验教学对提高学生综合素质教育具有十分重要的意义。

　　本篇针对学生综合能力的提升设计了基因工程综合开放实验、发酵工程综合开放实验、细胞工程综合开放实验和分离工程综合开放实验四大类,全面涵盖了生物技术的上、中、下游,共计 17 个实验。

第七章 基因工程综合开放实验

葡萄糖氧化酶在毕赤酵母中的表达

　　基因工程,即转基因工程或 DNA 重组技术,是人类按照研究所需对目的基因进行体外编辑、转移和表达,从而获得新的遗传物质组合或者新物种的技术。基因工程克服了不同物种之间的界限,近年来发展迅速,被广泛应用于医药开发、食品工业、农业生产等众多领域。基因工程的主要内容可以分为五部分。①获取目的基因,主要方法有鸟枪克隆法和人工合成法。②构建重组 DNA。基因工程中常用的载体包括质粒、噬菌体、黏粒等。③将重组 DNA 导入宿主细胞。宿主细胞常分为原核宿主细胞和真核宿主细胞。④鉴定阳性克隆子。⑤扩增目的基因及获取目的产物。

　　基因工程的核心技术是基因表达技术,目前已建立的众多基因表达系统中既有原核生物基因表达系统,也有真核生物基因表达系统。不同的表达系统有其优势,但也存在种种不足。目前,原核生物基因表达系统有大肠杆菌、链霉菌、芽孢杆菌等。其中,对大肠杆菌表达系统研究的较为深入、全面,已有大量表达载体被构建成功并应用到实际生产中。大肠杆菌繁殖力极强,成本低,具有较高的外源基因表达水平,而且下游加工技术成熟,因此较其他原核生物基因表达系统具有明显优势。但是作为原核生物基因表达系统,大肠杆菌缺少糖基化等翻译后加工修饰系统,蛋白质不能准确折叠,且易形成包涵体,不能对真核蛋白质产物进行有效加工,因此限制了其进一步的应用发展。

　　相比于原核生物基因表达系统,真核生物基因表达系统可以进行蛋白质的准确折叠和翻译后修饰,产物表达量高且易纯化,因此应用更加广泛。真核生物基因表达系统有酵母表达系统、昆虫细胞表达系统、哺乳动物表达系统等。酵母是单细胞真核生物,生长迅速,安全性好,发酵密度高,有利于工业化扩大生产,以往常采用酿酒酵母作为表达系统,但近年来逐渐被毕赤酵母代替。与酿酒酵母相比,毕赤酵母以甲醇调节的乙醇氧化酶 1(AOX1)为转录启动子,除了具有真核生物基因表达系统的共有优势外,还避免了酿酒酵母表达系统的低分泌表达效率、重组质粒易丢失等缺陷,可以高效地表达外源基因,并且适于高密度工业化培养。

因此,以基因工程技术原理为基础,基于葡萄糖氧化酶的广泛应用和实际意义,本实验在毕赤酵母表达体系中表达葡萄糖氧化酶,将为外源基因在真核生物基因表达体系中的研究积累良好基础。

【实验目的和要求】

(1)掌握葡萄糖氧化酶基因在毕赤酵母中表达的方法。

(2)熟悉毕赤酵母的生长特性及发酵条件。

(3)了解葡萄糖氧化酶的应用及生产现状。

【实验原理】

葡萄糖氧化酶(glucose oxidase,GOD)又称为 β - D - 葡萄糖氧化还原酶,可以特异性氧化 β - D - 葡萄糖,生成过氧化氢和葡萄糖酸,最早被发现存在于黑曲霉提取物中,分子量为 138。葡萄糖氧化酶具有脱氧、产酸、杀菌等功能,因此在食品、医药、生物制造、临床化学和畜牧业等行业中应用十分广泛。目前,文献报道的 GOD 合成工艺主要分为两种,即黑曲霉发酵法和毕赤酵母发酵法。毕赤酵母是可以利用甲醇作为唯一碳源和能源的酵母,具有甲醇诱导的强启动子——AOX1,在高密度发酵时需要大量氧气,溶氧水平会直接影响异源蛋白质的表达。外源的甲醇供给量也是影响异源蛋白质表达的关键因素之一。

毕赤酵母真核表达系统作为成熟的外源蛋白质真核表达系统,表达水平高,纯化过程简便,利于大规模发酵,因此是异源表达葡萄糖氧化酶的有效宿主。

【器材和试剂】

1. 器材

PCR 仪,电泳仪,核酸蛋白凝胶成像分析系统,0.22 μm 微孔滤膜,等等。黑曲霉(*Aspergillus niger*),甲醇诱导型载体 pPICZαA 质粒,大肠杆菌克隆菌株 T1,毕赤酵母(*Pichia pastoris*)X33 工程菌。

2. 试剂

LB 培养基,酵母浸出粉胨葡萄糖培养基(yeast extract peptone dextrose medium,YPD 培养基),BMGY(buffer glycerol - complex medium)酵母诱导培养基,BMMY(buffer glycerol - complex medium)培养基。

不同的限制性内切酶,T$_4$ DNA 连接酶,真菌基因组 DNA 抽提试剂盒,胶回收试剂盒,质粒提取试剂盒,博来霉素(zeocin),磷酸钾缓冲液,蛋白胨,β -巯基乙醇,氯化钙,葡萄糖,生物素,等等。

(1)10×D(20％葡萄糖溶液)1 L:将 200.0000 g D-葡萄糖溶于 1 L 去离子水中,0.22 μm 微孔滤膜过滤灭菌,在 4 ℃下保存。

(2)500×B(0.02％生物素溶液)100 mL:将生物素 0.0200 g 溶于 100 mL 去离子水中,0.22 μm 微孔滤膜过滤灭菌,在 4 ℃下保存。

(3)LB 培养基:称取蛋白胨 10 g/L、酵母膏 5 g/L、氯化钠 10 g/L,溶于去离子水中,调 pH 值为 7.0,定容后在 121 ℃下高压蒸汽灭菌20 min。配制固体平板时加入 20 g/L

琼脂粉。抗性培养基中博来霉素的终质量浓度为 25 μg/mL,过滤灭菌,在 4 ℃下保存。

(4)YPD 培养基:将 800 mL 去离子水中加入酵母膏 10.0000 g、蛋白胨 20.0000 g,定容至 900 mL,高压蒸汽灭菌后加入 100 mL 10×D。配制固体培养基时加入 20 g/L 琼脂。抗性培养基中博来霉素的终质量浓度为 100 μg/mL,在 4 ℃下避光保存。

(5)BMGY 酵母诱导培养基:将 800 mL 去离子水中加入酵母膏 10.0000 g、蛋白胨 20.0000 g,121 ℃高压蒸汽灭菌 20 min,冷却至室温,加入灭菌的 1 mol/L 磷酸钾缓冲液 100 mL、10×YNB(酵母氮源)100 mL、500×B(过滤灭菌)2 mL、甘油 5 mL,在 4 ℃下保存。

(6)BMMY 培养基:将 BMGY 酵母诱导培养基中的甘油换为甲醇即可。

【实验步骤】

1. 提取黑曲霉基因组

将 0.1000 g 黑曲霉菌体,加入液氮碾磨,加入到装有 700 μL PC 缓冲液的提前预热的 1.5 mL 的 EP 管中,混匀,再加入 7 μL β-巯基乙醇。其余操作参照真菌基因组 DNA 抽提试剂盒。提取后将黑曲霉基因保存在 -20 ℃下备用。

2. 扩增葡萄糖氧化酶基因

以提取的黑曲霉基因组作为模板,用葡萄糖氧化酶序列为引物,PCR 共 35 个循环,98 ℃ 30 s,98 ℃ 10 s,58 ℃ 30 s,72 ℃ 90 s,72 ℃ 120 s。经 1% 琼脂糖凝胶电泳,切胶回收 1.8 kb 附近的片段(表 7-1)。

表 7-1　葡萄糖氧化酶上下游引物序列

引物	引物序列(5′→3′)	大小(bp)
GOD-F	GAATTCATGCAGACTCTCCTTGTGAGGCTCGC	32
GOD-R	GCGGCCGCTCACTGCATGGAAGCATAATCCGCC	33

3. 表达载体构建

取葡萄糖氧化酶基因及 pPICZαA 质粒各 20 μL,用 *Not* Ⅰ 和 *Eco*R Ⅰ 进行双酶切,在 37 ℃下 3 h,用 T$_4$ DNA 连接酶连接,在 4 ℃下过夜,转化大肠杆菌。

4. 制备感受态大肠杆菌

取 -80 ℃下保存的菌种划线培养于 LB 固体平板上,在 37 ℃下培养 12~16 h。挑取单菌落接种于 5 mL LB 液体培养基中,在 37 ℃下振荡过夜。取 10 μL 菌液接种于装有 10 mL LB 培养基的三角瓶中,在 37 ℃下 250 r/min 培养至 OD$_{600}$ 值为 0.5。将菌液装入灭菌的 50 mL 离心管,冰浴 10 min 后 5000 r/min,在 4 ℃下离心 5 min,弃上清液,收集菌体。用灭菌后预冷的 20 mL 氯化钙溶液(0.1 mol/L)缓慢重悬菌体,混匀后冰浴 30 min 再将其在 4 ℃下 5000 r/min 离心 5 min,弃上清液,用预冷的 2.5 mL 氯化钙溶液 (0.1 mol/L)缓慢重悬菌体至混合均匀。用灭菌的 1.5 mL 离心管分装,冰浴 2 h 后保存在 -80 ℃下备用。

5. 转化大肠杆菌

(1)取大肠杆菌感受态细胞并置于冰上,在融化后迅速加入 10 μL 重组质粒,冰浴 30 min 后再放入 42 ℃水浴中热激 60 s,迅速取出置于冰上 2 min。

（2）向其中加入 600 μL 无菌 LB 液体培养基,在 37 ℃下恒温摇床孵育 1 h。

（3）取 50 μL 液体涂布在含有博来霉素的 LB 平板上,在 37 ℃下培养过夜。

6. 筛选阳性克隆子

挑取单菌落共 10 个,采用菌落 PCR 法鉴定阳性克隆子。菌落 PCR 反应条件为 94 ℃ 4 min,94 ℃ 30 s, 60 ℃ 30 s,72 ℃ 2 min,72 ℃ 10 min,30 个循环。

取 10 μL PCR 产物进行琼脂糖凝胶电泳分析。对阳性克隆进行酶切鉴定及测序,用 BLAST 比对分析序列,确认 PCR 产物克隆正确。

7. 转入毕赤酵母

将重组质粒用限制性内切酶 *Pme* Ⅰ线性化,采用电击法将线性化的重组质粒转化 至毕赤酵母 X33,涂布于含有博来霉素的 YPD 平板,在 30 ℃下静置培养 2~3 d,直至长 出单菌落。

8. 筛选成功表达 GOD 的毕赤酵母菌株

挑取单菌落接种于含有 BMGY 酵母诱导培养基的试管中,在 28 ℃、200 r/min 下培 养至 D_{600} 值达到 1.2~1.6。添加甲醇至终浓度到 0.6%,24 h 后测定酶活,筛选高产 菌株。

1 个酶活力单位指在 37 ℃、pH 5.0 的条件下,1 min 内转化 1 μmol 葡萄糖生成 1 μmol 葡萄糖酸和过氧化氢所需的酶量。

9. 葡萄糖氧化酶 SDS -聚丙烯酰胺凝胶电泳(SDS - PAGE)

收集成功表达 GOD 的酵母菌株的发酵上清液,稀释约 10 倍后加入上样缓冲液收集 蛋白质,金属浴(100 ℃)至蛋白质变性。配制 12% 的分离胶、5% 的浓缩胶。100 V 电泳 2 h,染色 2 h 后用洗脱液洗脱至条带显色清晰。

【思考题】

（1）查阅资料,说明毕赤酵母的生长特性及应用。

（2）将重组质粒转入毕赤酵母除电转法外还有什么方法? 试分析各个方法的优、 缺点。

（高美丽　党　凡）

第八章 发酵工程综合开放实验

发酵技术有着悠久的历史。早在几千年前,人们就开始进行酿酒、制酱、制奶酪等生产。现代科学概念的微生物发酵工业,是在20世纪40年代随着抗生素工业的兴起而得到迅速发展的。现代发酵技术又在传统发酵技术的基础上结合了现代的基因工程、细胞工程、分子修饰和改造等新技术。由于微生物发酵工业具有投资少,见效快,污染小,外源目的基因易在微生物菌体中高效表达等特点,日益成为全球经济的重要组成部分。据有关资料统计,部分发达国家发酵工业的产值占国民生产总值的5%。在医药产品中,发酵产品占有特别重要的地位,其产值占医药工业总产值的20%,通过发酵生产的抗生素品种就达200多个。总之,发酵工业在与人们生活密切相关的许多领域,如医药、食品、化工、冶金、资源、能源、健康、环境等,都有着难以估量的社会效益和经济效益。

因此,本课程以发酵工程原理为基础,开设不同发酵类型的综合实验,加深学生对发酵工程原理的理解和运用,提高学生利用所学知识解决问题的综合能力,使学生结合所学知识自主设计实验方案,通过实验获得预期产品,充分体验实验带来的喜悦感和成就感。同时,综合实验有助于加强学生的创新能力和协作意识,为其进一步融入社会大家庭奠定良好的基础。

第一节 发酵工程综合开放实验概述

不同发酵产品的工艺流程既有共性又有差异性。共性主要体现在不同发酵工艺产品流程所需的基本要素的组成,影响发酵产品产量的因素及控制,发酵产品的下游加工等方面。差异性主要体现在不同发酵工艺流程这些组成要素、影响因素呈现不同的表现形式。因此,在介绍不同类型的发酵综合实验前首先介绍不同发酵工艺流程中涉及的共有实验原理。

一、发酵工程综合开放实验原理

生物发酵工艺众多,但基本步骤大同小异,主要分为菌种制备、种子培养、发酵、提取精制等过程,典型的发酵工艺流程见图8-1。

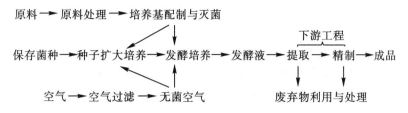

图8-1 典型微生物的发酵过程

二、微生物、培养基及灭菌

1. 微生物菌种

发酵产品主要是由发酵的生产者,即微生物菌种进行发酵而形成的。因而,菌种质量是产品品质的首要决定因素,筛选优良的工业发酵菌种极其重要。菌种的分离与筛选的主要过程包括采样、增殖培养、纯化、性能鉴定等,具体流程见图8-2。

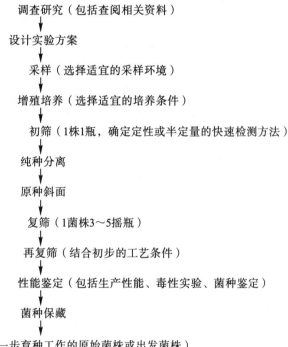

图8-2 菌种的分离与筛选流程

2. 培养基

培养基是微生物菌种生长繁殖的基本营养物质,基本成分包括碳源、氮源、无机盐和微量元素等。这些成分一般溶解在水中。培养基原料及配制要求如下。

(1)培养基原材料的要求:价格低廉易获取,不干预或者不抑制微生物的生长繁殖和代谢过程,不使微生物产生有害的代谢产物等。

（2）培养基配制的原则：培养基的制备是发酵成功与否的第一个要点，制备一个完整而科学的培养基是很重要的，也是非常复杂的。制备培养基通常需要考虑以下几个方面的问题。①合适的碳/氮（C/N）比。不同的微生物或同一种微生物不同的菌株，对培养基中的 C/N 比要求并不相同，即使同一菌株在不同的发酵阶段，对 C/N 比的要求也不一样。②在确定了 C/N 比的前提下，还需考虑不同的氮源对发酵的影响。③注意添加不同生长因子的比例。④设计筛选优化培养基。

3. 菌种扩大培养

目前，工业生产的发酵罐容积已达到几十立方米或几百立方米。若种子量按 10% 左右计算，则需投入几立方米或几十立方米的种子。从试管中的微生物菌种转换扩大为生产用种子，即从实验室到生产车间，该过程中生产方法与条件均会发生改变，并且因生产品种和菌种种类而异。发酵生产中种子制备的过程大致可分为两个阶段：①实验室种子制备阶段；②生产车间种子制备阶段。涉及的基本流程见图 8-3。

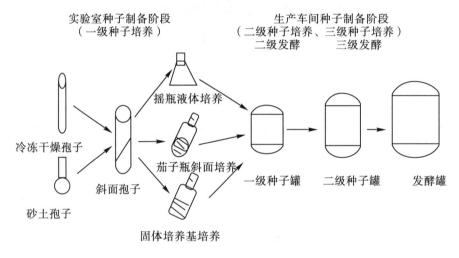

图 8-3　种子扩大培养流程

4. 灭菌

灭菌是保证发酵过程无菌的重要步骤。工业中处理大量培养基时常用湿热灭菌，即利用蒸汽冷凝时释放大量的具有强大穿透力的潜热，使微生物细胞中的蛋白质发生不可逆的凝固变性，短时间内杀死微生物，一般在约 120 ℃（约 1×10^5 Pa 表压）下维持 29～30 min 即可。

三、发酵培养及工艺控制

微生物发酵培养方法众多，而分批发酵最为常用。分批发酵，即在一封闭培养系统内加入有限数量的营养物质后，接入少量的微生物菌种培养使其生长繁殖，在特定的条件下只完成一个生长周期的发酵方式。

微生物发酵质量除了取决于生产菌种的性能，还需要保证最适环境，这样才能使菌种的生产力最大化。因此有必要研究菌种发酵的最佳条件，如营养要求、最适温度、最适 pH、氧需求量等。只有根据各个菌种特点设计合理的发酵工艺，使菌种处于最佳生产状态,才能获取优质高产的发酵产品。

微生物发酵培养过程中相关的工艺参数有温度、pH 值、溶氧浓度、二氧化碳浓度、泡沫等。①温度是影响有机体生长繁殖的重要因素之一。酶促反应直接受温度变化的影响。选择最适发酵温度时要兼顾微生物生长的最适温度和产物合成的最适温度。②微生物生长和生物合成都有其最适 pH 值和能够耐受的 pH 值范围。pH 值会影响菌体形态、细胞膜电荷状态、产物的稳定性、菌体营养物质的吸收和代谢产物的形成等。最适 pH 值的选择既要利于菌体生长繁殖,又要最大限度地提高产量。③氧气是好气性微生物生长发育和代谢活动所必需的。不论是实验室研究还是工业生产,都需要保证氧的供给。当不存在其他限制性介质,溶解氧浓度低于临界值时,细胞就会处于半厌氧状态,代谢活动受到阻碍。溶氧量对菌体生长和产物的形成及产量都会产生影响,应根据生产中菌种的种类、发酵条件和发酵阶段等实际情况决定。④二氧化碳作为细胞代谢的重要指标,既是微生物代谢产物,又是某些合成代谢途径的基础物质。发酵液中溶解态二氧化碳会刺激或抑制氨基酸、抗生素等发酵过程,因此要根据发酵特性决定二氧化碳浓度,若对发酵有促进作用,则要提高其浓度,反之应降低其浓度。

四、下游加工技术

生物技术产品产业化均需经过下游加工,产品质量、成本高低、竞争力等因素往往与下游技术直接相关。发酵产品下游加工过程主要包括发酵液的预处理与固液分离、初步纯化(提取)、高度纯化(精制)和成品加工等。具体流程及各步涉及的分离、纯化方法见图 8-4。

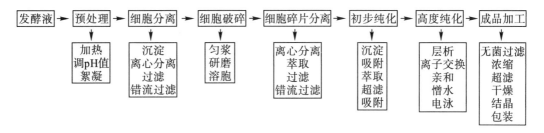

图 8-4　发酵产品下游工艺流程

(高美丽)

第二节　果酒发酵综合实验(液态静置发酵)

果酒是以各种水果为原料,如苹果、葡萄、猕猴桃、橘子等,经破碎,压榨取汁,发酵或经低酒度酒液(或食用酒精)浸泡后调配而成的各种饮料酒。我国苹果产地面积居世界第一,年总产量已 2200 多万吨,占世界总产量的 1/3 以上,其中 85% 用以鲜食,但产量大、销路窄、效益低,因此新的消费途径——苹果果酒的开发应运而生。本实验以苹果果酒发酵为例,简要说明果酒发酵的工艺流程。

【实验目的和要求】

(1)掌握相关实验仪器操作。

(2)熟悉相关文献,设计合理可行的发酵工艺流程(图 8-5)。

(3)了解感官评价的相关内容和果酒的市场需求。

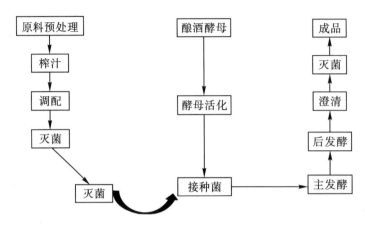

图 8-5　果酒发酵工艺流程

【实验原理】

1. 苹果及苹果果酒的营养保健功能

苹果营养成分丰富,每 100 g 鲜苹果中含糖类 15 g、蛋白质 0.2 g、脂肪 0.1 g、粗纤维 0.1 g、钾 110 mg、钙 0.11 mg、磷 11 mg、铁 0.3 mg、胡萝卜素 0.08 mg、维生素 B_1 0.01 mg、维生素 B_2 0.01 mg、尼克酸 0.1 mg,还含有锌及山梨醇、香橙素、维生素 C 等营养物质。

苹果果酒是一种含酒精的低度数的果汁饮料,较好地保留了苹果中原有的营养物质,且含有经低温生化发酵生成的低糖类、高蛋白质类的各种有机营养物质,如苹果酸、琥珀酸、酒石酸和高能量营养的醇酯等。苹果果酒入口清醇,经常饮用可减少胆固醇在血管的沉积,防止动脉硬化,降低血脂和软化血管等。

2. 苹果果酒发酵菌种及发酵原理

苹果果酒的形成主要依靠酵母菌将果汁中的糖类等有机物质转化为酒精,即利用无氧呼吸的过程产生,具体变化过程如下。

$$C_6H_{12}O_6 + H_2O \xrightarrow{\text{酵母菌}} CH_3COCOOH(丙酮酸) \longrightarrow C_2H_5OH(酒精)$$

酵母菌品种众多,性能各异,菌种的性能是决定果酒品质的关键因素之一。目前,国内外所用生产苹果果酒的酵母菌多为葡萄酒酵母或从自然界分离的酵母菌,包括苹果酒酵母、酿酒酵母、人工培养的酵母等。

【器材和试剂】

1. 器材

发酵罐,高压蒸汽灭菌锅,高效液相色谱仪,气相色谱仪,光学显微镜,真空抽滤器,pH 计,温度计,榨汁机,移液管,移液枪,试管,摇瓶,接种环,酒精灯,计数平板,等等。酵母菌,苹果。

2. 试剂

果胶酶,淀粉酶,半纤维素,葡萄糖,乙酸,乙酸钠,甲醇,乙腈(色谱纯),葡萄糖,苹果酸,乙酸乙酯,氢氧化钠,盐酸,环己烷,甲醇(分析纯),没食子酸,儿茶素,咖啡酸,槲皮酮,阿魏酸,香豆酸,芦丁标样,等等。

【实验步骤】

1. 苹果果酒发酵工艺

本研究涉及的苹果果酒发酵工艺流程如下。

苹果→榨汁→调配→接种酵母菌→前发酵→倒罐→去除酒脚→后发酵→陈酿→澄清处理→冷、热处理→过滤→调配→除菌→苹果果酒。

2. 苹果果酒发酵原料预处理、榨汁及成分调整

(1)将苹果在水中浸泡,去除果皮上残留的农药,洗净沥干。

(2)将苹果去核及果梗,切成小块(3 cm×4 cm),放入1%异维生素C钠溶液中浸泡5 min,沥干水分,放入榨汁机破碎,取汁,榨汁过程中滴加2 mL亚硫酸,最后用玻璃器皿或不锈钢容器收取果汁。

3. 汁液处理

(1)澄清分离:得到的汁液在紫外线下照射30 min后,添加果胶酶分解果肉组织中的果胶物质,混匀后静置1～2 d,澄清后用虹吸法吸取上清液。

(2)调整糖度和酸度:为保持发酵后的成品中保持一定的含糖量和酸度,应向苹果汁中加入葡萄糖,使含糖量到达15%左右,按照每升苹果汁添加16.0000 g苹果酸或乙酸调节pH值至3.3～3.4。

4. 酵母菌活化培养及性能检测

(1)酵母菌活化:将干酵母菌按1:10～1:20的比例投放于36～38 ℃的温水中活化15～20 min,或在2%～4%的糖水中活化30～90 min制成酵母菌乳液,即可添加到醅料中进行发酵。

(2)酵母菌性能测定:酵母菌数量采用血球计数板计数,同时在显微镜下观察形态。

5. 苹果果酒发酵

(1)使用发酵罐(或摇瓶)发酵,待果汁占发酵罐容量的70%左右测量其酸度和含糖量。杀菌冷却后进行接种,接种量为培养液的5%～10%,在25～28 ℃下培养24～48 h。密闭发酵,持续4～7 d,视接种量和酵母菌生长状况不同可适当延长或缩短发酵时间。当酒精含量接近9%、含糖量小于10 g/L时,停止发酵。

(2)用虹吸法转移出汁液,更换容器,通风,使酵母菌活化后继续密闭发酵约1个月。

6. 发酵工艺控制

发酵开始后,每天在同一时间分别用pH计、酒精计、糖度计测量发酵液的酸度、酒精度、含糖量,用平板计数法对酵母菌计数,并绘制生长曲线。

(1)pH值对酵母菌生长的影响:分析不同初始pH值、发酵培养期间pH值的变化。

(2)温度对酵母菌生长的影响:检测、分析发酵培养期间温度的变化与酵母菌生长的关系。

(3)酒精度含量的变化:测定酒精度并分析在发酵过程中的变化。

(4)含糖量的变化:测定总糖和还原糖并分析在发酵过程中的变化。

7. 苹果果酒后发酵及陈酿

(1)澄清:密封一段时间后,取上清液经过滤得到澄清酒液。

(2)杀菌:在 70 ℃热水中杀菌 10～15 min,冷却至常温,灌装。

8. 苹果果酒相关指标测定

1)澄清度测定 使用分光光度计。

2)含糖量测定 使用糖分测定仪或糖度计。

3)酒精度的测定 乙醇计法(GB/T 15038—1994)。

4)酸度测定 使用 pH 计。

5)高级醇测定 GC 测定。参数设置:色谱柱为 Wax1701;升温 50 ℃保持 2 min,2 ℃/min至 180 ℃。气化温度为 220 ℃;检测器温度为 200 ℃。压力为 3 Pa。检测器为氢火焰离子检测器。

样品处理:量取 50 mL 过滤的果酒,置于 500 mL 分液漏斗中,加入 1.0000 g 氢氧化钠并使之溶解。加入 25 mL 环己烷,振荡 1 min,静置分层。分离水层于另一分液漏斗中,加入25 mL环己烷抽提 1 次,合并提取液。对合并的提取液减压浓缩,定容至 5 mL 并进行 GC 检测。

6)多酚物质测定 具体步骤如下。

(1)苹果果酒中多酚物质的提取:量取 10 mL 苹果果酒→用 1 mol/L 氢氧化钠溶液调节 pH 值至 7.0→乙酸乙酯萃取 3 次(每次 20 mL)→合并有机相→水相用 2 mol/L 盐酸溶液调节 pH 值为 2.0→乙酸乙酯萃取 3 次(每次 20 mL)→合并所有有机相→减压蒸馏,浓缩至干→残渣溶于 10 mL 50%色谱甲醇中→置于−30 ℃下避光保存→HPLC 检测。

(2)样品 HPLC 测定:测定前样品经 0.145 μm 微孔滤膜过滤。

色谱条件:反相 C₁₈ 柱,250 mm × 410 mm,5 μm。流速为 110 mL/min,柱温为30 ℃,检测波长为 280 nm。

梯度洗脱:流动相 A 为水:乙酸(98:2),流动相 B 为乙腈。

洗脱程序:0～8 min,B 为 12%;8～15 min,B 为 18%～25%;15～24 min,B 为25%。

标准曲线制备:分别称取 0.0010 g 没食子酸、儿茶素、咖啡酸、槲皮酮、阿魏酸、香豆酸、芦丁标样,用色谱甲醇定容于 10 mL 容量瓶中,配成混合溶液,将此溶液稀释成不同浓度梯度的标准溶液,在−20 ℃下保存备用。

标准品的测定:将各种多酚物质在确定的色谱条件下进样,记录保留时间,以此定性,将混合标准品进样,通过标准曲线法定量。

样品的测定:将经过前处理的样品在确定的色谱条件下进样,根据标准曲线进行定量。

9. 苹果果酒生物学特性变化检测

(1)细菌总数、大肠杆菌、致病菌检测:参照相关文献。

(2)总酸、总酯分析:总酸(以乙酸计)含量采用电位滴定法测定,总酯(以乙酸乙酯计)含量的测定参照相关文献。

10. 苹果果酒感官评价

本实验理论产品为苹果果酒,按以下标准评价。

色泽:金黄色,清亮透明,无明显悬浮物,无沉淀。

香气:具有苹果的果香和浓郁的苹果果酒香。

风味:酸甜爽口,醇厚浓郁。

理论含水量:85%。

酒精度:9 左右。

含糖量:5~10 g/L。

总酸:3.5~5.5 g/L。

挥发酸:0.7 g/L。

具体感官评分标准参照相关文献。

【注意事项】

(1)在酿酒过程中有酵母菌参与,一旦杂菌掺入就会影响产量甚至导致实验失败。所有涉及发酵、果汁处理等相关操作均须防止杂菌污染,在发酵过程中测量相关指标时应该特别注意。

(2)处理汁液时,各种试剂添加要适量,酸度、含糖量应比较准确地掌握。

(3)注意发酵时条件的控制及发酵程度的判断。

(4)果汁中含有较多的结构疏松的沉淀物,因此虹吸管应逐步下移。

【思考题】

(1)在苹果果酒发酵过程中如何控制 pH 值?

(2)分析你酿造的苹果果酒与文献报道的苹果果酒的感官评价的差异及原因。

(3)试分析苹果果酒香气的化学成分。

(高美丽 党 凡)

第三节 土壤中高产纤维素酶菌株的筛选、发酵工艺条件优化及相关酶学性质分析(固态发酵)

纤维素酶是能水解纤维素 β-1,4-糖苷键,将纤维素分解成纤维二糖和葡萄糖的一组酶的总称。纤维素酶被广泛应用于饲料、纺织、酿造、果汁与蔬菜汁加工、粮食加工、造纸、中草药有效成分提取、沼气生产、废水处理及环境保护等生产领域。

【实验目的和要求】

(1)掌握发酵相关的实验操作及原理。

(2)设计可行的发酵工艺流程。

(3)了解米根霉的微生物学特性及应用。

【实验原理】

1. 纤维素及其水解

纤维素是一种在自然界中分布最广、含量最多的由葡萄糖组成的大分子多糖,是地球上含量最丰富的可再生有机资源,广泛存在于高等植物、细菌、动物、海藻等生物中。年总量高达数百亿吨,具有可观的经济开发潜力。纤维素的分子式为$(C_6H_{10}O_5)_n$,是由D-吡喃葡萄糖环彼此以$\beta-1,4$-糖苷键、以C1椅式构象联结而成的线形高分子化合物(图8-6),不溶于水及一般有机溶剂,可溶于铜氨溶液$[Cu(NH_3)_4(OH)_2]$和铜乙二胺溶液$[(NH_2CH_2CH_2NH_2)Cu(OH)_2]$等,是植物细胞壁的主要成分。

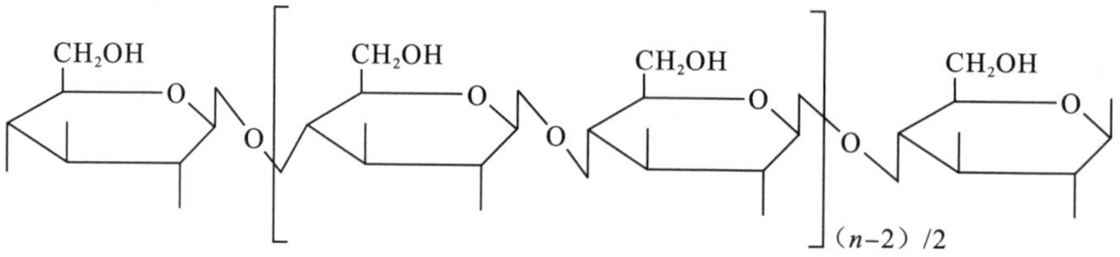

图8-6 纤维素的化学结构

虽然纤维素的开发利用早已引起人们的广泛重视,但目前其利用率仅有1%左右,大部分仍以焚烧的形式被处理掉,不仅造成了大量的资源浪费还造成了环境污染。我国人口数量快速增长,粮食供应短缺,石油资源消耗过快,对纤维素的回收再利用显得尤为重要。例如,提高纤维素的降解率或水解率,将其转换为微生物可利用的单糖,再发酵形成有价值的产品,如燃料、化工原料、饲料、食品、药品等,日益得到重视。

目前,纤维素的糖化使用较多的是酸水解法和酶水解法。酸水解法存在糖化率较低、具有腐蚀性且对人体有害、所需工艺条件苛刻等问题。因此,在常温、常压条件下用纤维素酶水解或降解纤维素是目前纤维素相关研究中的热点。

2. 产纤维素酶的微生物

纤维素酶将纤维素水解成葡萄糖进一步生成乙醇、有机酸等化合物,但活性低、用量大、生产成本高等问题使其应用范围受到限制。微生物生产的纤维素酶可将纤维素转化为能源、食物或化工原料,从而有效解决环境污染、食物短缺和能源危机等现实问题。

不同微生物合成的纤维素酶具有显著差异,降解纤维素的能力也不同。研究表明,具有纤维素降解能力的微生物大多集中在康宁木霉、里氏木霉、黑曲霉、白腐菌等菌株上,但这些菌株产酶成本高、酶活性不稳定,作用pH值范围狭窄。因此,筛选高效多用途的新菌种,改良发酵工艺,增加产出及降低成本具有重要的实际意义。

3. 纤维素酶的性质简介

纤维素酶(cellulase),即降解纤维素的一组酶系的总称,由一个具有催化功能的催化域(catalytic domain,CD)和一个具有结合功能的结合(吸附)区(CBD)组成,构成具有高协同作用的酶。一般将纤维素酶分成内切葡聚糖酶(Cx)、外切葡聚糖酶(C1)、β-葡萄糖苷酶(β-GC)三种。

4. 纤维素酶的作用机制

纤维素的降解主要由纤维素酶系中的Cx、C1和β-GC协同催化(图8-7)。其中,C1作用于不溶性纤维素表面,使结晶纤维素链开裂释放出长链纤维素分子末端部分,促进纤维素链的水化;Cx包括从高分子聚合物内部任意位置切开β-1,4-糖苷键的内切-1,4-β-葡聚糖酶和作用于低分子多糖从非还原性末端游离出葡萄糖的外切-1,4-β-葡聚糖酶;β-GC 是将纤维二糖、纤维三糖及其他低分子纤维糊精分解为葡萄糖的酶。

　　上述三种纤维素酶在分解纤维素时,任何一种酶都不能单独裂解晶体纤维素,必须三种酶共同存在并协同作用,才能完成水解过程,将具有很强化学与生物作用抗性的天然纤维素大分子降解成简单的葡萄糖。

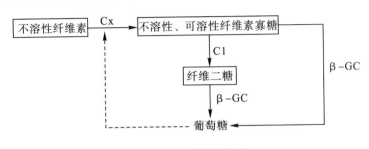

图 8-7　协同降解模型

【器材和试剂】

1. 器材

分光光度计,恒温水浴锅,隔水式电热恒温培养箱,生化培养箱,电子分析天平,恒温摇床,超净工作台,高速冷冻离心机,等等。

2. 试剂

(1)刚果红,丙烯酰胺和甲叉双丙烯酰胺,十二烷基硫酸钠(SDS),β-巯基乙醇(β-ME),过硫酸铵,四乙基乙二胺(TEMED),磷酸氢二钠(Na_2HPO_4),柠檬酸两性电介质,标准小牛血清蛋白,考马斯亮蓝 R-250,氢氧化钠,盐酸,乙醇,羧甲基纤维素钠(CMC-Na),硫酸镁($MgSO_4$),无水葡萄糖,吐温 80,吐温 20,聚乙二醇,Whatman 1 号滤纸条(1.0 cm ×6.0 cm)。

(2)PCR 试剂:PCR 试剂盒,DNA 产物纯化试剂盒,琼脂糖凝胶 DNA 回收试剂盒,琼脂糖。

(3)锯渣、稻草、黄豆粉、麸皮和纤维素粉等不同碳源,尿素、蛋白胨、蚕蛹粉、硫酸铵〔$(NH_4)_2SO_4$〕、硝酸铵、氯化铵等不同氮源。

(4)培养基:主要包括初筛培养基、富集培养基、斜面保藏培养基和液体发酵培养基。

初筛培养基:称取羧甲基纤维素钠 10.0000 g、黄豆饼粉 5.0000 g、硫酸铵 2.5000 g,溶于蒸馏水中,琼脂终浓度为 1.5%,将 pH 值调至 8.5,定容至 1000 mL。

富集培养基:称取羧甲基纤维素钠 10.0000 g、黄豆饼粉 5.0000 g、硫酸铵 2.5000 g,溶入蒸馏水中,将 pH 值调至 8.5,定容至 1000 mL。

斜面保藏培养基:称取麸皮 70.0000 g、黄豆饼粉 30.0000 g、硫酸铵 2.5000 g,琼脂终浓度为 2%,溶于蒸馏水中,将 pH 值调至 6.0,定容至 1000 mL。

液体发酵培养基:称取羧甲基纤维素钠 10.0000 g、麸皮 10.0000 g、硫酸铵 3.0000 g、硫酸镁 0.4000 g、酵母膏 0.1500 g、氯化钙 0.4000 g、磷酸二氢钾 1.0000 g、蛋白胨 2.0000 g,溶于蒸馏水中,将 pH 值调至 8.5,定容至 1000 mL。

(5)其他溶液:主要包括以下几种。

3,5-二硝基水杨酸(DNS)显色剂:称取 10.0000 g 3,5-二硝基水杨酸,溶于蒸馏水中,加入 20.0000 g 氢氧化钠、200.0000 g 酒石酸钾钠和 500 mL 蒸馏水。加热溶解后再加入重蒸酚 2.0000 g、无水亚硫酸钠 0.5000 g,待全部溶解后冷却。定容至 1000 mL,储存在棕色瓶中。放置 1 周后使用,使用前过滤。

柠檬酸缓冲液(50 mmol/L pH 值为 4.8):称取 210.0000 g 柠檬酸,用 750 mL 去离子水稀释。再用氢氧化钠(50.0000~60.0000 g)调 pH 值至 4.3,稀释至 1000 mL,加入氢氧化钠溶液调节 pH 值至 4.5,即为 1 mol/L 柠檬酸缓冲液,然后将其稀释至 0.05 mol/L,pH 值即为 4.8。

1% 羧甲基纤维素钠反应底物:称取 1.0000 g 羧甲基纤维素钠,用 100 mL 的 pH 值为 4.8、浓度为 50 mmol/L 的柠檬酸缓冲液溶解。

卢戈氏溶液:称取 5.0000 g 碘、10.0000 g 碘化钾,溶于蒸馏水中,定容至 100 mL。

结晶紫(crystal violet)液:将结晶紫 2.0000 g 溶于 20 mL 95% 酒精中配制成 20 mL 结晶紫乙醇饱和液,量取 80 mL 1% 草酸铵水溶液,将两种溶液混匀,24 h 后过滤,装瓶。

番红溶液:称取番红 O 2.5000 g,溶于 100 mL 95% 酒精中,储存在密闭的棕色瓶中,用时取 20 mL 与 80 mL 蒸馏水混匀。

磷酸氢二钠-柠檬酸缓冲液配制:根据所需缓冲液的 pH 值要求,由 0.2 mol/L 磷酸氢二钠溶液和 0.1 mol/L 柠檬酸溶液按相应比例配制而成。

【实验步骤】

1. 菌种的筛选

1)菌种的初筛 采集纤维素含量丰富的土壤 10.0000 g,捣碎,按 1 g 土壤 10 mL 无菌水洗涤 3 次,吸取上清液,以不同浓度梯度稀释,选取合适的浓度涂布平板,挑选生长较好的菌落,纯化保藏。

2)富集初筛 用刚果红染色法对初筛结果进一步筛选。对初筛保藏的菌种涂布平板,在长出菌落的培养基上加 1 mg/mL 的刚果红溶液,染色 10~15 min,吸去染液,加入适量 1 mol/L 氯化钠溶液,15 min 后弃掉氯化钠溶液。将筛选菌落周围有明显透明水解圈的菌株,接种于斜面培养基中并在 25 ℃下培养 48 h,在 4 ℃下低温保存。

3)发酵复筛 包括以下步骤。

(1)粗酶液制备:将初筛得到的产纤维素酶菌株以 30 mL 培养基 1 接种环的接种量接种到液体产酶培养基中,在 30 ℃、180 r/min 下振荡培养 5 d,发酵液经 4000 r/min 离心 10 min,上清液即粗酶液。

(2)纤维素酶活力测定:目前有两种常用纤维素酶活力测定方法,即滤纸酶活法和羧甲基纤维素酶活法。

滤纸酶活(FPA)测定:具体步骤如下。

滤纸条的准备:将 Whatman 1 号滤纸剪成长为 6 cm、宽为 1 cm 的滤纸条置于干燥培养皿中备用。

FPA 测定:将 Whatman 1 号滤纸条卷曲后装入试管中,向试管中加入 1 mL 浓度为 50 mmol/L、pH 值为 4.8 的柠檬酸缓冲液,再加入 0.5 mL 粗酶液混匀后盖上橡胶塞,放入 50 ℃水浴锅中反应 1 h,取出试管后加入 3 mL DNS 显色剂并混匀加塞,再置于沸水浴中反应 5 min。反应完毕后立即用冰水浴或冷水终止反应并混匀。取出 500 μL 反应混合液于比色皿中,加 2.5 mL 的去离子水稀释,测其在 540 nm 处的吸光度。具体测试组别如下。

吸光度对照:1.5 mL 柠檬酸缓冲液＋3 mL DNS 显色剂。

底物对照:1.5 mL 柠檬酸缓冲液＋1 cm×6 cm 滤纸条＋3 mL DNS 显色剂。

酶对照:1.0 mL 柠檬酸缓冲液＋0.5 mL 粗酶液＋3 mL DNS 显色剂。

反应液组成:1.0 mL 柠檬酸缓冲液＋0.5 mL 粗酶液＋1 cm×6 cm 滤纸条＋3 mL DNS 显色剂。

FPA 酶活单位的定义:每毫升粗酶液每分钟催化滤纸水解生成葡萄糖 1 μmol 数,单位为"U/(min·mL)"。

CMC 酶活测定:取 0.2 mL 稀释液加入试管中,加入 1 mL 1％羧甲基纤维素钠底物溶液,40 ℃水浴保温 30 min,加入 DNS 显色剂 1 mL,沸水浴 5 min,冷却后加入 4 mL 蒸馏水,振荡摇匀,在 540 nm 波长处用 722 型分光光度计测 OD 值。等量失活酶液同样处理作对照,以去除酶液中的还原糖。在上述条件下,每分钟水解底物产生 1 μmol 还原糖(以葡萄糖计)的酶量,定义为一个酶活单位(U)。

(3)高产菌筛选:测定粗酶液的羧甲基纤维素酶活和滤纸酶活,最终以酶活值作为筛选纤维素酶高产菌的标准,筛选出羧甲基纤维素酶活和滤纸酶活都高的菌株。

4)菌种鉴定　叙述如下。

(1)菌体形态特征:观察确定高产菌的菌落颜色、形状、质地等形态特征,革兰氏染色后在显微镜下观察菌的形态及孢子形态,查阅相关资料初步鉴定所属菌属。

革兰氏染色:在洁净的载玻片上偏左、中央、偏右分别滴加一小滴水,分别挑取少量处于生长旺盛期的枯草芽孢杆菌(革兰氏阳性菌)、待测菌株和大肠杆菌(革兰氏阴性菌)置于水滴内,涂成较薄的菌膜后在室温下干燥。干燥后滴加结晶紫染液染 1～2 min,吸去染液后用卢戈氏溶液染 1～2 min,双蒸水冲洗,滴加 95％酒精脱色 6～10 s,双蒸水冲洗,滴加番红染液染 1～2 min,双蒸水洗后自然干燥,最后在显微镜下检测。

(2)16S rDNA 序列克隆鉴定:提取产纤维素酶细菌基因组 DNA,加入一对通用引物。

F:5′- AGAGTTTGATCMTGGCTCAG - 3′,5′端用 6 -羧基四甲基若丹明(FAM)标记;R:5′- CGGTGTGTACAAGGCCCGGGAACG - 3′。

PCR 反应条件为:95 ℃预变性 3 min,(94 ℃ 45 s,53 ℃ 45 s,72 ℃ 2 min)×30 个循环,72 ℃延伸 10 min,4 ℃终止。

1％琼脂糖凝胶电泳检测扩增结果,将 PCR 产物割胶回收纯化后送测序公司测序。

(3)序列比对及系统发育树的构建:将测序后的 16S rDNA 序列克隆结果在 GenBank 数据库(http://www.ncbi.nlm.nih.gov)中用 BLAST 软件进行相似性搜索——相近典型菌株的基因序列。利用 Clustalw 2 在线工具分析该菌序列及其相似性序列的遗传关系,进而用邻接法构建系统发育树状图。

5)菌株生长特性的测定　①菌株生物量(biomass)的测定:菌株培养液于 4000 r/min 离心 30 min,取沉淀反复烘干至恒重,称重。②生长参数测定:对不同培养时间下的产纤维素酶活力、菌体生长量、发酵液还原糖含量、pH 值的变化进行连续定时测量,菌体培养

2 h 后开始收获,以后每隔 24 h 收获 1 次,直至收获完毕。

6)产纤维素酶菌株营养源的确定 包括以下几方面。

(1)不同氮源对产酶的影响:培养基中的碳源为 0.75% 的羧甲基纤维素钠。根据所查资料,分别加入 0.4% 的不同类型的氮源,研究氮源对发酵的影响,250 mL 三角瓶 20% 的装量,在 28 ℃下 180 r/min 培养 96 h 后取发酵上清液测定酶活。做 3 次重复取平均值,确定最佳氮源。

(2)氮源添加量对产酶的影响:分别向发酵培养基中加入不等量的上述确定的最佳氮源,250 mL 三角瓶 20% 的装量,在 28 ℃下 180 r/min 培养 96 h 后测定发酵液酶活。做 3 次重复取平均值,确定培养基中最佳氮源的添加量。

(3)不同碳源对产酶的影响:分别加入锯渣、稻草粉、麸皮和纤维素粉等不同碳源,振荡培养,离心测定上清液的酶活。做 3 次重复取平均值,确定最佳碳源。

(4)无机盐:固定发酵培养基中的 Mg^{2+} 浓度,分别加入 K^+、Ca^{2+}、Na^+、Fe^{2+}、Ba^{2+},最终添加量为 0.2%(m/m),在 28 ℃下发酵培养 96 h 后测定发酵液的酶活。做 3 次重复取平均值,确定最佳无机盐。

(5)磷酸盐:在确定氮源、碳源、无机盐单因素实验优化的培养基中分别添加不同的磷酸盐,在 28 ℃下发酵培养 96 h 后离心测定上清液的酶活。做 3 次重复取平均值,确定最佳磷酸盐。

7)产纤维素酶菌株发酵工艺条件的优化 包括以下几方面。

(1)接种量对产酶的影响:取对数生长期的种子液按预先设定的不同接种量接种到 50 mL 发酵培养基中,在 28 ℃下 180 r/min 培养 96 h 后测定发酵液酶活。做 3 次重复取平均值,确定最佳接种量。

(2)培养液体积对产酶的影响:分别向 250 mL 三角瓶中分装不同体积的发酵培养基,5% 的接种量,在 28 ℃下 180 r/min 培养 96 h 后离心测定上清液的酶活。做 3 次重复取平均值,确定最佳发酵培养基装量。

(3)摇床转速对产酶的影响:向 250 mL 三角瓶中加入 20% 装量的发酵培养基、5% 接种量,在 28 ℃、不同摇床转速条件下培养 96 h 后测定发酵液酶活。做 3 次重复取平均值,确定最佳转速。

(4)培养基初始 pH 值对产酶的影响:发酵液的初始 pH 值对各种酶的产生有很大的影响。用 1 mol/L 盐酸溶液和 1 mol/L 氢氧化钠溶液将发酵液的初始 pH 值分别调为 3.0、3.5、4.0、4.5、5.0、5.5、6.0、6.5、7.0、7.5、8.0,进行摇瓶产酶实验,250 mL 三角瓶 20% 的装量,5% 接种量,在 28 ℃下 180 r/min 培养 96 h 后测定发酵液酶活,研究不同初始 pH 值对产酶的影响。做 3 次重复取平均值,确定最佳初始 pH 值。

(5)温度对产酶的影响:向 250 mL 三角瓶中加入 20% 的量,分别在 28 ℃、30 ℃、32 ℃的温度条件下 180 r/min 培养 5% 的接种量,培养基初始 pH 值设为 4.0,培养 96 h 后测定发酵液酶活。做 3 次重复取平均值,确定最佳温度。

(6)菌体细胞渗透性对产酶的影响:分别向发酵培养基中添加不同量的吐温 80、吐温 20、洗衣粉、聚乙二醇,吐温 80、吐温 20 的最终浓度是 0.05%、0.1%、0.2%;洗衣粉、聚乙二醇的最终浓度是 0.1%、0.3%、0.5%,培养 96 h 后测定发酵液酶活。做 3 次重复取平均值,分析上述物质对酶活的影响。

(7)后期补加碳源、氮源对产酶的影响:分别向已经发酵培养到 36 h、48 h、60 h、72 h、84 h 的发酵液中,添加 7.5 mL 原发酵培养基的 4 倍浓缩液,以不添加浓缩液的培养基为对照,发酵后测滤纸酶活。做 3 次重复取平均值,分析补加碳源、氮源对产酶的影响。

(8)诱导物对产酶结果的影响:研究表明,纤维素酶是一种诱导酶,诱导物能够有效地诱导酶的产生。研究发现,糖类和氨基酸对纤维素酶的产生均有一定的影响。因此,在发酵原料中加入少量(0.1%)的糖类和氨基酸,观察其是否能够有效诱导纤维素酶的产生。

(9)对不同类型纤维素的降解能力:发酵条件优化完成后,取适量发酵液与不同类型的纤维素底物进行反应,以研究发酵液的酶组分对不同类型纤维素的降解能力。

8)酶的分离、纯化及纯度分析 包括以下两方面。

(1)酶的分离、纯化:制备粗酶液,在粗酶液中添加硫酸铵至 25% 饱和度,在 4 ℃下 10 000 r/min 离心 10 min,分别测定沉淀物和上清液的酶活。酶集中于沉淀物中,将收集沉淀物溶于少量 0.05 mol/L pH 值为 6.0 的磷酸盐缓冲液中,透析除盐得到经硫酸铵沉淀的纯化酶液,以作为分子筛柱层析上样样品。

采用 AKTA Explorer 层析系统,上样至 0.02 mol/L、pH 值为 7.0 的 TEA-HCl 缓冲液平衡的 Source 15Q 阴离子交换柱(10 mm×40 mm),0~0.5 mol/L 氯化钠溶液梯度洗脱,自动收集器收集每管组分 2 mL,待层析结束后合并相应的收集液,分别测定酶活。

(2)纯度检测:纯度分析采用聚丙烯酰胺凝胶电泳(PAGE)法。配制分离胶 10%、浓缩胶 5%,以及 C%=2.4%,5×样品缓冲液,上样量 30 μL,恒压 160 V/200 V 电泳 2 h。电泳结束后用 20% 三氯乙酸(TCA)溶液固定 30 min,考马斯亮蓝 R-250 染色,甲醇脱色液充分洗脱,分析、扫描、保存电泳的结果。

9)酶学性质的分析检测 包括以下几方面。

(1)等电点的测定:按等电聚焦平板电泳方法进行。在 Biorad 装置上制胶,玻璃板上滴一滴甘油增加润滑度,在 4 ℃下放置过夜。采用 T%=7.5%、C%=3% 的聚丙烯酰胺凝胶,不同 pH 值时加入两性电解质载体的浓度不同。将准备好的凝胶放在冷却板上,其间涂上液体石蜡并避免产生气泡,分别用 20 mmol/L 氢氧化钠溶液的阴极缓冲液和 10 mmol/L 磷酸溶液的阳极缓冲液润湿电极条,分别放在阴极和阳极。

打开冷凝水,80 V 预聚焦 30 min。等电点标准品上样 5 μL,取纯化后的酶液 5 μL,加 2×上样缓冲液各 5 μL。150 V 聚焦 30 min,再 400 V 聚焦 30 min,最后 1000 V 聚焦至等电点标准品条带变细且不再移动、电流接近于 0 时结束电泳。10% TCA 溶液固定 10 min后,1% TCA 溶液固定过夜。用考马斯亮蓝 R-250 染色 10 min,再用脱色液(10% 酒精,10% 冰乙酸)脱色,中间更换多次脱色液。通过凝胶电泳成像系统获得凝胶图谱,并用 Bio-PROFIL 软件进行扫描分析。

（2）K_m 值的测定：以 pH 值为 5.0、50 mmol/L 的磷酸氢二钠-柠檬酸缓冲液依次配制 0.4％、0.5％、0.625％、0.8％、1％、1.25％ 不同浓度梯度的羧甲基纤维素底物溶液。在标准反应条件下与适量酶液反应，测其酶活并折算成相对速率来表示其反应速率，根据 Lineweaver-Burk 作图法，推算 K_m 值。

（3）最适 pH 值的测定：分别将酶与不同 pH 值缓冲液配制的底物混合，测定酶活来确定酶的最适 pH 值。用 pH 值为 2.4 的磷酸氢二钠-柠檬酸缓冲液（0.05 mol/L）和 pH 值为 10.0 的甘氨酸-氢氧化钠缓冲液将反应体系的 pH 值分别调节至 3.0、4.0、5.0、6.0、7.0、8.0 后测定酶活，每个处理做 3 次重复。以最高酶活为 100％，其他折算成相对酶活作图比较。

（4）最适反应温度的测定：取少量酶液测定在不同温度条件下的酶活，温度分别为 20 ℃、30 ℃、40 ℃、50 ℃、60 ℃、70 ℃，与标准底物溶液反应 30 min，测定该酶在不同温度条件下的酶活。以最高酶活值为 100％，其他折算成相对酶活作图，确定纤维素酶的最适温度。

（5）酸碱稳定性分析：取适量酶液，与不同 pH 值缓冲液以一定比例混合，在 25 ℃ 下放置 2 h，6 h 后测定残余酶活力来确定纤维素酶的 pH 值稳定性范围。

（6）热稳定性分析：取适量酶液分别在 40 ℃、50 ℃、60 ℃、70 ℃ 和 80 ℃ 下保温 0.5 h、1 h、1.5 h，再恢复到标准条件下测其残余酶活，研究酶的热稳定状态，每个处理做 3 次重复。以酶液在最适条件下反应的活性为 100％，残余酶活折算成相对百分数作图比较。

（7）部分金属离子对酶活性的影响：选择钠离子、钾离子、镁离子、钙离子、锌离子、铜离子、钴离子 7 种金属离子化合物，其阴离子均为氯离子，以消除其他离子对实验结果的影响。配制成浓度为 0.01 mol/L 的溶液，加入酶反应体系的量为 100 μL，测定酶活。以原酶液作空白对照（反应活性为 100％），加入金属离子的酶液活性折算成相对酶活，研究所选金属离子加入反应体系后对酶活性的影响。

【注意事项】

（1）通过产纤维素酶菌株状态的镜检分析及时确定发酵中的异常情况，做出相应的工艺调整策略。

（2）注意发酵培养中的温度条件控制。

（3）PCR 的反应条件应根据相关资料及实验结果做进一步调整。

【思考题】

（1）试分析为什么要筛选有明显透明水解圈的菌株。

（2）试分析自然界中还可以利用哪些废弃物发酵生产纤维素酶。

（3）试分析影响纤维素酶活力的因素还有哪些。

（4）查阅资料，了解纤维素酶在工业上的应用。

（高美丽）

第四节 混合菌发酵酸乳工艺研究(混合发酵)

混合发酵指多种微生物参与并由这些微生物分泌的酶系共同参与,水解与发酵同时进行,将原料转化成多种风味和营养物质的过程。混合发酵适用于生产成分复杂、风味独特的传统发酵食品。近年来,随着人们生活水平的不断提高、健康消费观念的加强,围绕风味优良、功能性显著等方面开发的酸奶产品愈加受到消费者的欢迎。目前,国内市场上的酸乳产品主要是以保加利亚乳杆菌和嗜热链球菌为主要菌株生产的高温发酵酸乳,品种单一,过分依赖增稠剂、乳化剂等食品添加剂来保持酸乳的质构特性。因此,本实验拟采用混合菌进行发酵酸乳工艺研究。

【实验目的和要求】

(1)理解酸乳形成所涉及的生化反应机制。

(2)合理选择不同菌株进行酸乳制作。

【实验原理】

1. 参与酸乳发酵的微生物种类

用于生产发酵乳制品的特定微生物培养物称为乳酸菌发酵剂。用于生产乳品中的乳酸菌主要分布于乳杆菌属、链球菌属、双歧杆菌属、片球菌属及明串珠菌中。另外,白地霉细胞内含有丰富的蛋白质和脂肪,且部分白地霉具有突出的产香能力,是一种极具应用潜力的工业微生物,国外普遍用其来生产乳酪。

目前,酸乳混合发酵主要以保加利亚乳杆菌和嗜热链球菌为主要菌株进行发酵,应进一步筛选可能的菌株以开发更多风味的酸乳产品。

2. 乳酸菌发酵剂在酸乳中的作用(图 8-8)及生理功能

乳酸菌发酵剂能够促进营养吸收,维持机体健康,促进肠蠕动,防止病原菌,调节血压且降低胆固醇。乳酸菌发酵生成的多糖、细菌素、乳酸等有利于增强抗肿瘤活性,提高免疫力,延缓衰老,改善肠道微环境及维持生态平衡和肠道功能等生理功能。

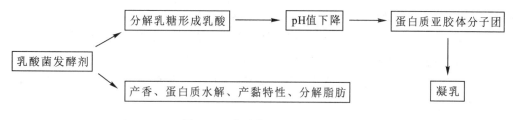

图 8-8 乳酸菌发酵剂的作用

【器材和试剂】

1. 器材

气相色谱仪,离心净乳机,颗粒制冰机,恒温培养箱,高压蒸汽灭菌锅,超净工作台,定氮仪,分光光度计,索氏提取器,pH 计,计数板,消化炉,等等。菌种为保加利亚乳杆菌(*Lactobacillus bulgaricus*)和嗜热链球菌(*Streptococcus thermophilus*)。

2.试剂

蔗糖,葡萄糖,氢氧化钠,甲醛,三氯化铁,茚三酮,苯酚,酒精,酚酞,脱脂乳粉,等等。

脱脂乳培养基:取适量的牛奶加热煮沸20~30 min,过夜冷却后弃去上层乳脂得到脱脂乳。将脱脂乳盛在试管及三角瓶中,封口置于灭菌锅中,在108 ℃条件下蒸汽灭菌10~15 min,即得脱脂乳培养基。

【实验步骤】

1.发酵乳制作工艺

制作发酵乳的工艺流程见图8-9。

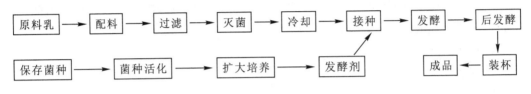

图8-9 发酵乳制作工艺流程

2.原料乳的选择及鉴定、配料、预处理

原料乳的验收:原料乳需经过至少3次过滤,再采用离心净乳机净化,确保鲜牛乳的质量符合《生鲜牛乳收购标准》(GB 6914—86),即酸度在18 °T以下,杂菌数不高于500 000 cfu/mL,乳中全乳固体不得低于11.5%。

脱脂乳粉:取质量高、无抗生素和防腐剂的脱脂奶粉,添加量为1%~1.5%。

糖添加:添加6.5%~8%的蔗糖或葡萄糖。

混合乳液充分搅拌,使其均匀一致,在95 ℃下杀菌5 min,冷却至43 ℃。

3.保加利亚乳杆菌和嗜热链球菌活化及发酵工艺研究

(1)活化:将保加利亚乳杆菌和嗜热链球菌按6.5%的接种量分别接种于脱脂乳培养基中,在42 ℃下培养18 h后测定发酵液中的活菌数,使活菌数达到10^8 cfu/mL。

(2)混合菌在酸乳中的发酵优势:将活化后的菌种按6.5%的接种量(两菌种种子液OD_{600}值的光密度控制0.7以内)在各自的最适发酵条件下培养,比较保加利亚乳杆菌和嗜热链球菌在混合乳液中的产酸情况及凝乳的感官指标。

(3)混合发酵两菌种的配比摸索:将保加利亚乳杆菌和嗜热链球菌活化后(两菌种种子液OD_{600}值的光密度调整在0.5)分别按1:3、1:2、1:1、2:1、3:1的比例制成混合发酵剂,在含6.5%蔗糖或葡萄糖的酸乳中接种5%的混合发酵剂,在42 ℃下培养8 h后测定发酵液总酸度,确定最佳配比。

(4)混合菌发酵最佳温度摸索:以选取的两菌种的适宜生长温度为基础,将两菌种菌液按上述确定的最佳配比混合后含6.5%蔗糖或葡萄糖的酸乳中接种5%的混合发酵剂,分别在两菌种的适宜生长温度以上及以下设定6个间隔为2 ℃的温度梯度,培养并测定发酵液总酸度,确定混合菌发酵的最适温度。

(5)混合菌发酵时间的确定:将选取的两菌种按最佳配比混合后在最佳发酵温度下、在含6.5%蔗糖或葡萄糖的酸乳中接种5%的混合发酵剂,培养2 h、4 h、6 h、8 h、10 h、12 h、14 h、20 h后取样测定发酵液总酸度,确定最佳发酵时间。

(6)混合菌接种量及对蔗糖或葡萄糖的利用:在确定的最佳温度、最佳时间下,考察在含 6.5% 蔗糖或葡萄糖的酸乳中接种 1%~5% 的混合发酵剂(按最佳配比混合)的发酵产酸情况,以及分析接种量为 5% 时酸乳中添加 6.5%~8% 的蔗糖或葡萄糖对发酵产酸的影响。

4. 冷却、后熟

将上述最佳条件下发酵的酸乳按设定时间进行前发酵,之后在 0~4 ℃ 冰箱内进行 12 h 的后发酵。

5. 酸乳特性研究

(1)稳定性测定:在 4 ℃ 冰箱中保存静置 7 d,定期观察样品是否发生沉淀、色泽等组织状态的变化。

(2)胶体脱水收缩作用敏感性(STS)的测定:在 4 ℃ 条件下,将含内源性胞外多糖(EPS)、外源性胞外多糖的发酵酸乳 50 g 置入带有 120 目不锈钢丝网的漏斗中,用烧杯收集沥出的乳清,收集时间为 2 h,每个样品取 3 个平行样。按以下公式计算 STS。

$$STS(\%) = (乳清析出量/样品质量) \times 100\%$$

(3)持水力(WHC)的测定:在 4 ℃ 条件下,将含内源性胞外多糖、外源性胞外多糖的发酵酸乳 15 g 放入离心管中,3000 r/min 离心 30 min,每个样品取 3 个平行样。WHC 按以下公式计算。

$$WHC(\%) = (离心后沉淀的质量/样品质量) \times 100\%$$

(4)pH 值、总酸度的测定:采用精密 pH 计测定样品的 pH 值,用 0.1 mol/L 氢氧化钠标准液滴定法测定总酸度。

(5)黏度测定:采用美国 Brookfield 生产的 DV－Ⅱ 可编程控制式黏度计进行测定。

(6)酸乳氨基酸态氮的测定:采用甲醛电位滴定法测定。取样液 40 mL 置于烧杯中,用 0.05 mol/L 氢氧化钠标准液滴定 pH 值至 8.2,加 10 mL 中性甲醛溶液混匀,继续用浓度为 0.05 mol/L 氢氧化钠标准液滴定 pH 值至 9.2,记录消耗的碱液的体积 V_1。取 40 mL 蒸馏水作为空白实验,消耗的碱液的体积 V_2。按以下公式计算。

$$X = \frac{(V_1 - V_2) \times C \times 0.014}{V_样} \times 100$$

式中:X 为样液中氨基酸态氮的质量浓度(g/100 mL);C 为碱液浓度(mol/L);$V_样$ 为取用的样液的体积(mL);V_1 为加入甲醛后滴定至终点(pH 值为 9.2)所消耗的氢氧化钠溶液体积(mL);V_2 为空白实验消耗的氢氧化钠溶液体积(mL)。

6. 酸乳营养成分测定

(1)乙醛测定:主要利用乙醛与三氯化铁反应生成蓝色物质进行。采用比色法测定。

(2)氨基酸测定:采用茚三酮比色法测定。

(3)粗蛋白含量的测定:采用凯氏定氮法测定。

(4)粗脂肪含量测定:采用索氏提取法测定。

(5)粗多糖纯度测定:采用苯酚-浓硫酸法测定胞外多糖含量,用葡萄糖制作标准曲线。具体步骤是:准确吸取葡萄糖标准溶液(1 mg/mL)0 mL、0.05 mL、0.06 mL、

0.07 mL、0.08 mL、0.09 mL、0.1 mL、0.12 mL(相当于葡萄糖 0 μg、50 μg、60 μg、70 μg、80 μg、90 μg、100 μg、120 μg)及各样品备用液 0.1 mL,分别置于 10 mL 比色管中,用蒸馏水补加至 1 mL,再加入 1 mL 5.0%苯酚水溶液,摇匀后静止 2 min,迅速加入 5 mL 浓硫酸,静止 10 min,置于 30 ℃水浴中保温 15 min,取出后置于冷水中冷却,以空白管为对照,用紫外分光光度计在波长 490 nm 处测定光密度。以葡萄糖浓度为横坐标、光密度值为纵坐标绘制标准曲线,并计算胞外多糖含量。

(6)酸乳中乳酸量的测定:将 10 mL 酸乳用 20 mL 蒸馏水稀释,加 2 mL 1%浓度的酒精-酚酞作指示剂,再用 0.1 mol/L 氢氧化钠溶液滴定至微红色。乳酸含量按下述公式计算。

$$乳酸(\%)=\frac{0.1\ mol/L\ 氢氧化钠溶液体积}{10\ mL \times 牛乳饮料比重}$$

(7)挥发性香气成分分析:采用气相色谱-质谱联用仪(GC-MS)对挥发性风味物质进行测定。①气相色谱条件:色谱柱为毛细管色谱柱 DB-WAX(60 m×0.25 mm、0.25 μm)。进样口温度为 250 ℃,将 SPME 插入进样孔解吸 3 min;程序升温为始温 35 ℃,保持 3 min,以 3 ℃/min 升至 80 ℃,再以 4 ℃/min 升至 120 ℃,再以 10 ℃/min 升至 230 ℃,保持 8 min。载气(He)流速为 1 mL/min,不分流。②质谱条件:接口温度为 280 ℃,离子源温度为 230 ℃,电子能量为 70 eV,质量扫描范围为 33~450 u。

用 HP 化学工作站软件对照 NIST 库进行数据收集,初步鉴定成分,再结合保留时间、质谱、实际成分和保留指数等进行定性;采用面积归一化法进行相对定量。

7. **酸乳质量检测及感官评定**

(1)酸乳质量检测:大肠杆菌检测按 GB/T 4789.3—2003 的要求测定,致病菌沙门菌检测按 GB/T 4789.4—2003 的要求测定,志贺菌检测按 GB/T 4789.5—2003 的要求测定,致病菌金黄色葡萄球菌检测按 GB/T 4789.10—2003 食品微生物学方法检测,乳酸饮料中乳酸菌的微生物学检测按 GB/T 16347—1996 的要求检测。

(2)感官评价:选 10 名经培训合格的食品专业人员作为品评员进行综合评分。评定标准是酸乳的组织状态(20 分)、凝乳析出状况(20 分)、色泽(30 分)、滋味及口味(30 分),具体评分标准参照相关文献。

【注意事项】

(1)注意发酵温度的控制。

(2)注意不同菌接种比例的控制。

(3)本实验选用较成熟的保加利亚乳杆菌和嗜热链球菌混合进行酸乳工艺的研究和分析,也可采用其他组合,特别是白地霉与其他菌的混合菌种进行类似的研究及分析。

【思考题】

(1)分析本实验选用的混合菌的生化催化机制。

(2)查阅资料,说明混合发酵的产品有哪些。

(3)分析混合发酵的优势体现在哪些方面。

(高美丽)

第九章 细胞工程综合开放实验

近年来,生命科学发展迅速,与我们的生活联系越来越紧密,各学科间交叉研究也日益增多。细胞生物学是生命科学众多课程中的基础学科,是研究细胞生命活动基本规律的学科,内容新颖、信息量大。随着细胞生物学的发展和产业化进程的加快,相关学科建设和人才培养在业界引发了深入思考。

细胞生物学除了基础理论知识外,相关细胞生物学实验更是对理论知识的验证和补充,因而尤为重要。基础细胞生物学实验主要针对细胞某一方面或者某一细胞实验技术本身进行训练,单个实验独立性强,但缺乏一定的连贯性,实验之间的内在联系和逻辑性较差。基础细胞生物学实验对提高学生兴趣有一定屏障,常有学生敷衍了事,消极怠慢。

针对上述存在的问题,在基础细胞生物学实验基础上,我们开设了细胞工程综合开放实验,使课程兼具教学性和趣味性。实验相关内容采取了更灵活的策略,实验逻辑性强,学生可以按照自己的兴趣进行实验方案设计、研究及探索。一系列联系紧密、逻辑性强、高参与度的连贯训练使得实验过程更有意义,可初步达到培养学生科研意识的目的,可提高学生的创新能力、动手能力及其综合素质。

第一节　细胞增殖检测分析

【实验目的和要求】

(1)掌握酶标仪的工作原理及测定 OD 值的影响因素。

(2)熟悉 MTT 法的原理。

(3)了解检测细胞增殖的不同方法。

【实验原理】

以不同染料(如结晶紫、台盼蓝等)对细胞染色,分析细胞存活状态;用秋水仙素处理细胞使细胞分裂同步化,进一步分析细胞分裂指数;对培养的细胞进行接种存活率、克隆形成率分析;MTT 法测定细胞生存率或活力等,这些是反映细胞增殖常用的实验方法。

MTT 是 3-(4,5-二甲基-2-噻唑)-2,5-二苯基溴化四氮唑的英文缩写。MTT 法是相对量化较准确的方法,主要利用了活细胞线粒体中的琥珀酸脱氢酶(succinate dehydrogenase,SDH)催化外源性 MTT 还原为水不溶性的蓝紫色结晶甲瓒(formazan)并沉积在细胞中的功能,而死细胞无此功能。基于活细胞数量的增加或减少相对于线粒体活性呈线性关系,可通过酶标仪在 490 nm 或 570 nm 处检测甲瓒光密度(OD 值),进而计算细胞存活率或生存率。

【器材和试剂】

1. 器材

电子分析天平,高压蒸汽灭菌锅,二氧化碳培养箱,超净工作台,酶标仪,恒温水浴箱,冰箱,低温冰箱,磁力搅拌器,0.22 μm 微孔滤膜,移液枪,96 孔板,枪头若干,枪头盒,等等。

2. 试剂

结晶紫,秋水仙素,吉姆萨染料,苏木精-伊红染料(HE),台盼蓝,胰蛋白酶,胎牛血清,琼脂,1640 培养基(或其他培养基),MTT,二甲基亚砜,青霉素,链霉素,甘氨酸,氯化钠,氯化钾,磷酸氢二钠,磷酸二氢钾,氢氧化钠,盐酸,等等。

(1)1640 培养基:将双蒸水 1000 mL、培养基 1 袋在电磁搅拌器中混匀,加入碳酸氢钠 2.0000 g,用盐酸溶液调整溶液颜色由黄变红 pH 值至 7.2~7.4,在无菌操作台中过滤,分装于瓶内,在-20 ℃下冻存。

(2)胰蛋白酶:0.25% 胰蛋白酶溶液(含 EDTA,溶于磷酸盐缓冲液中)。

(3)MTT:称取 0.2500 g MTT,放入小烧杯中,加 50 mL 培养液或平衡盐溶液置于磁力搅拌器上搅拌 30 min,用 0.22 μm 微孔滤膜除菌,分装,在 4 ℃下保存备用,2 周内有效。

(4)Sorensen 甘氨酸缓冲液:将 0.1 mol/L 甘氨酸溶液、0.1 mol/L 氯化钠溶液混匀,用 1 mol/L 氢氧化钠溶液将 pH 值调至 10.5。

(5)pH 值为 7.4 磷酸盐缓冲液配方:将氯化钠 8.0000 g、氯化钾 0.2000 g、磷酸氢二钠 1.4400 g、磷酸二氢钾 0.2400 g 溶于水中,调 pH 值至 7.4 后定容至 1000 mL。

【实验步骤】

1. 细胞计数

(1)将计数板和盖玻片清洗干净,用丝绸布轻轻擦干。

(2)取细胞悬液 0.3 mL 加 0.9 mL 结晶紫染液混匀,将细胞混合液在一侧滴加到计数板上,不要溢出,避免出现气泡。

(3)光学显微镜下用 10× 物镜观察计数 4 大方格中的细胞数。细胞数计算见公式 9-1。

$$细胞数(个/mL)=(4 大格细胞数之和/4)×10^4×稀释倍数 \qquad (9-1)$$

(4)计算细胞存活率。一般用 0.5%~1% 的台盼蓝染液染细胞,计数死细胞数,分析活细胞所占的百分比。细胞存活率按公式 9-2 计算。

$$细胞存活率=\frac{4 大格活细胞数}{4 大格活细胞数+4 大格死细胞数}×100\% \qquad (9-2)$$

2. 细胞分裂指数

(1)用一定浓度的秋水仙素处理细胞 1~2 h,用支持物盖片培养法。

(2)每 24 h 取出 1 个小盖片,用吉姆萨染色或 HE 染色,封片。

(3)选取细胞密度适中的区域观察分裂细胞并计数,对每一时间组的盖片分别取细胞多、中、少的区域各 1 个,观察并记录区域内分裂的细胞及总细胞数,重复 3 次取平均值,计算出平均分裂细胞所占百分比,按公式 9－3 计算。

$$细胞分裂指数＝(分裂细胞数/观察细胞总数)×100\% \qquad (9-3)$$

3. 细胞接种存活率

(1)取对数生长期细胞,用胰蛋白酶消化法制成细胞悬液,以低密度(2～5 个/cm^2)接种到培养瓶中,接种 12～15 瓶。

(2)每 2 h 取出 1 瓶,弃掉培养液,加入胰蛋白酶消化液消化,统计贴壁细胞数,持续观察 24 h。按公式 9－4 计算每个时间点的贴壁率。

$$接种存活率(贴壁率)＝(贴壁存活细胞数/接种细胞数)×100\% \qquad (9-4)$$

4. 软琼脂培养克隆形成实验

(1)用 0.25% 的胰蛋白酶消化并吹打对数生长期的单层培养细胞,使分散成单个细胞,进行活细胞计数。用含 20% 胎牛血清的培养基调整细胞密度至 $1×10^6$ 个/L,根据实验要求做梯度倍数稀释。用蒸馏水分别制备出 1.2% 和 0.7% 两个浓度的低熔点软琼脂,高压蒸汽灭菌后维持在 40 ℃不会凝固。

(2)按 1∶1 比例取 1.2% 的琼脂糖液与 2×1640 培养基混合,取 3 mL 混合液注入直径为 6 cm 的平皿中,冷却凝固后作为底层琼脂,放置于二氧化碳培养箱中备用。

(3)按 1∶1 比例取 0.7% 琼脂糖液与 2×1640 培养基在无菌试管中混匀,加入 0.2 mL 细胞悬液轻混均匀,注入铺有 1.2% 琼脂糖底层的平皿中,逐渐形成双琼脂层。待上层琼脂凝固后,放置于 37 ℃、5% 二氧化碳培养箱中培养 10～14 d。

(4)将平皿置于倒置显微镜下,观察细胞克隆数,计算克隆形成率。

5. MTT 增殖分析

(1)接种细胞:①用胰蛋白酶消化融合的单层细胞,收集细胞至含血清的培养基中,离心后弃上清液。②用培养基重悬细胞,计数。③调整细胞数目至(2.5～50)×10^3 个/mL,在 96 孔板中间 10 列的各孔中加入 200 μL 细胞悬液,每孔含(0.5～10)×10^3 个细胞。④将 200 μL 培养基加至第 1 列和第 12 列的 8 个孔中,第 1 列作为读板议的空白对照。⑤将培养板放于 37 ℃培养箱中过夜培养,待细胞贴壁后,加入无血清培养基 200 μL,同步化处理 10～16 h。

(2)添加致癌剂/抑癌剂:①根据所查资料或研究需要,选取感兴趣的抑癌剂或致癌剂,制备 5～8 个致癌剂/抑癌剂系列浓度梯度以进行后续实验。②选其中两列去除其中的培养基,加入 200 μL 新鲜配制的培养基,作为对照;选取一列孔只加等量培养基,不含细胞,作为空白孔。③其他不同列的孔中加入待研究的不同浓度的 200 μL 致癌剂/抑癌剂溶液。④将 96 孔培养板放回培养箱中,在 37 ℃下培养特定时间。

(3)存活细胞数的估算:①在培养特定时间后,每孔加 5 g/L MTT 溶液 20 μL,用铝箔包裹培养板,放于 37 ℃继续孵育 4 h(注意:如果研究的抑癌剂或致癌剂能够与 MTT 反应,可先离心后弃去培养基,用磷酸盐缓冲液冲洗 2 遍,再加入含有 MTT 的培养基)。

②终止培养,吸去孔内上清液,每孔加 200 μL 二甲基亚砜溶液,振荡 10～15 min,使结晶物充分溶解。③在含有二甲基亚砜溶液的各孔中加入 Sorensen 甘氨酸缓冲液(每孔加 25 μL)。④选取相应波长如 490 nm 或 570 nm 处记录吸光度。96 孔板第 1 列中仅含培养基和 MTT 的空白孔用于酶标仪调 0。

(4)结果分析:以药物浓度为横坐标(X 轴),以吸光度为纵坐标(Y 轴)绘制生长曲线图,计算细胞相对活力及 IC_{50} 浓度等相关指标。

【注意事项】

(1)细胞增殖检测对研究细胞的生长至关重要,但有时其反映数值不够精确,可有 20%～30% 的误差,需结合其他指标进行分析。

(2)细胞接种浓度适当,防止终止培养时细胞生长过满,要保证 MTT 结晶的形成量与细胞数呈良好的线性关系。

(3)培养基中含有血清、酚红颜色影响测定孔的光吸收值,因此在呈色后尽量吸尽孔内残余培养液,提高实验的敏感性。

(4)MTT 实验的吸光度最好分布在 0～0.7,以保证细胞数和吸光度的线性关系。生长曲线上细胞数量增加 1 倍的时间称为细胞倍增时间,可以从曲线上换算出。

(5)MTT 法为经典的测定细胞增殖的方法,经济简便,但灵敏度有待提高。目前,发展的 CCK - 8 法和 WST - 1 法更快速、灵敏,可供研究者根据需要选择。

【思考题】

(1)比较细胞计数与 MTT 法测试结果的关系。

(2)悬浮细胞如何做 MTT 实验?

(3)如何减少细胞碎片对吸光度的影响?

(高美丽　党　凡)

第二节　致癌剂/抑癌剂对淋巴细胞或癌细胞 DNA 的影响检测

【实验目的和要求】

(1)掌握并理解单细胞凝胶电泳(SCGE)的原理及操作;微核检测的原理及方法。

(2)了解 8 -羟基鸟苷与 DNA 氧化损伤的关系及测定方法;分析谷胱甘肽转移酶基因改变与 DNA 损伤的相关性及分析方法。

【实验原理】

1. 单细胞凝胶电泳测定 DNA 损伤

DNA 受损造成链断裂导致 DNA 超螺旋结构松弛,DNA 环向外伸展,链缺口暴露出阴离子电荷。高 pH 促使 DNA 变性和解螺旋,加剧单链和双链 DNA 断片的移动。在电场力作用下,细胞核中带负电荷的 DNA 断片离开,DNA 在凝胶分子筛中向阳极移动,形成"彗星"状图像。DNA 受损等级越高,彗尾越长(图 9 - 1)。

2. 微核检测技术

微核(micronucleus,MCN)是真核生物细胞中的一种异常形式,其形成主要是由于不同理化因子(如物理射线、化学致癌物、生物因子等)对分裂期细胞的染色体或纺锤体产生损伤而形成的主核之外的核块(图9-2)。

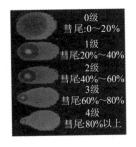
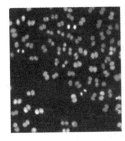
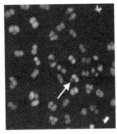
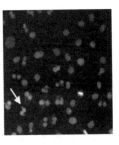

图9-1 DNA损伤等级分类　　　　　　　图9-2 显示的微核

3. 8-羟基鸟苷检测法

8-羟基鸟苷(8-OHdG)是活性氧簇(reactive oxygen species,ROS)致DNA氧化损伤的产物,实验中常被用于检测氧化损伤,常被作为DNA氧化损伤的标志物,可见于被试尿液及多种病变组织或染毒细胞中。

4. 谷胱甘肽转移酶

谷胱甘肽转移酶(GST)催化谷胱甘肽与亲电子化合物发生结合反应,是一组具有多种生理功能的超基因家族酶系,其同工酶的表达和活性在机体对致癌物等有害物质灭毒、保护遗传物质不受损伤的过程中有重要作用。研究显示,*GSTMI*或*GSTTI*基因缺失或突变的个体中相应的蛋白酶活性丧失,使有害物质对细胞和遗传物质损伤加重,诱发基因突变。

【器材和试剂】

1. 器材

电子分析天平,离心机,恒温水浴锅,电泳仪,超纯水系统,Olympus 倒置荧光显微镜,鼓风干燥箱,颗粒制冰机,超声波清洗器,Olympus 相机,电吹风机,细胞计数器,玻璃染色缸,玻璃匀浆器,细胞培养板,手术刀,手术剪,无齿镊,小型弯止血钳,干净纱布,带橡皮头吸管,刻度离心管,晾片架,玻璃蜡笔,2 mL 注射器及针头,载玻片及推片,定时器,等等。

2. 试剂

氯化钠,氯化钾,磷酸氢二钠,磷酸二氢钾,三羟甲基氨基甲烷,葡萄糖,胰酶,乙二胺四乙酸二钠(Na$_2$EDTA),多聚甲醛,二甲基亚砜,低熔点琼脂糖,溴化乙锭(EB),胎牛血清,甲醇,聚乙二醇辛基苯基醚(Triton X-100),PM1640 培养基(或其他培养基),致癌剂/抑癌剂,甘油,吉姆萨染料,肌氨酸钠,氢氧化钠,多聚甲醛、正常熔点及低熔点琼脂糖,GeneFinder 核酸染料,盐酸,乙醇,胰酶,蛋白酶K,8-OHdG ELISA 法检测试剂盒,DNA 提取试剂盒,等等。

PCR 试剂:TaKaRa Ex Taq,TaKaRa λ-*Hind* Ⅲ Digest DNA Marker,TaKaRa DL2000 DNA Marker,TaKaRa dNTP(10 mmol/L each),TIANGEN。

(1)碱性裂解液:由 2.5 mol/L 氯化钠溶液、100 mmol/L Na_2EDTA 溶液、10 mmol/L Tris 溶液、1‰肌氨酸钠溶液配制而成,临用前加 10%二甲基亚砜溶液、1% Triton X - 100 溶液。

(2)电泳缓冲液:由 1 mmol/L Na_2EDTA 溶液、300 mmol/L 氢氧化钠溶液、pH 值为 7.5 的 Tris - HCl 缓冲液配制而成。

(3)吉姆萨染液:称取吉姆萨染料 3.8000 g,加入 375 mL 甲醇(分析纯),在完全溶解后再加入 125 mL 甘油。置于 37 ℃恒温箱中保温 48 h,振摇数次,过滤 2 周后用。

(4)1/15 mol/L 磷酸盐缓冲液(pH 值为 6.8):称取磷酸二氢钾 4.5000 g、十二水合磷酸氢二钠 11.8100 g,放于烧杯中,加蒸馏水至 1000 mL。

(5)吉姆萨应用液:取 1 份吉姆萨染液与 6 份磷酸盐缓冲液混合而成,现用现配。

【实验步骤】

微核检测技术的详细步骤如下。

1. 实验动物及处理

1)动物选择　常用实验动物为大鼠、小鼠,其中小鼠使用最为广泛,一般要求体重 25~30 g,7~12 周龄。每组小鼠数量 10 只,雌、雄各半。

2)染毒途径　染毒途径需要根据研究目的选取。常用染毒途径包括经口、经皮肤、经呼吸道及经腹腔注射等,原则上应尽可能采用与人体接触化学毒物相同的途径进行实验。

3)染毒次数及取样时间　化学及相关毒物需在靶器官内蓄积至一定的浓度时才具有致突变作用。诱发微核出现的高峰时间也不相同,通常波动范围在 24~72 h。因此,实验中需要选取接触化学毒物后不同的采样时间点进行测试,常采用多次染毒的方法,如每天染毒 1 次,连续 4 d,第 5 天取样。

4)剂量选择　染毒的剂量依据药物种类、染毒途径的不同需要查阅相关文献确定。通常设 3~5 个或更多个剂量组,剂量覆盖的范围要达到 3 个数量级以上,要同时设立溶剂对照组(阴性对照组)、阳性对照组(如环磷酰胺染毒)。

5)微核实验　以检测血液和骨髓液较多,因而本实验主要介绍这两种制片方法。

(1)骨髓细胞的制备和涂片:在实验动物最后一次染毒后,按预期实验确定的时间用颈椎脱臼或麻醉的方法处死实验动物后用手术剪迅速取股骨或胸骨,剔去肌肉,用生理盐水洗去血污,剪去两端骨骺,每条股骨或胸骨用 1 mL 生理盐水冲洗骨髓腔,每只小鼠用 1 个离心管。将骨髓冲洗液 1000 r/min 离心 5~10 min,弃去大部分上清液,留下 0.2~0.5 mL 上清液混匀使细胞均匀分散。用滴管吸取并滴一滴在清洁的载玻片上,推片,自然干燥。用甲醇将其固定 10 min,晾干,再用吉姆萨染液染色 1 min。自来水轻轻冲去多余染液,晾干,中性树胶封片。(注:剪去骨骺,用小型弯止血钳取骨髓涂片也可。)

(2)外周血涂片:在动物染毒结束后,使用摘眼球法进行采血,所取血液置于加有抗凝剂的 EP 管中,用灭菌的小木棒或玻璃棒搅动去除血液中的纤维蛋白,加入 1/2 血量的 3%明胶,轻轻混匀,在 37 ℃水浴锅中保温,取出后吸取上层血浆,放于另一个 EP 管中,1000 r/min 离心 10 min,弃上清液,得到沉淀物,混匀涂片。风干后,用甲醇固定 1 min,

滴加 5～6 滴吉姆萨染液,1 min 后加等量蒸馏水混匀,继续染色 20 min,干燥,镜检。阳性对照组及阴性对照组按上述方法同时进行处理。

6)观察计数　每只小鼠制作外周血和骨髓血涂片各 3 张,在低倍镜下选择分布均匀、染色较好的区域,在油镜下对每只小鼠的样本细胞分别计数 1000 个,统计微核发生率(以千分率表示)。

2. SCGE 电泳检测技术

(1)用多聚甲醛固定,取 0.4 mL 经过多聚甲醛固定的单细胞悬液,在 4 ℃、2000 r/min 下离心 10 min,弃上清液,加入 0.1 mL 胰蛋白酶消化,在 37 ℃下消化 5 min;向反应体系中加入 0.3 mL 含 10% FBS 的培养基终止消化反应,然后把样品充分混合后放于 4 ℃冰箱中保存。

(2)融化琼脂糖,按照琼脂糖:细胞悬液为 3:1 的比例混合,充分混合琼脂糖和细胞悬液,按照点入至少 3 个平行样的数量配制。

(3)本实验点样于 96 孔板盖上,每孔点样量为 20 μL,再取 30 mL 细胞裂解液加入 96 孔板盖内,在 4 ℃下裂解 80 min;使用 5～10 mL Tris 溶液中和,反应 3～5 min 后吸出反应液。

(4)向 96 孔板盖中加入 30 mL 电泳液,在黑暗中解旋 30 min,之后把胶板放入电泳槽,加入电泳液,在 16 V、180 mA 下电泳 30 min。

(5)取出胶板,使用 Tris 溶液中和 15 min 后吸出 Tris 中和液,加入 30 mL 甲醇固定 15 min。

(6)弃甲醇——空气中使甲醇挥发。

(7)向每个胶孔中加入 10 μL EB 替代物,染色 10 min 后向胶板上加入约 15 mL 蒸馏水,洗去胶上残余的 EB 替代物。

(8)将胶板保存于 4 ℃冰箱中,待观察。

(9)将处理过的细胞样品放于荧光倒置显微镜下观察,在 20 倍镜下获得细胞的整体图,再通过 40 倍镜取得大小合适的细胞进行 CASP 分析。

3. DNA 氧化损伤影响标志分子 8 - OHdG 水平分析

采用 ELISA 法检测血清中 8 - OHdG 的水平,按 8 - OHdG 检测试剂盒说明书进行操作,步骤如下。

(1)第一抗体反应:向已包被有 8 - OHdG 抗体的 96 孔反应板中加入受试血清、标准液及第一抗体液各 50 μL,振荡 20 s,于 37 ℃水浴避光反应 1 h。

(2)洗净:弃掉反应液,加洗净液 250 μL,混合振荡 20 s,重复 3 次。

(3)第二抗体反应:加入第二抗体液 100 μL,振荡 20 s,在 37 ℃下避光反应 1 h。

(4)重复步骤(2)1 次。

(5)发色反应:加入发色剂 100 μL,在室温下避光反应 15 min。

(6)加入反应停止液 100 μL,终止反应。反应结束后用全自动酶标仪于波长 450 nm 处测定吸光度并计算结果。

4. DNA 影响易感基因 GSTMI、GSTTI 的分析

1)以小鼠为例,进行 DNA 提取　采集实验小鼠血液,用 EDTA 抗凝,分离白细胞。

按经典方法提取基因组 DNA,置于 75％酒精中 4 ℃下保存备用。

2)*GSTMI*、*GSTTI* 多重 PCR 具体如下。

(1)根据 GeneBank 上的 *GSTMI*、*GSTTI* 序列设计引物。

GSTMI 序列引物:上游引物序列,5′– CTGCCCTACTTGATTGATGGG – 3′

下游引物序列,5′– CTGGATTGTAGCAGATCATGC – 3′

GSTTI 序列引物:上游引物序列,5′– TTCCTTACTGGTCCTCACATCTC – 3′

下游引物序列,5′– TCACCGGATCATGGCCAGCA – 3′

(2)25 μL PCR 反应体系中含 10×缓冲液 2.5 μL,氯化镁溶液 25 mmol/L、dNTP 混合液 2.5 mmol/L 及上、下游引物各 5 μL,加双蒸水至 25 μL。

(3)PCR 反应条件:94 ℃预变性 5 min,加入 Taq 聚酶,94 ℃变性 45 s,58 ℃退火 50 s,72 ℃延伸 1 min,共 35 个循环,2 ℃延伸 8 min。

(4)电泳:扩增产物于 2％琼脂糖凝胶(含 0.5 mmol/L 溴乙锭或其替代品)电泳 40 min,放于紫外线透射检查仪下观察结果。

【注意事项】

1. 微核检测技术

(1)操作时控制良好的骨髓涂片及良好的染色是本实验的关键步骤。

(2)熟悉并正确区分各种骨髓细胞。

2. 电泳检测技术

(1)一定要保证与琼脂糖凝胶混合的是单细胞悬液。如果培养的细胞是悬浮生长的,可以直接用细胞刮收细胞;如果细胞是非圆形的,需用胰蛋白酶消化,使之成圆形再进行后续实验。

(2)电泳时,电流与电压强度在每次实验时要恒定,从而保证各实验组"彗尾"具有对比分析的意义。

(3)实验中如果需要盖玻片,最好在两面都涂上玻璃硅烷,防止掉胶。

(4)裂解液是整个实验中最关键的因素,使用的裂解液必须是澄清的。如果未溶解完全,会对实验有一定的影响。

3. *GSTMI*、*GSTTI* 的测定

(1)因被测突变区域的不同,PCR 引物会存在相应差异。

(2)PCR 的反应条件需根据具体情况做适当调整后得到最佳扩增参数。

【思考题】

(1)试分析影响单细胞凝胶电泳实验结果的因素。

(2)试比较植物系统与动物系统的微核测试方法间的区别。

(3)检测 DNA 氧化损伤还有哪些检测指标?

(4)查阅资料,说明还有哪些易感基因的改变与有害物质对细胞遗传物质的损伤密切相关。

(高美丽 党 凡)

第三节　致癌剂/抑癌剂对淋巴细胞或癌细胞细胞周期的影响

【实验目的和要求】

(1)掌握流式细胞仪的原理及细胞周期时相图的意义。

(2)学习培养并制备符合流式细胞仪测定条件的细胞样品。

(3)了解运用5-溴脱氧尿嘧啶核苷测定细胞周期的原理及测定方法。

【实验原理】

早期运用5-溴脱氧尿嘧啶核苷(BrdU)渗入法测定细胞周期。BrdU可作为细胞DNA复制的原料,细胞培养中将BrdU加入培养基后,细胞经历1个周期则2条单体均被深染。经2个周期细胞中两条单链均含BrdU的DNA将占1/2,染色体上表现为1条单体浅染。经3个周期细胞染色体中约一半为两条单体均浅染,另一半为一深一浅。通过计算分裂相中各期比例,便可算出细胞周期的值。现在它主要用于对细胞分裂指数及姐妹染色单体互换的影响检测。

目前,普遍使用流式细胞仪(flow cytometry,FCM)测定细胞周期,可以对处在快速直线流动状态中的细胞或生物颗粒进行多参数高速定量分析和分选。生物细胞中,DNA含量较为恒定,且随细胞增殖周期发生变化。荧光材料与细胞DNA分子特异性结合,通过检测荧光信号反映细胞时相分布。FCM-DNA定量分析一个细胞增殖群时,可将二倍体DNA含量分布组方图分为三个部分,即G_0/G_1、S、G_2/M(图9-3)。

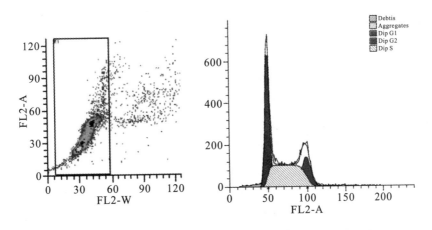

图9-3　流式细胞仪分析细胞周期图示

【器材和试剂】

1. 器材

电热鼓风干燥箱,高压蒸汽灭菌锅,超纯水系统,恒温水浴锅,电子分析天平,流式细胞仪,低温冰箱,倒置荧光显微镜,离心机,超净工作台,二氧化碳培养箱,等等。

2. 试剂

5-溴脱氧尿嘧啶核苷(BrdU),二水合柠檬酸三钠,秋水仙素,氯化钠,胰酶,R/MINI-1640干粉培养基,碳酸氢钠,盐酸,磷酸二氢钾,磷酸氢二钠,氯化钾,新生牛血清,碘化丙啶(PI),甲醇,乙酸,吉姆萨染液,RNA 酶,二甲基亚砜。

(1)BrdU 配制:将 BrdU 0.0100 g 加双蒸水 10 mL 溶解,在 4 ℃下避光保存。

(2)2×柠檬酸钠缓冲液(SSC)配制:称取氯化钠 1.7500 g、二水合柠檬酸三钠 0.8800 g,加水至 100 mL,在 4 ℃下保存。

(3)1640 培养基:将双蒸水 1000 mL、培养基 1 包在磁力搅拌器中搅匀,加碳酸氢钠 2.0000 g,用盐酸溶液调 pH 值至 7.1,在无菌操作台中过滤,装瓶。

(4)胰酶:将 0.2500 g 酶粉溶于 100 mL 磷酸盐缓冲液中(先用少量磷酸盐缓冲液将酶粉溶解成糊状),再充分溶解,用少量 5.6% 碳酸氢钠溶液调 pH 值至 7.2～7.4,最后定容至 100 mL,在 4 ℃下过夜,次日微孔滤膜过滤后,在 −20 ℃下保存。

(5)pH 值为 7.4 的磷酸盐缓冲液配制:称取氯化钠 8.0000 g、氯化钾 0.2000 g、磷酸氢二钠 1.4400 g、磷酸二氢钾 0.2000 g,加水溶解,调 pH 值为 7.4,定容至 1000 mL。分装成小瓶,15 $p.s.i$ 高压蒸汽灭菌 10 min,在 4 ℃下保存。

(6)碘化丙啶染液:终浓度为 50 $\mu g/mL$,含 RNA 酶(终浓度为 20 $\mu g/mL$)。

【实验步骤】

1. BrdU 测定实验步骤

(1)细胞对数生长期时向培养液中加入 BrdU,使其最终浓度为 10 $\mu g/mL$。

(2)在 44 h 后加秋水仙素,秋水仙素终浓度达到 0.01～0.1 $\mu g/mL$。

(3)在 48 h 后将胰酶消化的细胞收集至离心管中。

(4)用 0.075 mol/L 氯化钾溶液将其低渗处理,37 ℃水浴 30 min,用甲醇:乙酸固定液(3:1)将其固定 2 次,共 40 min,涂片,在空气中自然干燥。

(5)将制成的染色体玻片放置在 56 ℃水浴锅盖上,铺上 2×SSC 液,距紫外灯管 6 cm 处紫外照射 30 min。

(6)弃去 2×SSC 液,并用流水冲洗。

(7)将其用 2.5% 吉姆萨染液染色 10 min,流水冲洗,晾干。

(8)镜检 100 个分裂相,计算第一、二、三、四细胞期分裂指数。

(9)计算:细胞周期(Tc)=48/{(M1+2M2+3M3+4M4)/100}(h)。

2. FCM 实验步骤

(1)取对数生长期的细胞,在胰酶消化后用含 10% 胎牛血清的培养液稀释细胞,制成细胞悬液,6 孔培养板中每孔加 2 mL 细胞悬液,在 37 ℃、5% 二氧化碳培养箱中培养 24 h。

(2)过夜贴壁后,无血清培养 12 h,以促进细胞同步化生长。换培养液,分别加入含不同抑癌剂或致癌剂浓度梯度的培养液,并以纯培养液作对照,每个浓度设 3 个复孔,在 37 ℃、5% 二氧化碳培养箱中染毒培养特定时间后收取细胞。

(3)将其在 1000 r/min 下离心 5 min,每次加 1 mL 冷磷酸盐缓冲液漂洗 2 次后重悬于 0.2 mL 磷酸盐缓冲液中,加入 0.8 mL 预冷的 70% 酒精,立即振荡混匀,用封口膜封口,在 4 ℃下固定 30 min 或在 4 ℃下过夜。

(4)检测时,将其在 1000 r/min 离心 10 min,弃酒精,用预冷的磷酸盐缓冲液漂洗 2 次,加入 0.2 mL 磷酸盐缓冲液将细胞吹散。

(5)加入 20 μL RNA 酶(终浓度为 50 μg/mL)和 20 μL 碘化丙啶染液(终浓度为 50 μg/mL)混合,在室温下避光染色 30 min。

(6)将其离心,弃染液与 RNA 酶,用 0.2 mL 磷酸盐缓冲液重悬,经 300 目尼龙网膜过滤后用流式细胞仪分析,激发光波长为 488 nm,检测细胞 DNA 含量,记录细胞周期各时相的比例。

【注意事项】

1. BrdU 实验

(1)培养皿上清液中的漂浮细胞也要收集到离心管中。

(2)本实验介绍的为前低渗的方法,主要适用于人体和其他动物来源的样本,植物样本的操作过程与其相似但又有差异。

2. FCM 实验

(1)选择不含 EDTA 的胰酶消化细胞,但消化不当可能引起假阳性。

(2)细胞消化后吹打要缓慢适度,尽量减少细胞破碎。

(3)离心重悬细胞后,缓缓将细胞悬液加入到预冷的 70% 酒中进行固定,减少细胞聚集。

(4)上机检测时细胞数量不能过少,否则会影响实验结果的准确性。

【思考题】

(1)BrdU 中氯化钾溶液的作用是什么?甲醇、冰乙酸对细胞的作用机制是什么?

(2)试分析对细胞周期影响的因素有哪些。

(3)以测定的细胞周期图为基础,分析本实验中所用致癌剂/抑癌剂对细胞周期哪个时相最敏感?为什么?

(4)试分析流式细胞术在科学研究中的应用。

(5)试分析本实验中所用致癌剂/抑癌剂对细胞周期影响的可能分子机制。

(高美丽 党 凡)

第四节 致癌剂/抑癌剂对淋巴细胞或癌细胞细胞凋亡的影响

【实验目的和要求】

(1)掌握流式细胞仪的原理及所示细胞凋亡图的意义。

(2)学习培养并制备符合流式细胞仪测定条件的细胞样品。

(3)了解检测细胞凋亡的不同方法及原理。

【实验原理】

(1)细胞早期凋亡时,细胞膜内的磷脂酰丝氨酸(PS)翻转至细胞膜外侧,暴露在细胞外环境中。AnnexinV 是一种(分子量为 35 000~36 000)钙依赖性的对 PS 具有较高亲和性的磷脂结合蛋白,用异硫氰酸荧光素(FITC)标记后可作为检测细胞早期凋亡的灵敏探针。碘化丙啶是一种不能透过完整细胞膜的核酸染料。凋亡晚期和坏死细胞的细胞膜会失去完整性,因而可同时被 AnnexinV 和碘化丙啶染色标记,流式细胞仪测试示意图见图 9-4A。

（2）DNA 裂解是细胞凋亡过程中标志细胞最终走向死亡的不可逆的重要过程。正常活细胞的 DNA 凝胶电泳呈现一条区带。凋亡细胞的 DNA 被裂解成单个核小体和寡聚核小体，电泳呈现特征性的"阶梯状"（ladder）条带；而坏死细胞的 DNA 被随机破坏，电泳时呈现类似血涂片的连续性改变，见图 9-4B。

（3）TUNEL 是脱氧核糖核苷酸末端转移酶（TdT）介导的原位缺口末端标记法，是分子生物学与形态学相结合的研究方法。在 TdT 的作用下，过氧化酶、荧光素等标记物与 dATP 或 dUTP 结合形成多聚体，与荧光素连接的抗地高辛抗体相应部位结合，在光学显微镜或荧光显微镜下可原位特异地显示出凋亡的细胞，见图 9-4C。

（4）凋亡细胞呈现固有的形态特征，如细胞核缩小、染色质边缘化、凝集，凋亡晚期形成凋亡小体。DNA 特异性染料（如 Hoechst33342、Hoechst33258 和 DAPI 等）可与 DNA 的 A-T 碱基区非嵌入式结合，使细胞核着色，利用荧光显微镜或激光共聚焦显微镜即可观察到细胞染色质的形态学变化、膜结构及通透性差异，以此可区分凋亡细胞、正常细胞及坏死细胞，见图 9-4D。

（5）细胞在凋亡信号的刺激下线粒体膜电位下降，发生于细胞凋亡的早期。细胞聚集染料能力的下降可用来反映膜电位的下降程度。多种染料包括罗丹明 123、JC-1、碘代 3,3′-二己氧基羰花青（3,3′-dihexyloxacarbocyanine iodide）和氯乙基红等可用来检测线粒体膜电位，见图 9-4E。

（6）在凋亡程序启动及执行过程中，含半胱氨酸的天冬氨酸蛋白酶（caspase）家族起着非常重要的作用，在凋亡早期被激活的 caspase-3 作为关键执行分子，常被用作细胞早期凋亡的指标，见图 9-4F。

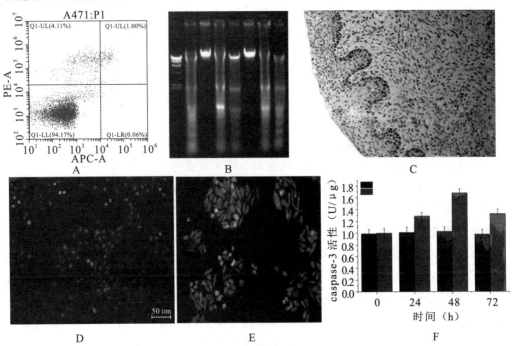

图 9-4　细胞凋亡的不同图示

【器材和试剂】

1. 器材

电子分析天平,离心机,超净工作台,二氧化碳培养箱,流式细胞仪,移液枪,1 μL 枪头,细胞培养板,细胞培养瓶,400 目细胞筛,等等。

2. 试剂

三羟甲基氨基甲烷(Tris),盐酸,乙二胺四乙酸二钠,氯化钠,十二烷基硫酸钠(SDS),RNA 酶,蛋白酶,苯酚,氯仿,乙醇,乙酸钠,1640 培养基,AnnexinV – FITC 细胞凋亡检测试剂盒,TUNEL 试剂盒,caspase – 3 分光光度法检测试剂盒,多聚甲醛,碘化丙啶(PI),胰蛋白酶,Triton X – 100,Heochst 33342,等等。

(1)细胞裂解液:由 10 mmol/L Tris – HCl 缓冲液(pH 值为 7.4)、10 mmol/L EDTA 溶液、150 mmol/L 氯化钠溶液、0.5% SDS 溶液、50 mg/mL RNA 酶配制而成。

(2)1640 培养基:将双蒸水 1000 mL、1640 培养基 1 包在磁力搅拌器中搅匀,加碳酸氢钠 2.0000 g,用盐酸溶液调 pH 值至 7.1,在无菌操作台中过滤,装瓶。

(3)磷酸盐缓冲液的配制:称取氯化钠 8.0000 g、氯化钾 0.2000 g、磷酸二氢钠 1.4400 g、磷酸二氢钾 0.2400 g,加去离子水 800 mL,用盐酸溶液调 pH 值至 7.2～7.4,加水定容至 1000 mL。

(4)碘化丙啶染液:用磷酸盐缓冲液稀释到 20 μg/mL 备用,与 AnnexinV – FITC 联合使用。

(5)1% 多聚甲醛溶液:称取多聚甲醛 1.0000 g,溶于 90 mL 无菌水,加水定容至 100 mL。

(6)TdT 标记液:由 0.1% Triton X – 100 溶液、0.2% 吐温 80、0.1% RNA 酶 A、Heochst 33342、0.25% 胰蛋白酶、0.02% EDTA 溶液配制而成。

(7)酚/氯仿抽提液:将重蒸酚直接加入 Tris 粉末,比例约 100 mL 加 14.0000 g,缓慢加水搅拌,体积会增大到约 200 mL,初期苯酚充分吸水不分层,后期上层会呈现一浅层水相,下层即水饱和酚。若直接购买,则不需要这一步。取 25 份上述溶液加 24 份氯仿和 1 份异戊醇混合,混合后上层呈现一水层,取下层使用。

(8)二氨基联苯胺(DAB)工作液(临用前配制):由 5 μL 20×DAB、1 μL 30% 过氧化氢溶液、94 μL 磷酸盐缓冲液配制而成。

(9)Tris – HCl 缓冲液(TBS):10 mmol/L Tris 溶液含 0.9% 氯化钠溶液即成,用 1 mol/L 盐酸溶液调 pH 值至 7.4。

【实验步骤】

1. AnnexinV/PI 双染色法检测早期细胞凋亡

(1)细胞收集:将悬浮细胞直接收集 10 mL 至离心管中;贴壁细胞轻轻吹打至脱壁后收集到 10 mL 的离心管中,没有脱壁的细胞采用 0.02% EDTA 溶液消化使之脱壁。每样本细胞数为(1～5)×10⁶个/mL,在 500～1000 r/min 下离心 5 min 弃去培养液。

(2)将其用磷酸盐缓冲液洗 1 次,在 500～1000 r/min 下离心 5 min,重悬,制成单细胞悬液。

(3)在 100 μL 细胞悬液中加 2.5 μL 碘化丙啶染液和 5 μL AnnexinV – FITC,轻轻混匀,在室温下避光孵育 10～15 min,加入 150 μL 结合缓冲液。

(4)将样品加入流式细胞仪样品室,分析检测。

2. caspase - 3 活性检测

(1)收集常规培养 24 h、48 h 和 72 h 的癌细胞或其他细胞(约 5×10^6 个细胞),加入 50 μL 冷裂解缓冲液,冰上裂解 20~60 min,其间振荡 2~3 次。

(2)在 4 ℃ 下 10 000 r/min 离心 1 min,吸取上清液至另一 EP 管中,BCA 法测蛋白质浓度。

(3)取 50 μL 裂解的上清液,加 50 μL 2× 反应液,再加 50 μL caspase - 3 底物反应液,在 37 ℃ 下孵育 4 h。

(4)用酶标仪(405 nm)或分光光度计(400 nm)检测,计算 caspase - 3 活化程度。

3. 线粒体膜电位检测

(1)将癌细胞常规培养至对数生长期,收集培养细胞 1×10^6 个/mL 并重悬于培养基中。

(2)加入 Rh123 染液 0.1~50 μg/mL(根据细胞种类选取适当浓度,一般为 3~10 μg/mL)。

(3)在 37 ℃、5% 二氧化碳培养箱中孵育 1~30 min(根据细胞种类孵育适当时间,一般为 10 min)。

(4)将其离心,用培养基洗细胞 2 次。

(5)用荧光光度计检测,激发波长为 488~505 nm,发射波长为 530 nm,在 25 ℃ 下测定,连续记录 0~30 min 内荧光强度的变化。

4. 荧光显微镜下凋亡形态观察

(1)以 1×10^5 个/mL 的密度接种细胞到 6 孔培养板,轻摇使细胞均匀贴壁,放置于培养箱培养 24 h。

(2)次日,按实验设计向 6 孔培养板各孔依次加入不同浓度的抑癌剂或致癌剂,置于培养箱孵育 24~72 h。

(3)待细胞处理完毕,弃培养基,用磷酸盐缓冲液洗 2 遍,加入 Hoechst 33342 染料,使其终浓度为 5 μg/mL,在 37 ℃ 下避光染色 10 min。

(4)弃去染料,将其用 1% 多聚甲醛溶液固定 10 min。

(5)在荧光显微镜下观察细胞核型变化,拍照并保存照片。

5. DNA ladder 实验步骤

(1)处理小鼠或大鼠得到淋巴细胞或培养相关的癌细胞,并用细胞计数板计数。

(2)取 2×10^6 个/mL 的密度,加入 500 μL 细胞裂解液,在 37 ℃ 下处理 30 min。

(3)向其中加入 0.1 mg/mL 蛋白酶 K 溶液,在 50 ℃ 下处理 1~3 h,再用等体积酚/氯仿抽提 2 遍,12 000 g 离心 5 min,收取上清液。

(4)向其中加入 1/10 体积的 3 mol/L 乙酸钠溶液和 2.5 倍体积的无水乙醇,在 -20 ℃ 下过夜,沉淀 DNA。

(5)将其 12 000 g 离心 10 min,沉淀用 TE 溶解,加入 0.1 μg/mL EB,进行 15 g/L 琼脂糖凝胶电泳,4 V/cm 电压,电泳 90 min,在紫外检测仪下观察并拍照。

6. TUNEL(TdT - mediated dUTP Nick - End Labeling)检测

(1)将细胞常规培养至对数生长期,用 0.25% 胰蛋白酶消化,离心收集细胞约 1×10^6 个/mL,

用磷酸盐缓冲液洗 1 次,重悬细胞,加到铺好的多聚赖氨酸载玻片上,涂片在空气中干燥。

(2)将载玻片用 4% 多聚甲醛-磷酸盐缓冲液(0.01 mol/L,pH 值为 7.14)在室温下固定30 min,用磷酸盐缓冲液浸洗 2 次,每次 5 min。

(3)将载玻片在通透液(0.1% Triton X - 100 于 0.1% 枸橼酸钠溶液中)中处理 5 min,用磷酸盐缓冲液浸洗 2 次,每次 5 min。

(4)滴加 TUNEL 混合液,在 37 ℃下的湿盒内孵育 2 h。

(5)向其中加入过氧化物酶(POD)转换液,在 37 ℃下的湿盒内浸 30 min,用 Tris - HCl 缓冲液洗涤。用二氨基联苯胺溶液显色,水冲洗,苏木精复染核,常规脱水透明,在中性树胶封片后镜检及拍照。

(6)阴性对照:每次实验均设阴性对照,以核苷酸混合液替代 TUNEL 混合液,其余步骤与上述相同。

【注意事项】

1. DNA ladder 实验的注意事项

(1)低温环境下裂解液会析出沉淀,37 ℃水浴几分钟即可重新溶解,可待其再次澄清透明冷却至室温后再使用。

(2)各溶液使用后应及时盖紧盖子,以避免试剂长时间暴露于空气中产生氧化、挥发等变化。

2. 流式细胞仪检测细胞凋亡实验的注意事项

(1)实验时注意设置合适对照,包括正常对照、激活对照、同型对照等,以消除抗体非特异性结合及背景染色的干扰。

(2)实验操作时注意避光,流式细胞仪检测需尽快在 1 h 内完成。

3. TUNEL 实验的注意事项

(1)注意使用 pH 中性的固定液固定组织或者细胞。

(2)在操作过程中避免出现干片现象。

(3)在实验过程中避免将 TdT 置于冰上及反复冻溶。

【思考题】

(1)试分析细胞凋亡不同测试方法的优、缺点。

(2)不同细胞凋亡检测方法实验结果的可能影响因素有哪些? 如何避免这些因素对实验结果的影响?

(3)试分析 DNA ladder 实验电泳条带弥散,看不到任何 ladder 的痕迹的原因。

(4)如何获取满意的流式细胞术凋亡测试的细胞样品?

(5)试分析在本实验中所用致癌剂/抑癌剂对细胞凋亡影响的可能分子机制。

(高美丽　党　凡)

第五节　致癌剂/抑癌剂对淋巴细胞或癌细胞蛋白质表达的影响

【实验目的和要求】

(1)掌握蛋白质印迹法的一般步骤。

（2）加深对致癌剂致癌机制的理解。

（3）了解细胞蛋白质纯化、定量以及表达量检测的一般方法。

【实验原理】

蛋白质印迹法利用聚丙烯酰胺凝胶电泳将不同分子量的蛋白质分离，以一抗作为"探针"，用标记的二抗"显色"来检测不同分子量蛋白质的表达水平。蛋白质样品经聚丙烯酰胺凝胶电泳分离后，转移至固相载体（如硝酸纤维素薄膜或 PVDF 膜）上以非共价键形式被牢牢吸附，同时保持其本身的多肽类型及生物学活性。最后利用抗原抗体反应，以固相载体上的蛋白质或多肽作为抗原，与酶或同位素标记的第二抗体反应，可采用 ECL 底物显色或放射自显影检测相应的特异性目的蛋白质表达（图 9-5）。

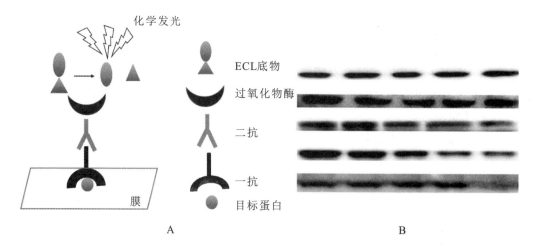

图 9-5 通过 ECL 检测印迹膜上的蛋白质的示意图（A）和结果图（B）

免疫细胞化学是应用免疫学基本原理、抗原抗体特异性反应，借助标记抗体的显色剂（如荧光素、酶、金属离子、同位素等）显色来确定组织细胞内多肽或蛋白质水平的一种方法，可以进行蛋白质定位、定性及定量研究，又被称为免疫组织化学技术（immunohistochemistry）或免疫细胞化学技术（immunocytochemistry）。

【器材和试剂】

1. 器材

电子分析天平，离心机，电泳槽，转膜槽，制胶板，PVDF 膜，湿转的转膜槽或者半干转膜仪，脱色摇床，化学发光仪成像系统，Olympus 光学显微镜，二氧化碳培养箱，紫外分光光度计，可见光分光光度计，等等。

2. 试剂

丙烯酰胺，亚甲双丙烯酰胺，十二烷基硫酸钠（SDS），三羟甲基氨基甲烷（Tris），过硫酸铵（AP），脱脂奶粉，叠氮钠，考马斯亮蓝染料，正丁醇，甲醇，联苯胺，丽春红染料，ECL 显色液，BCA 蛋白质定量试剂盒，多聚甲醛，小牛血清白蛋白，一抗，二抗，苏木精，等等。

（1）10% 过硫酸铵溶液：将 0.1000 g 过硫酸铵加双蒸水至 1.0 mL，在 4 ℃下保存，要在 1 周内使用，最好新鲜配制。

（2）2×加样缓冲液：由 0.5 mol/L Tris - HCl 缓冲液（pH 值为 6.8）2 mL、10% SDS 溶液

4 mL、β-巯基乙醇 1 mL、甘油 2 mL、1％溴酚蓝 1 mL 配制而成,在 4 ℃下避光保存。

(3)0.01 mol/L 磷酸盐缓冲液(pH 值为 7.4):称取氯化钠 8.5000 g、十二水合磷酸氢二钠 2.9011 g,加双蒸水溶解并调 pH 值至 7.4,定容至 1000 mL。

(4)漂洗液(PBST):含 0.05％吐温 20 的磷酸盐缓冲液,即在 1000 mL 磷酸盐缓冲液中加 0.5 mL 吐温 20。

(5)水饱和正丁醇溶液:将正丁醇 50 mL、双蒸水 5 mL 加入瓶中振荡,使结合,存于室温下,用时取上面一相加在凝胶上面。

(6)考马斯亮蓝染色法试剂:将 90 mL 甲醇:水(1∶1,V/V)和 10 mL 冰乙酸的混合液中溶解考马斯亮蓝 G-250 0.2500 g,用 Whatman 1 号滤纸过滤染液以去除颗粒状物质。

(7)脱色液:由 90 mL 甲醇:水(1∶1,V/V)和 10 mL 冰乙酸的混合而成。

(8)丽春红 S 染色法试剂:包括 2％乙酸、0.5％丽春红的水溶液,脱色液是 Tris-HCl 缓冲液。

(9)二氨基联苯胺显色液:由二氨基联苯胺 2 mL、10％过氧化氢、1×磷酸盐缓冲液(0.1 mol/L,pH 值为 6.4)10 mL 配制而成。

(10)4％多聚甲醛溶液:称取多聚甲醛 4.0000 g,溶于无菌水 90 mL,然后加水至100 mL。

注意:为了更好地掌握蛋白质印迹法的实验步骤,实验中主要的分离胶、浓缩胶、转膜缓冲液、封闭液等将在实验中说明。

【实验步骤】

1. 蛋白质印迹法实验

1)细胞总蛋白质的提取 具体如下。

(1)将状态良好的细胞种入 6 孔培养板中,每个样品设 3 个复孔,在 8～10 h 细胞贴壁后换无血清培养基饥饿处理 12 h。

(2)弃去原培养基,在特定组别中加入含有不同浓度的抑癌剂或致癌剂的完全培养基。

(3)在特定时间后用预冷的磷酸盐缓冲液洗涤细胞 3 次,然后每个孔里加入 0.1 mL 1×上样缓冲液。

(4)摇动细胞培养板使液体铺满整个孔底,待与细胞充分接触使细胞裂解后,用枪头将混合物移入 1.5 mL EP 管,做标记。

(5)将装有样品的 EP 管放入金属浴,150 ℃加热 10 min 使蛋白质变性,在室温下冷却后置于−20 ℃冰箱中保存。

2)蛋白质定量(BCA 蛋白质浓度测定法) 具体如下。

(1)将标准管分别加入 0 μL、1 μL、2 μL、4 μL、6 μL、8 μL 与 10 μL 的 BCA 溶液(1 mg/mL),加生理盐水至总体积为 10 μL,各管加入 9 μL 工作液,使每管总体积为100 μL,做 3 个平行样。

(2)将待测蛋白质各取 10 μL 并加入 90 μL 工作液,测定时做 3 个平行样。

(3)在 37 ℃恒温 30 min,冷却至室温,置入酶标仪中检测吸光度。

(4)根据吸光度做标准曲线,根据标准曲线计算各蛋白质样本的蛋白质含量。

3)配制 SDS - PAGE 相关试剂 具体如下。

(1)配制 Tris - Gly 电泳缓冲液(10×电泳缓冲液):称取 30.2000 g Tris、188.0000 g 甘氨酸和 10.0000 g SDS,放入烧杯中,加入 800 mL 蒸馏水并置于恒温磁力搅拌器上溶解,定容到 1000 mL,并用盐酸溶液调 pH 值至 8.3。

(2)配制转膜缓冲液:称取 30.2000 g Tris 和 151.1000 g 甘氨酸,放入烧杯中,加入 800 mL 蒸馏水并置于恒温磁力搅拌器上溶解,定容到 1000 mL,并用盐酸溶液调 pH 值至 8.3。用时以 10×转膜缓冲液、甲醇和双蒸水 1∶2∶7 的比例稀释成 1×转膜缓冲液。

(3)配制 10×TBST 缓冲液:称取 24.2000 g Tris 和 87.8000 g 氯化钠,放入烧杯中,加入 800 mL 蒸馏水并置于恒温磁力搅拌器上溶解,定容到 1000 mL,并用盐酸溶液调 pH 值至 7.6。用时以 10% 10×TBST 缓冲液、90%双蒸水和 0.3%(V/V)吐温的比例配制成 1×TBST 缓冲液,最好当天用当天配。

4)SDS - PAGE 电泳 具体如下。

(1)根据目标蛋白质的大小,按表 9 - 1 将分离胶浓度确定为 10%和 12%。

表 9 - 1 分离胶浓度与蛋白质分子量对应表

分子量	凝胶浓度(%)
4000~40 000	20
12 000~45 000	15
10 000~70 000	12.5
15 000~100 000	10
25 000~200 000	8

(2)制备分离胶见表 9 - 2。

表 9 - 2 分离胶配制表 单位:mL

浓度	成分	体积		
		7.5	10	15
10%	30%丙烯酰胺溶液	2.475	3.4	5.0
	双蒸水	3.0	4.0	6.0
	1.5 mol/L Tris - HCl 缓冲液(pH 值为 8.8)	1.875	2.5	3.75
	10% SDS 溶液	0.075	0.1	0.15
	APS 溶液	0.075	0.1	0.15
	四甲基乙二胺(N,N,N′,N′- tetramethy-lethylenediamine,TEMED)溶液	0.003	0.004	0.006
12%	30%丙烯酰胺溶液	3.0	4.0	6.0
	双蒸水	2.475	3.3	4.95
	1.5 mol/L Tris - HCl 缓冲液(pH 值为 8.8)	1.875	2.5	3.75
	10% SDS 溶液	0.075	0.1	0.15
	APS 溶液	0.075	0.1	0.15
	TEMED 溶液	0.003	0.004	0.006

参照表 9-2,根据成分体积由大到小的原则在 50 mL 离心管中配制,APS 溶液与 TEMED 溶液同时加入后,快速充分混合体系并尽量减少气泡产生,向架好的玻璃板中灌胶至整个胶板的 2/3 左右,缓缓加入 75% 酒精压平胶面。在室温下静置 30 min 左右,待其凝固(胶板中看到明显的分离胶-乙醇分界线)后进行后续操作。

(3)制备 5% 浓缩胶见表 9-3。

表 9-3　浓缩胶配制表　　　　　　　　　　单位:mL

成分	体积			
	2.0	4.0	6.0	8.0
30% 丙烯酰胺溶液	0.33	0.67	0.99	1.32
双蒸水	1.4	2.7	4.1	5.6
1.0 mol/L Tris - HCl 缓冲液(pH 6.8)	0.25	0.5	0.75	1.0
10% SDS 溶液	0.02	0.04	0.06	0.08
APS 溶液	0.02	0.04	0.06	0.08
TEMED 溶液	0.002	0.004	0.006	0.008

弃去分离胶上面的酒精并用滤纸条吸干多余的水分。参照表 9-3,根据成分体积按照由大到小的原则在 50 mL 离心管中配制,APS 溶液与 TEMED 溶液同时加入后,快速充分混合体系并尽量减少气泡产生,然后灌胶插梳子。在室温下静置 30 min 左右使其凝固。

(4)将 1× 电泳缓冲液加入电泳槽,缓慢移出浓缩胶中的梳子,清洗孔道。

(5)上蛋白质样品和 Marker。

(6)恒压电泳:开启仪器调节电压为 80 V,在 40 min 样品通过浓缩胶后调节电压至 120 V,使样品跑到胶板底部。

5)半干法转膜　具体如下。

(1)取出凝胶,去掉浓缩胶,根据 Marker 条带修剪凝胶,尽可能保留目标蛋白质所在区域。

(2)根据修剪后凝胶大小,裁剪合适大小的 PVDF 膜,并在甲醇中活化。

(3)取适当大小的滤纸,在 1× 转膜缓冲液中浸润后,从下到上依次为滤纸 PVDF 膜—凝胶—滤纸"三明治"结构,操作过程中用玻璃棒尽量避免气泡的产生和存在。

(4)打开仪器,以 50 mA/膜的电流恒流转膜 90 min。

6)封闭　具体如下。

(1)配制封闭液:将脱脂奶粉按 5%(m/V)的比例添加到 1×TBST 缓冲液中,充分溶解混匀。

(2)转膜完毕后,打开仪器,观察膜上 Marker 条带是否清晰,确认转膜成功后,将膜转移到配好的封闭液中。

(3)将其置于摇床上缓慢摇动,在常温下封闭 1 h 或在 4 ℃下过夜。

7)免疫印迹　具体如下。

(1)洗膜:用 1×TBST 缓冲液缓慢冲洗封闭好的膜,以除去表面附着的封闭液。

(2)剪膜:参照 Marker 条带,将不同目标蛋白质所在膜裁开。

(3)孵育一抗:按照各抗体说明书配制相应浓度的一抗,并将对应的膜分别放入其中,摇床上缓慢摇动,在 4 ℃下过夜。

（4）洗膜：孵育完毕，回收一抗溶液，用 1×TBST 缓冲液在摇床上洗膜 3 次，每次 10 min。

（5）孵育二抗：根据一抗的来源种属选择合适的二抗，根据说明书配制成相应浓度（用 1×TBST 缓冲液以 1∶5000 稀释），将对应的膜放入其中，在室温下孵育 1 h。

（6）洗膜：孵育完毕后弃去二抗溶液，用 1×TBST 缓冲液在摇床上洗膜 3 次，每次 10 min。

（7）显色：根据 ECL 显色液使用说明书配制显色工作液，尽量除去膜表面残余的 1×TBST 缓冲液后将膜放入其中，几秒后置于仪器检测。

2. 免疫细胞化学染色实验

（1）培养相关的癌细胞或其他细胞，并用细胞计数板计数，收集所要检测的细胞，制成 $1×10^6$ 个/mL 细胞悬液涂片，使细胞单层分布。

（2）将涂片用 4% 多聚甲醛溶液或 0.8% 戊二醛溶液固定 3～5 min。

（3）将涂片用磷酸盐缓冲液（含 10 g/L 小牛血清白蛋白）淋洗 3 次，干燥。

（4）在涂片上滴加 3% 过氧化氢溶液，在室温下静置 5～10 min，用磷酸盐缓冲液洗 3 次，每次 5 min。滴加一抗 50 μL，在 37 ℃ 下 0.5～1 h 或在 4 ℃ 下过夜。

（5）将涂片用磷酸盐缓冲液洗 3 次，每次 5 min，随后滴加二抗 40～50 μL，在室温下静置或在 37 ℃ 下 1 h。

（6）将涂片用磷酸盐缓冲液洗 3 次，每次 5 min，再加辣根过氧化物酶标记的链霉亲和素（SP），作用 30 min，洗净并干燥。

（7）在涂片上加显色液（如二氨基联苯胺显色液）显色 5～15 min，在低倍镜下观察染色效果。

（8）将涂片用磷酸盐缓冲液或自来水冲洗 10 min。

（9）将涂片用苏木精复染 2 min，用 1% 盐酸酒精分化，用自来水冲洗 10～15 min。

（10）在显微镜下观察染色结果并拍照，在镜下计数阳性细胞和阴性细胞，计算出阳性指数。

【注意事项】

1. 蛋白质印迹法

（1）丙烯酰胺和 N,N'-亚甲双丙烯酰胺用温热的去离子水配制，在 4 ℃ 下棕色瓶避光保存。

（2）TEMED 溶液用去离子水配制，临用前配制。

（3）注意叠氮钠有毒，实验时要戴手套操作。

（4）注意室温较低时 TEMED 溶液量可加倍，最后灌胶之前再用。

2. 免疫细胞化学

（1）试剂务必现用现配，特别是磷酸盐缓冲液稀释的抗体一定要当天使用当天配制。

（2）苏木精复染后会出现整个片子上棕色加深，没有蓝色，可用碱性缓冲液（如磷酸盐缓冲液）或磷酸氢二钠的饱和溶液返蓝。

（3）显色要在显微镜下观察，注意控制背景。

【思考题】

(1)查阅资料,理解实验中主要试剂的作用。

(2)还有哪些方法可用于分析细胞中蛋白质的表达?

(3)分析蛋白质印迹法和免疫细胞化学两种实验方法的优、缺点。

(高美丽　党　凡)

第六节　植物组织的培养

【实验目的和要求】

掌握愈伤组织培养用 MS＋培养基的制备方法;对实验材料进行消毒和培养愈伤组织的方法。

【实验原理】

从植物器官获得外植体,离体培养促使细胞经脱分化等过程改变其原有特性,进而形成一种能迅速增殖的无特定结构和功能的细胞团,即愈伤组织。在通常情况下,植物各器官、组织均具有诱导产生愈伤组织的潜力。

【器材和试剂】

1. 器材

电子分析天平,高压蒸汽灭菌锅,烘箱,超净工作台,光照培养箱,锥形瓶,镊子,解剖刀,烧杯,培养皿,广口瓶,镊子,酒精灯,滤纸,等等。黄杨叶,胡萝卜根,烟草叶。

2. 试剂

灭菌水,75％酒精,硝酸钾(KNO_3),硝酸铵(NH_4NO_3),七水合硫酸镁($MgSO_4 \cdot 7H_2O$),磷酸二氢钾(KH_2PO_4),二水合氯化钙($CaCl_2 \cdot 2H_2O$),七水合硫酸锌($ZnSO_4 \cdot 7H_2O$),四水合硫酸锰($MnSO_4 \cdot 4H_2O$),硼酸(H_3BO_3),碘化钾(KI),二水合钼酸钠($NaMoO_4 \cdot 2H_2O$),五水合硫酸铜($CuSO_4 \cdot 5H_2O$),六水合氯化钴($COCl_2 \cdot 6H_2O$),Na_2EDTA,七水合硫酸亚铁($FeSO_4 \cdot 7H_2O$),甘氨酸,盐酸硫胺素,盐酸吡哆素,烟酸,肌醇,氯化汞,新吉尔灭,等等。

1)器皿准备　清洗实验用器皿,在烘箱中 100 ℃下干燥。注意不要放塑料等易燃物品。

2)母液的配制　具体如下。

(1)大量元素母液(10×):称取硝酸钾 9.5000 g、硝酸铵 8.2500 g、七水合硫酸镁 1.8500 g、磷酸二氢钾 0.8500 g、二水合氯化钙 2.2000 g,配制成 500 mL 母液。

(2)微量元素母液(100×):称取七水合硫酸锌 0.4300 g、四水合硫酸锰 1.1150 g、硼酸 0.3100 g、碘化钾 0.0415 g、二水合钼酸钠 0.0125 g、五水合硫酸铜 0.0013 g、六水合氯化钴 0.0013 g,配制成 500 mL 母液。

(3)铁盐母液(100×):称取 Na_2EDTA 1.8650 g、七水合硫酸亚铁 1.3900 g,配制成 500 mL 母液。

(4)有机物质母液(100×):称取甘氨酸 0.1000 g、盐酸硫胺素 0.0050 g、盐酸吡哆素 0.0250 g、烟酸 0.0250 g、肌醇 5.0000 g,配制成 500 mL 母液。

(5)生长素储存液:称取 0.0200 g 2,4-D,配制成 1 mg/mL 的储存液 20 mL。

3)其他试剂 具体如下。

(1)75%酒精×2:1000 mL。

(2)0.1%氯化汞(升汞)×2:200 mL。

(3)新洁尔灭:商品新洁尔灭与水以 1∶10 的比例混匀,配制成水溶液。

4)培养基 具体如下。

(1)分别标记 50 mL 锥形瓶大叶黄杨、胡萝卜培养基,标记 100 mL 锥形瓶为烟草叶培养基。

(2)将 50 mL 锥形瓶装称取的琼脂粉 0.5000 g,将 100 mL 锥形瓶装称取的琼脂粉 1.0000 g。

(3)取 100 mL 烧杯 1 个,加入大量元素母液 10 mL、微量元素母液 1 mL、铁盐母液 1 mL、有机物质母液 1 mL、1 mg/mL 2,4-D 0.8 mL、蔗糖 3.0000 g。

(4)加水至大约 90 mL,搅拌至蔗糖充分溶解后用 1 mol/L 氢氧化钠溶液或盐酸溶液调 pH 值至 5.8。

(5)加水至 100 mL。

5)分装培养基 具体如下。

(1)以 25 mL/50 mL 瓶、50 mL/100 mL 瓶进行分装。注意分装时尽量避免把培养基倒在瓶口或瓶壁上。

(2)将牛皮纸裁成 9 cm×18 cm 的长方形,背靠背折起来,使其成为正方形,紧密裹在瓶口上,用线绳扎紧。

(3)用记号笔标记实验者姓名、培养基代号、培养材料名称。

【实验步骤】

实验材料的消毒和愈伤组织的培养具体步骤如下。

(1)用 75%酒精擦拭超净工作台台面。

(2)镊子、解剖刀经 150～160 ℃烘箱干热灭菌约 1 h,放入盛有 75%酒精的烧杯。

(3)将已高压蒸汽灭菌的器皿、培养皿、灭菌水、滤纸放在超净工作台上,用 UV 照射 30 min。

(4)操作者先用肥皂清洗双手,自来水清洗烟草叶、黄杨叶或胡萝卜根,将胡萝卜根有形成层的部分切成片(约 0.8 cm 厚),投入 100 mL 烧杯中。以上过程都要在超净工作台中进行,保证无菌操作。

(5)打开超净工作台,点燃酒精灯,用酒精棉球擦拭双手。

(6)用无菌蒸馏水(1 号烧杯)清洗烟草叶、黄杨叶或胡萝卜片 2 次。

(7)将其在 75%酒精中浸泡 20 s,移入 2 号烧杯,用无菌蒸馏水清洗 2 次。

(8)将其移入广口瓶中(0.1%氯化汞)中浸泡约 10 min,并不时振荡。

(9)将其移入 3 号烧杯,用无菌蒸馏水清洗 3 次,洗除材料表面的氯化汞。

(10)用酒精棉球擦拭手指和手掌。

（11）把镊子在酒精灯火焰上烧灼，然后离开火焰，待工具的温度下降至常温后再进行操作。（注意手和衣袖要与酒精灯火焰保持适当距离，以免烧伤。）

（12）用镊子把已经消毒过的烟草叶、黄杨叶或胡萝卜根放置在培养皿内滤纸上，吸干水分。

（13）把烟草叶、黄杨叶或胡萝卜根切成 5 mm×5 mm 大小的片（胡萝卜根厚约 5 mm），打开锥形瓶，用镊子把材料均匀接种到各自的培养基上，每个锥形瓶接种 4～5 块外植体。

注意：锥形瓶口应斜向火苗，在酒精灯火焰附近操作。

（14）材料接种好后，将锥形瓶的瓶口在酒精灯火苗上转动烧灼一遍，盖上牛皮纸，扎好线绳。

（15）用记号笔加注接种日期。

（16）用 75％酒精擦拭光照培养箱的内壁，将锥形瓶置于光照培养箱中培养。

（17）在 25 ℃黑暗条件下培养，诱导愈伤组织形成。

（18）在 7～10 d 后，观察和记录愈伤组织的生长情况及污染情况。

【注意事项】

整个实验流程都要在严格的无菌条件下进行，以防杂菌污染。

【思考题】

（1）对培养基进行灭菌时使用高压蒸汽灭菌锅的注意事项是什么？

（2）思考实验所用的培养基成分各有什么作用。

（高美丽　党　凡）

分离工程综合开放实验

分离工程是生物技术的重要组成部分。本章拟针对生物技术产品的提取、分离、纯化、精制加工等过程介绍分离工程的原理、方法,使学生熟悉生物工程下游技术所涉及的一些基础理论,掌握下游技术的一般过程,接受新概念、新知识、新技术,培养学生分析问题、讨论问题,以及将所学知识用于解决生物技术和相关领域实际问题的能力,为学生从容应对今后的科学研究、技术开发和工程应用做好准备。

第一节 酪氨酸酶的提取、分离、纯化及活性鉴定、测定

【实验目的和要求】

(1)掌握酶类生物大分子的提取、纯化、活性鉴定技术。

(2)熟悉酪氨酸酶的提取、分离、纯化的原理和酶的鉴定方法。

(3)了解酪氨酸酶的功能。

【实验原理】

1. 酪氨酸酶的性质

酪氨酸酶(tyrosinase,EC. 1. 14. 18. 1)是人体内催化酪氨酸生成黑色素的关键酶之一,亦广泛存在于蔬菜、水果中。酪氨酸酶分子量约为 75 000,等电点为 4.9~5.2,最适反应 pH 值为 6.8,最适反应温度为 30 ℃。

2. 活性测定原理

酪氨酸酶能将 L-酪氨酸氧化为多巴,并可继续将多巴氧化生成多巴醌(图 10 - 1)。可通过测定多巴或多巴醌的生成量及 L-酪氨酸的减少量来表征酪氨酸酶的活性。本实验以 L-酪氨酸为底物,利用分光光光度法,通过测定单位时间内多巴(在 317 nm 处有特征吸收)的生成量来表征酶的活性。

3. 分离、纯化原理

酪氨酸酶易溶于水和稀缓冲液,因而可通过物理破碎原料,用稀缓冲液提取来获得

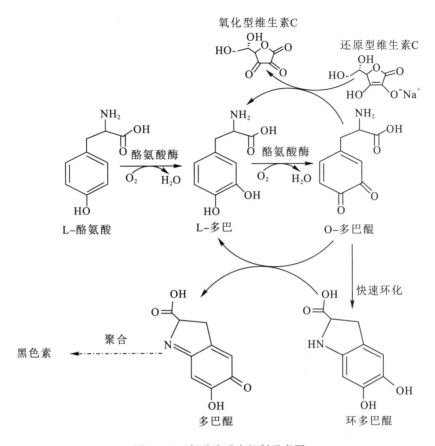

图 10 - 1 氨酸酶反应机制示意图

原料中的酪氨酸酶。由酪氨酸酶等电点为 4.9～5.2 可知,其在 pH 值为 8.0 的缓冲液中带负电,故使用阴离子交换层析柱可对酪氨酸酶进行纯化。本实验使用的纯化固定相为二乙氨基乙基纤维素(DEAE 纤维素)(图 10 - 2),其为弱碱性阴离子交换剂,可吸附酸性蛋白质。使用 pH 值为 8.0 的平衡液使粗提液中酪氨酸酶带负电并吸附至 DEAE 纤维素上,再使用 pH 值为 6.0 的含盐缓冲液洗脱酪氨酸酶。

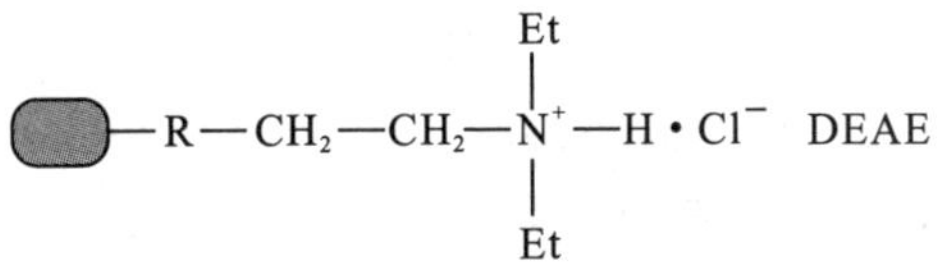

$$\text{⬤}-R-CH_2-CH_2-\overset{\overset{\displaystyle Et}{|}}{\underset{\underset{\displaystyle Et}{|}}{N^+}}-H\cdot Cl^- \quad DEAE$$

图 10 - 2 DEAE 填料官能团示意图

常压凝胶色谱过程在此进行简要描述(图 10 - 3),也可供分离综合实验其他部分参考。

凝胶纯化系统(图 10 - 3 左)一般由流体传送部件(泵)、进样部件、分离部件、检测部件和样品收集部件等组成。对于常压分离系统来说,通常使用蠕动泵来驱动体系中的流体。检测时,根据被测物质性质可选用不同类型的检测器,如紫外检测器、电导检测器、荧光检测器等。色谱分离部件应根据实验需要更换或装填合适的分离介质(如何选择分离介质请见附录四)。

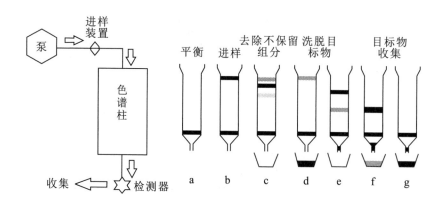

图 10-3 凝胶色谱组成及操作过程示意图

凝胶分离技术又称为凝胶色谱,是一种快速、简单的色谱分离技术,最早出现在 20 世纪 60 年代,最初主要指利用具有一定孔径的多孔凝胶作为固定相,使分子量大小不同的物质得到分离的技术。例如:排阻色谱中分子量大小不同的待分离物质流经以凝胶为固定相的层析柱时,比凝胶孔径大的分子不能进入凝胶内部,只随流动相在凝胶颗粒之间移动,最终先流出柱外;相反,小分子能完全渗入凝胶内部,最后流出柱外,若分子大小介于上述二者之间,则居中流出,因而可实现物质的分离。随着科学技术的发展,凝胶色谱可使用的固定相种类越来越多,应用范围也越来越广泛。现今,常见的分离介质有聚丙烯酰胺、交联葡聚糖、琼脂糖、有机聚合物等几大类,可应用于化学、生物、医药、环境等领域。其基本原理和过程简述如下。

(1)填料的选择:可用于凝胶色谱的介质种类非常多,现以常见的葡聚糖凝胶(商品名为 Sephadex)为例进行简单介绍。葡聚糖凝胶一般由 α-1,6-葡聚糖与 1-氯-2,3-环氧丙烷反应交联而成,调整葡聚糖与交联剂比例可调节凝胶孔径:交联剂比例越高,交联度越大,凝胶孔径、吸水量等越小。葡聚糖凝胶的类型一般以 G 值来表征,其定义为每克干胶吸水量(mL)的十倍。例如,Sephadex G-100 其吸水量应为 10 mL/g 干凝胶。实验中如何选用合适的型号,应依据被分离物质分子量的大小及工作目的来确定,如生物大分子溶液脱盐可选用 Sephadex G-25 及以下型号的凝胶,Sephadex G-75 可用于分子量为 3000~80 000 区间物质的分离等,具体可参见产品网站或使用说明书。

(2)装柱:①按照溶胀比例计算需要凝胶干粉的量,使用去离子水浸泡溶胀 24 h,或通过水浴(约 90 ℃)的方法加速溶胀过程(4~8 h)。②清洗凝胶柱管,检漏,排气,在柱管内留存 1~2 cm 高水柱后关闭出水口。③将溶胀好的凝胶均匀悬浮后沿玻璃棒顺管壁转入柱管内,同时打开出水口,调节出水速率为 1~2 mL/min,待凝胶填料界面上层残留 1~2 cm 水时关闭出水口。④记录凝胶界面位置,静置至界面高度不再变化后待用。过程中需注意凝胶柱应始终垂直;溶胀的凝胶不能太稀或太黏稠,要尽量一次装完,避免多次装填导致柱填料的不均匀性;保证液面始终高于凝胶表面,否则凝胶变干,混入气泡后不利于流体流动和分离。

(3)平衡:打开蠕动泵使平衡缓冲液(由具体的分离方法决定)充满整个柱分离介质的过程(图 10-3 右 a)。此过程中应注意调节流速,不应给凝胶柱体施加太多压力,以免造成凝胶界面下沉。此外,某些凝胶填料对压力敏感,请按照规定使用,以免造成凝胶骨架结构被损坏。

(4)进样(图 10-3 右 b):进样时应注意勿将凝胶填料表面冲起,亦不能沿壁管加样。可加一层滤纸或滤网于填料表面以防止界面变化,或可通过调节(部分凝胶柱由此功能)柱进口位置来避免。若待分离物质与凝胶填料之间有作用,则可考虑用平衡液继续平衡大约 1 个柱体积,去除样品中不保留的杂质后再进行洗脱步骤(图 10-3 右 c)。

(5)洗脱:利用洗脱缓冲液可将需要的物质洗脱并得到分离(图 10-3 右 d~g)。洗脱液与平衡液的性质应类似,否则在溶剂更替过程中凝胶状态的变化可能会影响分离效果。

(6)凝胶介质回收:凝胶柱使用完毕后,短期存放可使用洗脱剂、蒸馏水、0.02%叠氮化钠溶液清洗浸泡。若长期存放,则应先洗净凝胶,依次用 50%酒精、75%酒精、95%酒精浸泡,抽干并在 37 ℃下烘干。若凝胶性能下降,则可考虑"再生"即用 0.1 mol/L 氢氧化钠与 0.5 mol/L 氯化钠混合液浸泡 0.5 h,蒸馏水洗至中性。

4. 动力学参数测定原理

可利用酪氨酸酶催化酪氨酸过程中生成的较稳定的中间体多巴的量和速度等来表征酪氨酸酶的活性。依据已有文献报道,多巴在 317 nm 处有特征吸收(此时其他中间体的干扰较小),可借助比色法测定单位时间内所产生多巴的量求出酶促反应速率。采用初速度法,以短时间内的平均反应速率来表征瞬时的反应速率,利用双倒数法可测定酪氨酸酶催化 L-酪氨酸氧化生成多巴反应的米氏常数(K_m)值和最大反应速率(V_{max}),计算时可参考公式 10-1。

$$\frac{1}{v} = \frac{K_m}{V_{max}} \cdot \frac{1}{[S]} + \frac{1}{V_{max}} \tag{10-1}$$

5. 目标蛋白质定性、定量原理

定性方法:利用 SDS-PAGE 可对酪氨酸酶粗提液、纯化后酶液等进行电泳分析,通过对比标准蛋白质(Marker)及酪氨酸酶标样条带位置确认酪氨酸酶的存在,通过条带灰度分析可获得纯度相关信息,进而可获得纯化倍数等参数。

SDS-PAGE 的基本原理:SDS 为阴离子去污剂,可将蛋白质变性并依据蛋白质的分子量按比例与其结合,使得蛋白质形状差异消除并带统一的负电荷,最终实现蛋白质按分子量大小分离。PAGE 主要利用丙烯酰胺及交联剂混合液(含丙烯酰胺和甲叉双丙烯酰胺)聚合生成的网状凝胶作为电泳过程中的"分子筛"介质,通过改变聚合度与交联度可改变凝胶孔径。

定量方法:一般来说,蛋白质的定量方法可分为直接检测、间接检测两大类。直接检测主要利用蛋白质在 214 nm、260 nm、280 nm 处有较强吸收,通过吸光度大小来确定含量,可用于常量浓度的测定。间接方法有染色、衍生化等。其原理是将染料或含有特征吸收或发射光基团的物质与蛋白质混合,使其与之结合或化学键合,获得需要的易于检测的特征性质,从而得到定量检测,灵敏度高于直接检测,可用于低含量、微量蛋白质的定量分析。本实验采用直接检测方式定量,若目标蛋白质的浓度过低,则可通过使用考马斯亮蓝 G-250 对蛋白质进行吸附染色来定量(考马斯亮蓝 G-250 属阴离子型染料,酸性介质中呈橙色,可与蛋白质分子内带正电荷的赖氨酸、精氨酸及组氨酸残基结合,结合后呈蓝色,最大吸收波长为 595 nm,在一定范围内其在 595 nm 处吸光度大小与蛋白质浓度成正比。此显色反应在 2 min 内反应完全,生成的复合物在 1 h 内稳定)。

【器材和试剂】

1. 器材

电子分析天平,pH 计,搅拌机,高速冷冻离心机,紫外可见光分光光度计,蛋白质纯化仪,蛋白质电泳设备,冷冻干燥机,石英比色皿,50 mL 离心管×6,1000 mL 烧杯×4,500 mL 烧杯×2,移液枪(10 μL、200 μL、1 mL),容量瓶(1000 mL),等等。新鲜香菇。

2. 试剂

十二水合磷酸氢二钠(Na₂HPO₄·12H₂O),二水合磷酸二氢钠(NaH₂PO₄·2H₂O),抗坏血酸,蘑菇酪氨酸酶(Sigma-Aldrich),氢氧化钠,氯化钠,冰乙酸,溴酚蓝,巯基乙醇,牛血清白蛋白,凝胶电泳制胶液(丙烯酰胺及交联剂混合液),十二烷基硫酸钠(SDS),四甲基乙二胺(TEMED),乙醇,甘油,过硫酸铵,甘氨酸,甲醇,二乙氨基乙基纤维素(DEAE纤维素)层析介质,葡聚糖 Sephadex G-25、Sephadex G-200 层析介质,三羟甲基氨基甲烷(Tris),盐酸,β-巯基乙醇,等等。

【实验步骤】

1. 酪氨酸酶的提取

(1)配制磷酸盐浓度为 0.05 mol/L、抗坏血酸浓度为 0.5 mmol/L 的提取液,并将其调 pH 值至 6.8,置于 4 ℃冰箱中。

(2)配制 5 mmol/L L-酪氨酸溶液,即称取 0.0906 g L-酪氨酸,溶于 100 mL 的 0.2 mol/L乙酸溶液中即可。该溶液可用于后续酪氨酸酶的检验和动力学参数的研究。

(3)香菇和搅拌机均放入 4 ℃冰箱中,预冷 10 min。

(4)称取 10.0000 g 新鲜香菇,将香菇切成约 0.5 cm 见方的小块,与提取液一同加入搅拌机内,匀浆至混合体系呈奶昔状。

(5)将匀浆倒入离心管中,在 4 ℃下 10 000 r/min 离心 15 min,取上清液。

(6)上清液即酪氨酸酶粗提液。

2. 酪氨酸酶的纯化

(1)配制磷酸盐浓度为 0.02 mol/L、pH 值为 8.0 的平衡液:将 6.8047 g 十二水合磷酸氢二钠固体、0.1560 g 二水合磷酸二氢钠固体加水溶解,加水定容至 1000 mL。

(2)配制磷酸盐浓度为 0.02 mol/L、pH 值为 6.0 的洗脱液:将 13.7290 g 十二水合磷酸氢二钠固体、4.2975 g 二水合磷酸二氢钠固体、29.2200 g 氯化钠固体加水溶解,加水定容至 1000 mL。

(3)自制二乙氨基乙基纤维素(DEAE 纤维素)阴离子交换层析柱。

(4)利用蛋白质纯化系统纯化粗酶液。压力限为 0.35 MPa。进样流速为 3 mL/min,洗脱流速为 2 mL/min(根据柱的大小调整进样和洗脱流速)。洗脱时,每管收集洗脱液 3 mL。

（5）利用 1 mol/L 氢氧化钠溶液和 pH 计，将之前配制的 5 mmol/L L-酪氨酸溶液调 pH 值至 6.8。

（6）根据洗脱时的紫外吸收图像，选出蛋白质含量较高的收集管，分别向其中加入等体积的 L-酪氨酸溶液，混匀，在常温下静置 4 h，观察体系颜色是否发生变化。若体系变成茶色（或黑色），则可确定其中含酪氨酸酶。

（7）重复提取和纯化工作，得到大量纯化后的酪氨酸酶溶液，保存于 −20 ℃ 冰箱内备用。

（8）利用聚丙烯酰胺凝胶电泳，分析纯化后酪氨酸酶的纯度，并计算回收率和纯化倍数。

（9）若纯度不理想，则可装填 Sephadex G-200 层析柱进一步纯化，步骤同上。

（10）若未经 Sephadex G-200 层析步骤，应增加 Sephadex G-25 脱盐步骤，随后冷冻干燥得到酶干粉。

3. 动力学参数的测定

（1）配制酪氨酸溶液：酪氨酸难溶于水，而易溶于乙酸。因此使用 0.2 mol/L 乙酸溶液在 70 ℃ 水浴中溶解酪氨酸，使用前用 1 mol/L 氢氧化钠溶液调至所需 pH 值。以配制 5 mmol/L 的酪氨酸溶液为例，将 0.0906 g 酪氨酸溶解于 100 mL 0.2 mol/L 乙酸溶液中即可。

（2）配制浓度为 0.5 mmol/L、0.3 mmol/L、0.1 mmol/L、0.05 mmol/L、0.01 mmol/L 的 L-酪氨酸溶液。与酪氨酸酶溶液混合前，均调至 pH 值为 6.8。

（3）称取 0.5 mg 标准蘑菇酪氨酸酶，加入 0.05 mol/L、pH 值为 6.8 的磷酸盐缓冲液定容至 1 mL。

（4）取 100 μL 的酪氨酸酶溶液，加入 200 μL 的 L-酪氨酸溶液，迅速混匀后加到比色皿中，在 317 nm 处测定体系在 20 min 内吸光度的连续变化，每 20 s 记录 1 次吸光度。

（5）绘制"吸光度-时间"曲线，利用 Excel 软件选定曲线中的线性部分，计算出酶促反应速率。

（6）使用不同浓度的 L-酪氨酸溶液，分别计算其酶促反应速率。

（7）利用双倒数法求出酪氨酸酶的 K_m 值和 V_{max}。

（8）利用纯化后的酪氨酸酶溶液，重复上述操作，计算其 K'_m 值，比较 K_m 与 K'_m。

4. 酪氨酸酶的鉴定和纯度分析（SDS-PAGE 法）

（1）配制上样缓冲液：由 12.5 mL 的 pH 值为 6.8 的 1 mol/L Tris-HCl 缓冲液、10 mL 甘油、2.0000 g SDS、1 mL β-巯基乙醇、0.0010 g 溴酚蓝配制而成，定容至 50 mL，在 −20 ℃ 下保存。

5×电泳缓冲液：将 36.0000 g 甘氨酸、7.5500 g Tris、2.5000 g SDS 加纯水溶解，加纯水定容至 500 mL，在室温下保存。

考马斯亮蓝 R-250：由 0.5000 g 考马斯亮蓝 R-250、60 mL 无水乙醇、20 mL 冰乙酸溶液配制而成，加纯水定容至 200 mL，在室温下保存。

脱色液：由 60 mL 无水乙醇、20 mL 冰乙酸溶液混合而成，加纯水定容至 200 mL，在室温下保存。

（2）按表 10-1 制分离胶和浓缩胶,制胶过程应迅速,防止胶凝结速度过快。

表 10-1 SDS-PAGE 制胶表 单位:mL

组分	12%分离胶	5%浓缩胶
30%丙烯酰胺溶液	4.0	0.83
1.5 mol/L Tris-HCl 缓冲液	2.5	0.0
1 mol/L Tris-HCl 缓冲液	0.00	0.63
10% SDS 溶液	0.1	0.05
纯水	3.3	3.4
10%过硫酸铵溶液	0.12	0.15
TEMED 溶液	0.015	0.02

（3）将 40 μL 蛋白质样品与 10 μL 上样缓冲液混匀后在 95 ℃下加热变性 1 min;蛋白质染色后冷却至室温,再小心将样品加至胶孔内。

（4）上样完毕后,开始电泳,电压设定为 80 V,待 Marker 距胶底部 1 cm 时停止电泳。

（5）将胶块取出,放入洁净的培养皿中,倒入适量考马斯亮蓝 R-250 染液,使其没过胶块,将培养皿置于水平摇床,染色 3 h。

（6）染色结束后,将培养皿中染液倒掉,倒入适量洗脱液,使其没过胶块,再放回水平摇床中,每隔 2 h 更换 1 次洗脱液,直至洗脱至胶块上出现肉眼可见的条带。

（7）拍照,并用软件对照片中各条带进行灰度分析,计算出酪氨酸酶在粗酶液和纯化后酶液中的相对含量及纯化倍数。

5. 其他因素的探索

可参照脲酶等实验,自行设计测定酪氨酸酶的最适反应温度、最适 pH 值、抗坏血酸与谷胱甘肽对其反应影响情况的实验。可以 pH 值对酪氨酸酶甲酚酶活性的影响为例进行简述。

（1）配制浓度为 0.1 mol/L,pH 值分别为 6.0、6.5、7.0、7.5、8.0 的磷酸盐缓冲液。

（2）称取 0.7 mg 蘑菇酪氨酸酶,溶于 1 mL 纯水中,保存于 4 ℃冰箱中。

（3）分别取 50 μL 蘑菇酪氨酸酶溶液,与 50 μL 的各种 pH 值缓冲液混合。

（4）分别向上述酶液中加入 200 μL 5 mmol/L 的酪氨酸溶液,迅速混匀。

（5）测定反应体系在 317 nm 处吸光度的变化,记录数据。

（6）利用 Excel 软件绘制"吸光度-时间"曲线,计算各组的酶促反应速率。

（7）比较各组反应速率,确定反应体系的最适 pH 值。

【注意事项】

提取蘑菇中酪氨酸酶时,提取液和搅拌机均需要放入 4 ℃冰箱中预冷。

【思考题】

（1）影响酶活性的因素有哪些?

（2）哪些因素影响酶的提取率和回收率?

（孔　宇）

第二节　南瓜多糖的提取、分离、纯化、鉴定及含量测定

【实验目的和要求】

(1)掌握南瓜多糖的提取、分离、纯化及鉴定技术。

(2)熟悉植物多糖的提取、分离、纯化原理及流程。

(3)了解南瓜多糖的理化性质。

【实验原理】

1. 南瓜多糖的理化性质

南瓜多糖为白色无定形粉末,有清香味,可溶于水,易溶于热水及乙酸乙酯等有机溶剂。南瓜多糖主要由 D-葡萄糖、D-半乳糖、L-阿拉伯糖、木糖和 D-葡糖醛酸组成,属酸性多糖,平均分子量为 16 000。已有研究表明,南瓜多糖具有降血糖、降血脂功能。

2. 提取原理

依据多糖易溶于热水的特性,使用热水提取。粗提物制备则利用多糖类物质在醇类溶剂中溶解度低的性质,采用水提醇沉法获得南瓜多糖粗制品。

3. 脱色原理

采用活性炭法脱色,主要依靠范德华力将色素吸附到活性炭表面。活性炭的颗粒越小,其比表面积越大,吸附能力越强。南瓜多糖粗制品多为黄褐色,去除色素成分有利于后续纯化。

4. 脱蛋白原理

采用 Sevage 法脱蛋白,即根据氯仿等有机溶剂导致蛋白质变性的性质,使用氯仿-戊醇(或正丁醇)混合物处理含蛋白质的样本。蛋白质与氯仿-戊醇生成凝胶物,离心后处于水层和有机溶剂层交界处。

5. 南瓜多糖提取率的计算

采用分光光度法测定南瓜多糖的含量。其原理为:多糖类成分在硫酸作用下,首先水解成单糖,并迅速脱水生成糠醛衍生物,然后糠醛衍生物与苯酚缩合成有色化合物(在 490 nm 处有最大吸收),通过测定生成有色化合物的量可表征多糖含量,进一步可计算南瓜多糖的提取率。

【器材和试剂】

1. 器材

恒温水浴锅,组织捣碎机,电子分析天平,电磁炉,分光光度计,搅拌机,高速冷冻离心机,干燥机,分液漏斗,电磁炉,圆底烧瓶,浓缩仪,小刀,试管架、试管,离心管架,50 mL 离心管,1000 mL 烧杯,1 mL 移液枪,表面皿,500 mL 容量瓶,玻璃棒,滤纸,等等。南瓜或南瓜粉。

2. 试剂

无水乙醇,乙醚,活性炭,正丁醇,氯仿,浓硫酸,苯酚,葡萄糖,等等。

【实验步骤】

1. 南瓜多糖提取

(1)预处理:将南瓜洗净、去皮、去籽后,切丝,烘干,粉碎过筛,即制成南瓜粉。

(2)称取 1 kg 干南瓜粉,以 1:10(质量比)加入蒸馏水,用组织捣碎机进行匀浆。取 200 mL 匀浆液放入 1000 mL 烧杯中,再加入 300 mL 蒸馏水,加热至沸后温火煮沸 1 h。用8层纱布趁热过滤,除去残渣。将上清液转入圆底烧瓶,在旋转蒸发仪上浓缩(浓缩条件为−0.1 MPa、60 ℃)至体积为 100 mL 左右。

(3)脱色:向浓缩液中加入 0.83%(质量分数)的活性炭,在 20 ℃下水浴 5 min 后离心(4000 r/min,20 min),留取上清液备用。

(4)Sevage 法脱蛋白:配制氯仿-正丁醇(体积比为 4:1)试剂,向脱色后的浓缩液中加入 4 倍体积的试剂,剧烈振荡 5 min。将液体置于萃取装置中,静置 10 min 后回收下层溶液;将所得下层溶液按照上述过程重复操作 3 次,保留下层液。过程中不断测量 595 nm 处吸光度,直到吸光度基本不变。

(5)醇沉:将脱色、脱蛋白后的溶液分装于离心管中,加入体积比1:3的无水乙醇(分析纯),混匀后静置 3 h(可酌情调整)。在 4000 r/min 下离心 20 min,分离沉淀。所得沉淀相继用少量无水乙醇及乙醚洗涤,取出沉淀物放入已称重的干燥表面皿中,在 80 ℃下干燥,即得粗多糖。刚从无水乙醇沉淀出来的南瓜多糖为白色、无定形的化合物,经脱水干燥后,南瓜多糖粗品为色泽浅黄,无异味的聚积物,粉碎后为浅黄色的粉末。

2. 南瓜多糖的提取率及纯度

1)提取率 将干燥后的南瓜多糖称重,计算多糖的提取率。

2)纯度鉴定 具体实施步骤如下。

(1)精密称取葡萄糖 0.0200 g,加水溶解并定容至 500 mL。取上述溶液 0.0 mL、0.2 mL、0.4 mL、0.6 mL、0.8 mL、1.2 mL 和 1.4 mL 分别于 7 支试管中,补加蒸馏水至 2.0 mL。然后向试管中加入 1.0 mL 6%苯酚溶液,摇匀后迅速加入 5.0 mL 浓硫酸溶液,摇匀后静置 20 min。静置完成后,先将试管置于沸水浴中加热 15 min,后迅速冷却至室温,以只加蒸馏水的反应液作空白,测定各管在 490 nm 处的吸光度,每个样本测 3 次,取平均值计入表 10-2。以 $A_{490\,nm}$ 为纵坐标,以对应的糖量值为横坐标制作标准曲线。用最小二乘法做回归分析,得到葡萄糖浓度(c)与吸光度($A_{490\,nm}$)的曲线(操作过程详见表 10-2)。

表 10-2 苯酚硫酸比色法测葡萄糖标准溶液数据记录

项目	1(空白)	2	3	4	5	6	7
葡萄糖标准液(mL)	0.0	0.2	0.4	0.6	0.8	1.2	1.4
蒸馏水(mL)	2.0	1.8	1.6	1.4	1.2	0.8	0.6
6%苯酚溶液(mL)	1.0	1.0	1.0	1.0	1.0	1.0	1.0
浓硫酸溶液(mL)	5.0	5.0	5.0	5.0	5.0	5.0	5.0
葡萄糖浓度 $c(\mu g/mL)$	0.0	8.0	16.0	24.0	32.0	40.0	48.0
吸光度 $A_{490\,nm}$	0.0						

(2)准确称取南瓜多糖 0.0200 g,加水溶解并置于 500 mL 容量瓶中定容,备用。量取配好的多糖液 2.0 mL 于试管中,按上述方法测定 490 nm 处的吸光度。

根据南瓜多糖吸光度和葡萄糖标准曲线,计算多糖纯度。

【注意事项】

(1)煮沸过程中需用玻璃棒不断搅拌,以免样品结块。

(2)煮沸过程中需间歇加入少量水,使杯内液体体积保持在 500 mL 左右。

【思考题】

(1)根据以上实验步骤,请推导表达多糖提取率及纯度的计算公式。

(2)请利用所学生物化学知识,分析多糖沉淀的原理。

(孔 宇)

第三节　柑橘皮黄酮类化合物的提取、分离及鉴定

【实验目的和要求】

(1)掌握黄酮类化合物的提取、分离、纯化及鉴定技术。

(2)熟悉二氢黄酮苷类化合物的提取、纯化、鉴定原理。

(3)了解黄酮和黄酮类化合物的理化性质及生理功能。

【实验原理】

1. 黄酮类化合物的一般性质

黄酮类化合物是植物光合作用的次生代谢产物,是含有苯色酮环的酚类化合物,有抗肿瘤、延缓衰老、增强心血管功能、增强免疫力、调解内分泌系统、护肝、抗炎、抗过敏、抑菌、抗病毒等作用。其结构中均含有两个具有酚羟基的苯环(A-环与B-环),基本母核为2-苯基色原酮(图 10-4 左)。

橙皮苷为二氢黄酮苷类化合物(图 10-4 右),是橙皮素与葡萄糖和鼠李糖结合形成的苷类,结晶为细树枝状(pH 值在 6~7 沉淀所得)。橙皮苷在水中溶解度为 1∶50 000,略溶于甲醇及热的冰乙酸,易溶于稀碱,几乎不溶于丙酮、苯及氯仿。

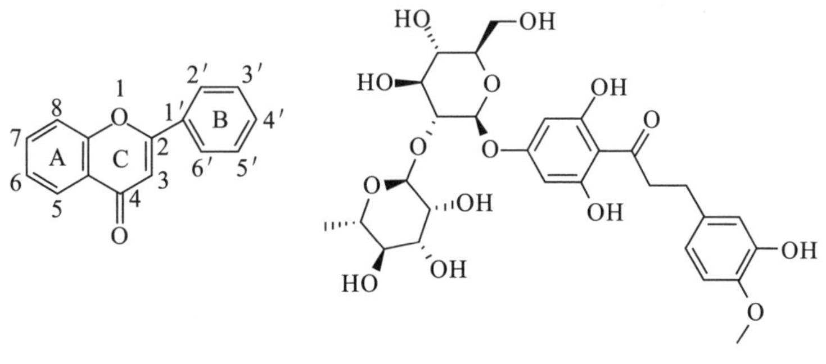

图 10-4　$C_6-C_3-C_6$ 和橙皮苷结构式

橘皮中橙皮苷含量丰富。本实验以柑橘皮为原料对其中的橙皮苷进行提取和分离。

2. 提取原理

常用溶剂法和碱溶酸沉法提取黄酮类化合物。溶剂法多以水或乙醇为溶剂,加热提取,所得提取液再用乙酸乙酯、乙醚等萃取,除去杂质。碱溶酸沉法则是利用黄酮类化合物易溶于碱水,酸化后又可沉淀析出的原理实现提取分离。

3. 鉴定原理

黄酮类化合物的颜色与分子的共轭程度及助色团(如—OH、—OCH₃等)的种类、数目及取代位置有关。如黄酮原本无色,但在 2 位上引入苯环后,即形成交叉共轭体系,从而呈现出颜色。

通常利用颜色反应来对黄酮类化合物定性鉴定。颜色反应有还原类反应和金属盐类络合反应两类。本实验的目标提取物是二氢黄酮类化合物,因此可利用乙酸镁反应和硼氢化钠($NaBH_4$)的方法进行鉴定。当用乙酸镁的甲醇溶液为显色剂时,二氢黄酮醇类反应产物显天蓝色荧光,若还具有 C_3 位—OH,则显色更为明显,而黄酮、黄酮醇、异黄酮类等化合物反应后产物分别显黄色、橙黄色、褐色。$NaBH_4$ 是对二氢黄酮类化合物专属性较高的一种还原剂,与二氢黄酮类化合物反应的最终产物显红紫色,而其他黄酮类物质无此反应,因而可用于此类物质的鉴定。

4. 橙皮苷含量的测定

二氢黄酮类化合物含量的检测方法有分光光度法、高效液相色谱法、毛细管电泳法、超临界流体色谱法、薄层扫描法等。本实验选择分光光度法,利用黄酮与铝离子在碱性和亚硝酸存在的条件下可生成黄色络合物(500 nm 处检测)的特性,通过测定生成物的吸光度来计算黄酮含量。

【器材和试剂】

1. 器材

紫外可见光分光光度计,电子分析天平,电热恒温水浴,离心机,索氏提取器,分液漏斗,10 mL、100 mL、500 mL 量筒,50 mL、100 mL 容量瓶,烧杯,玻璃棒,滤纸,pH 试纸,烘箱,等等。柑橘皮。

2. 试剂

冰乙酸,镁粉,乙酸镁,95％酒精,甲醇,盐酸,正丁醇,氢氧化钠,硼氢化钠,亚硝酸钠,硝酸铝,芦丁标准对照品,等等。

【实验步骤】

1. 橙皮苷提取

(1)柑橘皮的预处理:将干燥的柑橘皮粉碎至 1～2 mm 大小,称取 100.0000 g,加入 0.002 mol/L 稀盐酸溶液,在室温下搅拌 30 min。重复用 0.002 mol/L 稀盐酸溶液洗涤 2 次后,用清水洗涤干净,在室温下晾干。取干橘皮若干,置于 20 倍量的去离子水中,用盐酸溶液调节 pH 值至 2.0,在 85～90 ℃下搅拌提取 1 h。提取完毕后,保留滤渣(已除去了果胶)。

(2)粗制橙皮苷:称取提取果胶后的果皮渣 50.0000 g,用水洗涤至溶液无色,置于 500 mL烧杯中;加 50 mL 水搅匀,再在搅拌下加入 30％氢氧化钠溶液至 pH 值为 12.0;

在室温下慢速持续搅拌 1 h 后过滤；滤渣再用 400 mL 水浸泡 1 h，过滤。重复上一步 2 次，合并 3 次滤液。用盐酸溶液调节滤液至 pH 值为 4.5～5.0，在室温下静置过夜，使橙皮苷充分沉淀；滤取沉淀，用热水洗涤沉淀 2 次，干燥即得粗橙皮苷。

（3）精提橙皮苷：取粗制橙皮苷加入甲醇溶液和 0.1％氢氧化钠溶液（1∶2，V/V）使其完全溶解，过滤；滤液中加入盐酸溶液中和，静置过夜，过滤得白色晶体，烘干即得精制橙皮苷。

2. 橙皮苷的鉴定

取少量橙皮苷溶液滴于滤纸上，并喷以乙酸镁的甲醇溶液，加热干燥，在紫外光灯下观察，二氢黄酮、二氢黄酮醇类物质显天蓝色荧光。再用硼氢化钠反应进行验证：若在镁盐络合反应中显示天蓝色，在硼氢化钠反应中没有出现红紫色（或紫色）即证明提取成功。

3. 含量测定

（1）标准溶液制备：精密称取芦丁对照品 0.1000 g，置于 50 mL 容量瓶中，加入 95％酒精并定容即可。随后，精密量取 10.0 mL，置于 100 mL 容量瓶中，加入 95％酒精，摇匀即得（每毫升含有无水芦丁 0.2 mg）。

（2）标准曲线的制备：精密吸取对照液 0.0 mL、2.0 mL、4.0 mL、6.0 mL、8.0 mL、12.0 mL 分别置于 50 mL 容量瓶中（表 10-3），各加 95％酒精 12.0 mL 及 5％亚硝酸钠溶液 2.0 mL，混匀后放置 6 min。然后加入 10％硝酸铝溶液 2.0 mL，混匀并放置 6 min。随后加入 5％氢氧化钠溶液 20.0 mL，并用 95％酒精定容；以第 1 瓶为空白溶液，用紫外可见光分光光度计，分别在 510 nm 处测定吸光度，根据表格求得回归方程。

表 10-3　测芦丁标准溶液的加样表

项目	1（空白）	2	3	4	5	6
芦丁标准液（mL）	0.0	2.0	4.0	6.0	8.0	12.0
95％酒精（mL）	12.0	12.0	12.0	12.0	12.0	12.0
5％亚硝酸钠溶液（mL）	2.0	2.0	2.0	2.0	2.0	2.0
10％硝酸铝溶液（mL）	2.0	2.0	2.0	2.0	2.0	2.0
5％氢氧化钠溶液（mL）	20.0	20.0	20.0	20.0	20.0	20.0
95 ％酒精（mL）	14.0	12.0	10.0	8.0	6.0	2.0
芦丁浓度（μg/mL）	0.0	8.0	16.0	24.0	32.0	48.0
吸光度 $A_{510\ nm}$	0.0					

（3）精密称取提取物 1.5000 g，置于索氏提取器中，在 95％酒精中回流至无色（4～6 h）。

（4）将提取液置于烧杯中，水浴加热浓缩至干后，用热水洗涤 3 次，将洗液转移至分液漏斗中，用无水正丁醇液萃取 3～5 次，每次 10.0 mL，合并萃取液于烧杯中，水浴蒸干。

（5）用 95％酒精溶解上步产物，并定容至 50 mL 容量瓶中。

（6）精密量取 10.0 mL 上述溶液，用 95％酒精稀释 5 倍（可酌情调整稀释比例）后测定。绘制标准曲线并依据标准曲线计算提取物中橙皮苷的含量。

【注意事项】

当用紫外可见光分光光度计在 510 nm 处测定吸光度时,每组待测物应该至少测 3 次,取平均值。

【思考题】

(1)影响橙皮苷提取的因素有哪些?

(2)根据以上实验步骤,思考提取的目的产物总量的计算过程。

(孔 宇)

第四节 大豆中脲酶的分离、纯化及性质研究的实验方案设计

【实验目的和要求】

(1)掌握从粗提取液中分离、纯化脲酶并测定其纯度、活性、酶的动力学参数的方法。

(2)熟悉测定粗提取液中的蛋白质总浓度的方法。

(3)了解从大豆中提取脲酶的方法。

【实验原理】

1. 脲酶的提取

脲酶广泛存在于微生物、动物、植物组织中,分子量为 48 300,等电点为 4.9,可溶于水和稀释缓冲液,不溶于有机溶剂。因而脲酶的提取可用丙酮或乙醇作为溶剂,使用沉淀法从大豆中提取。

2. 粗提取物中蛋白质总浓度的测定

大豆提取物中蛋白质总浓度的测定采用经典的考马斯亮蓝法。考马斯亮蓝试剂可与蛋白质结合,定量地生成在 595 nm 处有峰值吸收的物质,可用于蛋白质含量的精确测定。

3. 提取物中脲酶活力的测定

脲酶活力的测定采用纳氏试剂比色法。其原理为脲酶催化尿素的水解生成二氧化碳和氨气。反应式为:

$$(NH_2)_2CO + H_2O \xrightarrow{\text{脲酶}} 2NH_3 + CO_2$$

氨则可与纳氏试剂反应生成黄色配合物,在 480 nm 处具有特征吸收峰,其吸光度与氨的浓度成正比。反应式为:

$$NH_3 \cdot H_2O + 2K_2HgI_4 + 3KOH \longrightarrow HgO \cdot HgNH_2I + 7KI + 3H_2O$$
$$\text{(纳氏试剂)} \qquad\qquad \text{(碘化氨氧合汞)}$$

4. 脲酶的纯化

脲酶的纯化采用沉淀法,其原理与脲酶粗提取物制备环节的原理类似。

5. 脲酶酶促反应动力学参数的测定

利用纳氏试剂对脲酶的 K_m 值进行测定。脲酶催化尿素水解生成氨,后者与纳氏试剂结合生成黄色物质。可借助比色法测定单位时间内所生产的碳酸铵的量来求得酶促反应的速率。再依照 L-K 法作图,以酶促反应速率的倒数($1/v$)为纵坐标,以尿素浓度

倒数($1/c$)为横坐标,通过测定直线的斜率和截距即可求出脲酶的 K_m 值。

6. 抑制剂的影响

脲酶的抑制剂包括重金属离子、变性剂等。抑制剂对酶促反应的影响测定方法参考生物化学实验中的酶类实验。

【器材与试剂】

1. 器材

电子分析天平,磨粉机,制冰机,离心机,离心管 10 个(50 mL),人造沸石,分光光度计,恒温水浴锅,试管(50 mL),漏斗,滤纸,移液器,烧杯(100 mL、500 mL),等等。

2. 试剂

大豆粉(大豆),丙酮,乙酸,磷酸二氢钠,磷酸氢二钠,硫酸,硫酸铵,碘化汞,氯化汞,碘化钾,无水乙醇,尿素,硫酸锌,酒石酸钾钠,氢氧化钠,沸石,考马斯亮蓝,牛血清白蛋白(BSA),等等。

【实验步骤】

1. 配制纳氏试剂

(1)于 20 mL 热蒸馏水中溶解 3.5000 g 氯化汞,并溶解 10.0000 g 碘化钾于5 mL 水中,再将前者慢慢倒入碘化钾溶液中,不断搅拌直至出现微红色的少量沉淀物为止。然后向上述液体中加入 70 mL 30％氢氧化钾溶液,并在不断搅拌下向溶液滴加氯化汞溶液至出现红色沉淀为止。混匀,静置过夜,倾出上清液,储存在棕色试剂瓶(使用橡皮塞)中并放置于暗处保存。

(2)或可溶解 10.0000 g 碘化汞和 7.0000 g 碘化钾于少量蒸馏水中,另溶解 16.0000 g 氢氧化钠于50 mL 水中,待冷却后,将前者缓缓倒入后者(过程中匀速搅拌),再用水定容至 100 mL。过夜澄清后,倾出上清液,储存在棕色试剂瓶中。

2. 脲酶的提取

(1)称取 5.0000 g 人造沸石,置于烧杯中,用 2％乙酸溶液浸泡 20 min 后,用蒸馏水反复洗涤至中性,沥干备用。

(2)称取 20.0000 g 新鲜大豆粉,置于锥形瓶中,加入上述人造沸石和 100 mL 32％丙酮溶液,在冰浴中持续摇动 4～5 min。溶液最终经 4 层纱布过滤后留存。

(3)将滤渣重新置于锥形瓶中,另加 10 mL 32％丙酮溶液,再提取 1 次,经 4 层纱布过滤后的滤液在 4 ℃、3500 r/min 下离心 10 min,计量上清液体积,留用。可取 1 mL 酶液供测定酶活力和蛋白质含量使用。

3. 脲酶的沉淀

脲酶在 32％丙酮溶液中可缓慢沉淀,若此时酶液 pH 值在酶的等电点附近,沉淀过程会显著加快。操作时,将提取酶液置于冰浴中,用滴管逐滴滴加 2％乙酸溶液并缓慢搅拌,实时检测 pH 值变化,直至等电点附近。

将沉淀物仔细转入预冷的离心管,在 4 ℃、3500 r/min 下离心 10 min。回收上清液中的丙酮,沉淀即脲酶粗品。风干后称重,计算酶的产率。

4. 脲酶的重结晶

预先将酶溶液在冰浴中冷却至 2～4 ℃,后缓慢加入等体积预冷的 64％丙酮溶液(需搅拌）。静置 4 h 以上,等待晶体缓慢析出。获得结晶后尽快干燥,并低温保存(理想的晶体晶型为正方体,当结晶环境的 pH 值处于等电点时,结晶速度快,晶形将不够规整)。

5. 酶活力的测定

将所得粗酶溶于少许蒸馏水中,吸取 0.2～0.4 mL 用于测定酶活力和蛋白质含量。操作步骤见表 10 - 4。

使用考马斯亮蓝法测定蛋白质含量。标准曲线的获得和绘制,见表 10 - 5。待测样本的反应条件同表 10 - 4 和表 10 - 5 中操作。

表 10 - 4　操作步骤参考表

项目	1	2	3
添加稀释的待测酶溶液(mL)	0.0	0.0	1.0
标准硫酸铵溶液(mL)	0.0	0.3	0.0
蒸馏水(mL)	2.0	1.7	1.0
1 mol/L 硫酸溶液(mL)	1.0	1.0	0.0
25 ℃恒温水浴	5 min	5 min	5 min
3%尿素(mL)	1.0	1.0	1.0
5 min 后,向样品管内加入 1 mol/L 硫酸 1.0 mL 终止反应			
另取 3 支干净试管,分别应用于上面的各反应液进行显色			
反应液(mL)	0.2	0.2	0.2
蒸馏水(mL)	4.3	4.3	4.3
纳氏试剂(mL)	0.5	0.5	0.5
各管混合后,30 min,用分光光度计测定			
吸光度 $A_{420\ nm}$			

表 10 - 5　标准曲线制作参考表

项目	1	2	3	4	5	6
1 mg/mL 标准蛋白质 BSA 溶液(mL)	0.00	0.01	0.02	0.03	0.04	0.05
0.1 mol/L 氯化钠溶液（mL）	0.10	0.09	0.08	0.07	0.06	0.05
蛋白质浓度(mg/mL)	0.0	0.1	0.2	0.3	0.4	0.5
考马斯亮蓝试剂(mL)	5.0	5.0	5.0	5.0	5.0	5.0
迅速混匀各管,1 h 后在 595 nm 处测定,以标准蛋白质含量为横坐标,以 $A_{595\ nm}$ 为纵坐标,绘制标准曲线						
吸光度 $A_{595\ nm}$						

6. K_m 值的测定

如表 10 - 6 所示操作,采用双倒数法作图并计算 K_m 值。

7. pH 值对脲酶活性的影响

在固定其他反应条件不变的情况下,对 pH 值的影响进行探索,具体操作见表 10 - 7。

8. 离子强度对酶活性的影响

在固定其他反应条件不变的情况下,对离子强度的影响进行探索,具体操作见表 10 - 8。

表 10-6　K_m 值测定操作参考表

项目	1	2	3	4	5
尿素稀释倍数	1/20	1/30	1/40	1/50	1/50
加入尿素稀释溶液的体积(mL)	0.2	0.2	0.2	0.2	0.2
尿素终浓度稀释倍数	1/100	1/150	1/200	1/250	1/250
1/15 mol/L PB 溶液(mL)	0.6	0.6	0.6	0.6	0.6
脲酶溶液(mL)	0.2	0.2	0.2	0.2	—
煮沸的脲酶溶液(mL)	—	—	—	—	0.2
摇匀,37 ℃水浴	5 min	5 min	5 min	5 min	5 min
100 g/L 硫酸锌溶液(mL)	0.5	0.5	0.5	0.5	0.5
蒸馏水(mL)	3.0	3.0	3.0	3.0	3.0
0.5 mol/L 氢氧化钠溶液(mL)	0.5	0.5	0.5	0.5	0.5
充分摇匀,在室温下静置 5 min,过滤,另取 5 支试管,编号,加样如下					
滤液(mL)	1.0	1.0	1.0	1.0	1.0
蒸馏水(mL)	2.0	2.0	2.0	2.0	2.0
显色液(纳氏试剂)(mL)	0.75	0.75	0.75	0.75	0.75
加入显色液后,迅速摇匀,在 420 nm 处测定吸光度					
吸光度 $A_{420\,nm}$					

注:因尿素终浓度太大,吸光度超出量程范围,故需进行适当稀释。

双倒数法绘制($1/c$—$1/A$)曲线,求出 K_m 值。

表 10-7　pH 值对脲酶活性影响操作参考表

项目	1	2	3	4	5
尿素稀释倍数	1/20	1/30	1/40	1/50	1/50
加入尿素稀释溶液的体积（mL）	0.2	0.2	0.2	0.2	0.2
尿素终浓度稀释倍数	1/100	1/150	1/200	1/250	1/250
1/15 mol/L PB 溶液（mL）	0.6	0.6	0.6	0.6	0.6
脲酶溶液（mL）	0.2	0.2	0.2	0.2	—
煮沸的脲酶溶液（mL）	—	—	—	—	0.2
0.5 mol/L 盐酸溶液（mL）	1.0	0.5	—	—	—
0.5 mol/L 氢氧化钠溶液（mL）	—	—	—	0.5	1.0
摇匀,37 ℃水浴	5 min	5 min	5 min	5 min	5 min
100 g/L 硫酸锌溶液（mL）	0.5	0.5	0.5	0.5	0.5
蒸馏水（mL）	3.0	3.0	3.0	3.0	3.0
0.5 mol/L 氢氧化钠溶液（mL）	0.5	0.5	0.5	0.5	0.5

项目	1	2	3	4	5
充分摇匀,在室温下静置 5 min,过滤,另取 5 支试管,编号,加样如下					
滤液(mL)	1.0	1.0	1.0	1.0	1.0
蒸馏水(mL)	2.0	2.0	2.0	2.0	2.0
显色液(纳氏试剂)(mL)	0.75	0.75	0.75	0.75	0.75
吸光度 $A_{420\,nm}$					

表 10-8 离子强度对脲酶活性影响操作参考表

项目	1	2	3	4	5
尿素稀释倍数	1/20	1/30	1/40	1/50	1/50
加入尿素稀释溶液的体积(mL)	0.2	0.2	0.2	0.2	0.2
尿素终浓度稀释倍数	1/100	1/150	1/200	1/250	1/300
1/15 mol/L PB 溶液(mL)	0.6	0.6	0.6	0.6	0.6
脲酶溶液(mL)	0.2	0.2	0.2	0.2	0.2
0.5 mol/L 氯化钠溶液(mL)	0	0.5	1.0	1.5	2.0
摇匀,37 ℃水浴	5 min	5 min	5 min	5 min	5 min
100 g/L 硫酸锌溶液(mL)	0.5	0.5	0.5	0.5	0.5
蒸馏水(mL)	3.0	3.0	3.0	3.0	3.0
0.5 mol/L 氢氧化钠溶液(mL)	0.5	0.5	0.5	0.5	0.5
充分摇匀,在室温下静置 5 min,过滤,另取 5 支试管,编号,加样如下					
滤液(mL)	1.0	1.0	1.0	1.0	1.0
蒸馏水(mL)	2.0	2.0	2.0	2.0	2.0
显色液(纳氏试剂)(mL)	0.7	0.7	0.7	0.7	0.7
吸光度 $A_{420\,nm}$					

9. 脲酶抑制剂的作用研究

在测定 K_m 值实验的基础上,考查抑制剂存在时 K_m 值的变化,并进行比较。选择 1% 硫酸铜溶液作为抑制剂,在 37 ℃下进行实验,具体操作见表 10-9。

表 10-9 抑制剂对脲酶活性影响操作参考表

项目	1	2	3	4	5
尿素稀释倍数	1/20	1/30	1/40	1/50	1/50
加入尿素稀释溶液的体积(mL)	0.2	0.2	0.2	0.2	0.2
尿素终浓度稀释倍数	1/100	1/150	1/200	1/250	1/250
1/15 mol/L PB 溶液(mL)	0.6	0.6	0.6	0.6	0.6
脲酶溶液(mL)	0.2	0.2	0.2	0.2	—

续表

项目	1	2	3	4	5
煮沸的脲酶溶液(mL)	—	—	—	—	0.2
1%硫酸铜溶液(mL)	0.5	0.5	0.5	0.5	0.5
摇匀,37 ℃水浴	5 min	5 min	5 min	5 min	5 min
100 g/L硫酸锌溶液(mL)	0.5	0.5	0.5	0.5	0.5
蒸馏水(mL)	3.0	3.0	3.0	3.0	3.0
0.5 mol/L氢氧化钠溶液(mL)	0.5	0.5	0.5	0.5	0.5
充分摇匀,在室温下静置5 min,过滤,另取5支试管,编号,加样如下					
滤液(mL)	1.0	1.0	1.0	1.0	1.0
蒸馏水(mL)	2.0	2.0	2.0	2.0	2.0
显色液(纳氏试剂)(mL)	0.75	0.75	0.75	0.75	0.75
吸光度 $A_{420\,nm}$					

10. 温度对酶活性的影响

分别在20 ℃、25 ℃、30 ℃、35 ℃、40 ℃下测定酶的活性,通过作图来分析温度对酶活性的影响,详细步骤见表10-10。

表10-10　温度对脲酶活性影响操作参考表

项目	1	2	3	4	5
加入尿素稀释溶液的体积（mL）	0.2	0.2	0.2	0.2	0.2
脲酶溶液（mL）	0.2	0.2	0.2	0.2	0.2
不同温度（℃）	20	25	30	35	40
水浴时间(min)	5	5	5	5	5
蒸馏水（mL）	3.0	3.0	3.0	3.0	3.0
0.5 mol/L氢氧化钠溶液（mL）	0.5	0.5	0.5	0.5	0.5
充分摇匀,在室温下静置5 min,过滤,另取5支试管,编号,加样如下					
滤液（mL）	1.0	1.0	1.0	1.0	1.0
蒸馏水（mL）	2.0	2.0	2.0	2.0	2.0
显色液(纳氏试剂)(mL)	0.75	0.75	0.75	0.75	0.75
吸光度 $A_{420\,nm}$					

【注意事项】

纳氏试剂有一定毒性,需妥善处置试剂及废液。

【思考题】

还有什么方法可以表征脲酶的活性,请试着写出实验方案。

（孔　宇）

第五节　酵母菌中谷胱甘肽的分离、纯化、鉴定

【实验目的和要求】

(1)掌握谷胱甘肽提取、纯化、鉴定相关技术。

(2)熟悉从酵母菌中提取、纯化、鉴定活性小肽的原理。

(3)了解谷胱甘肽的性质。

【实验原理】

1. 谷胱甘肽的简介

谷胱甘肽分为还原型谷胱甘肽和氧化型谷胱甘肽两种,广泛存在于动物、植物体内,多以还原型谷胱甘肽(GSH)出现。GSH 学名为 N-(N-L-γ-谷氨酰基-L-半胱氨酰基)甘氨酸,结构式见图 10-5,化学式为 $C_{10}H_{17}N_3O_6S$,分子量为 307.32。氧化型谷胱甘肽(GSSG)由两分子还原型谷胱甘肽通过二硫键连接形成。谷胱甘肽的等电点约 2.3,易溶于水和稀释缓冲液,不溶于丙酮等有机溶剂。谷胱甘肽在体内有维持氧化应激水平、清除自由基、参与物质代谢、解毒等功能。

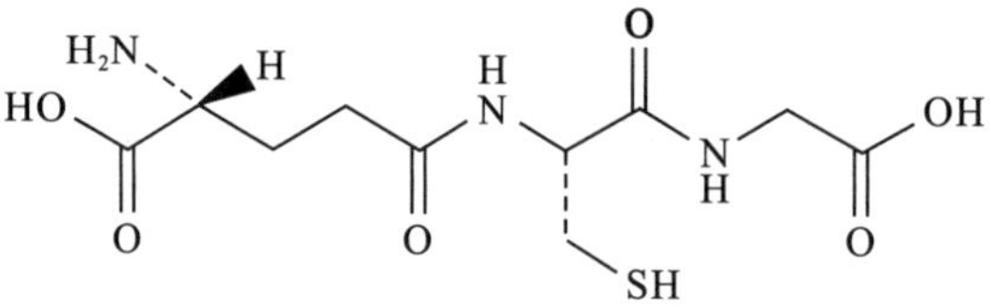

图 10-5　谷胱甘肽的结构式

2. 谷胱甘肽的测定原理

测定谷胱甘肽可利用其巯基的理化性质,如基于还原性可进行氧化还原滴定,直接测定基团红外光谱等,也可对巯基进行衍生化,利用衍生化基团的性质,如可见光吸收、紫外吸收、荧光发射/吸收等,实现巯基的检测。此外,基于色谱分离偶联各类检测模式(如电化学、紫外-可见光吸收、荧光、质谱等),可更准确地测定 GSH 而避免其他巯基化合物对测定的干扰。本实验可参考以下两种方法,实际操作时选择其一完成。

(1)Ellman 法测定 GSH 中的巯基,反应式见图 10-6。原理为:5,5′-二硫代-2-硝基苯甲酸与巯基在弱碱性环境可进行反应,反应产物在 410～420 nm 处有强吸收。通过测定反应过程中 412 nm 处吸光度的变化量来表征巯基的含量。

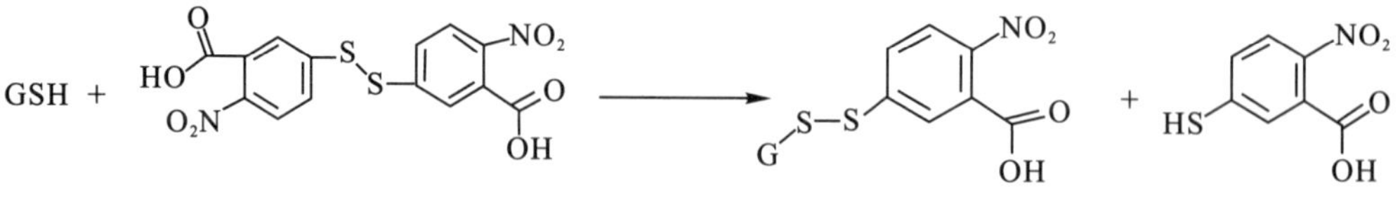

图 10-6　Ellman 法测定 GSH 的反应式

(2)碘量法:其原理是碘酸钾可将碘化钾氧化为碘,而生成的碘能使两分子 GSH 氧化转变为 GSSG,GSH 消耗完后过量的碘又可使淀粉变蓝色(即为滴定终点)。反应式如

下。碘酸钾消耗量与 GSH 的含量呈正相关,由此可用于 GSH 的测定。

$$KIO_3 + KI + 3H_2SO_4 \Longrightarrow 3I_2 + 3K_2SO_4 + 3H_2O$$

$$GSH + I_2 \Longrightarrow GSSG + 2HI$$

3. 分离、纯化的原理

(1)依据等电点:已知谷胱甘肽的等电点约 2.3,因而其在 pH 值为 5.0 的缓冲液中带负电,使用阴离子交换树脂(如 717 强碱性苯乙烯系阴离子交换树脂)可对谷胱甘肽进行纯化。(操作参见酪氨酸酶纯化实验)

(2)依据谷胱甘肽的溶解性(粗提):利用谷胱甘肽在水中较好的溶解度,在醇-水溶液中仍有一定溶解度,而在醇中溶解度较低的特点,可采取热水或醇-水溶液提取,通过冷却加离心、醇沉等手段分离得到粗提物。

4. 活性测定的原理

水果切开后,水果中的物质(如酪氨酸类物质、多酚类物质)在多酚氧化酶等的作用下被空气中的氧气氧化,生成色素,从而引发褐化。GSH 的疏基具有还原性,可防止、减缓空气中氧气的氧化,抑制水果果肉褐变。通过观测水果果肉褐变程度变化的差异可表征 GSH 的活性。

【器材和试剂】

1. 器材

电子分析天平,pH 计,搅拌机,高速冷冻离心机,紫外可见光分光光度计,蛋白质纯化仪(含样品收集装置),蛋白质电泳设备,冷冻干燥机,石英比色皿,50 mL 离心管,500 mL、1000 mL 烧杯,移液枪(10 μL、200 μL、1 mL),容量瓶(1000 mL),250 mL 锥形瓶,研钵,Φ 2.6×60 cm 层析柱,水浴锅,微量滴定管,量筒,匀浆机,混匀仪,试管,等等。酵母菌干粉(安琪酵母),苹果,芹菜。

2. 试剂

还原型谷胱甘肽,氧化型谷胱甘肽,碘酸钾,碘化钾,硫酸,无水乙醇,十二水合磷酸氢二钠,二水合磷酸二氢钠,氢氧化钠,氯化钠,甲醇,葡聚糖 Sephadex G-25 层析介质,三羟甲基氨基甲烷(Tris),盐酸,5,5′-二硫代-2-硝基苯甲酸,717 强碱性苯乙烯系阴离子交换树脂,柠檬酸,邻苯二酚,pH 试纸,淀粉,等等。

(1)GSH 标准溶液:称取 0.3070 g GSH,溶于 50 mL 水可得 2 mmol/L 溶液。使用时按比例稀释,每周重新配制 1 次。

(2)5,5′-二硫代-2-硝基苯甲酸溶液:称取 0.0990 g 5,5′-二硫代-2-硝基苯甲酸,溶于 10 mL 水(pH 值为 8.0)中即成。

(3)淀粉指示剂:称取 5.0000 g 淀粉,溶于 100 mL 热水中,静置至室温。

(4)硫酸溶液:按照 1∶1(V/V)配制。

(5)碘酸钾标准溶液:精确称取 17.8330 g 碘酸钾,溶于 500 mL 水中即成 1/6 mol/L 碘酸钾溶液。

(6)pH 值为 6.86 的 100 mmol/L 磷酸盐缓冲液:称取 3.5800 g 十二水合磷酸氢二钠和 1.5600 g 二水合磷酸二氢钠,溶于 100 mL 水中即可。

(7)2%～4%氢氧化钠溶液:称取 2.0000～4.0000 g 氢氧化钠,溶于 100 mL 水中即成。

(8)5%盐酸溶液:取浓盐酸 5 mL 用水稀释至 100 mL 即可。

(9)pH 值为 5.8 的 0.2 mol/L 磷酸氢二钠-0.1 mol/L 柠檬酸缓冲液:称取 3.5800 g 十二水合磷酸氢二钠、1.9200 g 柠檬酸,溶于 100 mL 水中,调节 pH 值至 5.8。

(10)0.05 mol/L 邻苯二酚溶液:称取 0.0055 g 邻苯二酚,溶于 1 mL 水即可。

【实验步骤】

1. 谷胱甘肽的提取

(1)酵母菌的培养:取干酵母 5.0000 g,放入 100 mL 灭菌后的含 10%蔗糖的 pH 值为 6.86 的 100 mmol/L 磷酸盐缓冲液中,置于摇床中过夜,即得。

(2)热水提取:取 10 mL 上述酵母菌液倒入 25 mL 沸腾的水中,水浴加热(95 ℃) 10 min 后,冷却至室温后置于冰水中冷却;在 2000 r/min 下离心 10 min,上清液即 GSH 粗提取液。

(3)醇-水溶液提取:取 10 mL 上述酵母菌液与按 1∶2(V/V)比例加入 50%酒精,在 200 r/min 下搅拌 2 h。在 2000 r/min 下离心 10 min,上清液即 GSH 乙醇粗提取液。

2. 谷胱甘肽的纯化

(1)717 强碱性苯乙烯系阴离子交换树脂,其活性基团是季胺基[—N(CH₃)₃],需活化后使用:先将树脂置于饱和食盐溶液中浸泡 18～20 h,再用 2 倍柱体积的水清洗;之后置于 2%～4%氢氧化钠溶液中浸泡 4 h,再用 2 倍柱体积的水清洗;最终用 5%盐酸溶液浸泡 8 h,用清水洗至中性待用。

(2)阴离子交换树脂对谷胱甘肽的分离纯化:将经过处理后的树脂 50.0000 g 装入 Φ 2.6×60 cm 层析柱中,取 GSH 粗提液,调 pH 值至 5.0,以 0.1 mL/min 上样。待 GSH 在柱上充分交换吸附后,用 2 倍柱体积的水清洗,采用 0.5 mmol/L 氯化钠溶液洗脱,流速设为为 2.0 mL/min,通过连接电导、紫外检测器监测及标准物质洗脱时间来确定 GSH 的出峰时间,并依此设定样品收集程序。

3. 谷胱甘肽收集液除盐

采用 Sephadex G-25 柱除盐,操作步骤参见蔗糖酶的提取、分离、纯化及活性鉴定、测定。冷冻干燥后制得谷胱甘肽提取物。

4. 谷胱甘肽含量的测定

Ellman 法测定 GSH 中的巯基。

(1)取试管若干,按照表 10-11 进行操作,每样测定 2 次,绘制出标准曲线。

(2)同条件下测定层析柱收集液(大约稀释 10 倍,可酌情调节稀释比例),除盐后收集液,冷冻干燥样品(按 500 μmol/L 配制)的吸光度,依据标准曲线确定样本中 GSH 的含量。

5. GSH 浓度的计算——碘量法

(1)于 250 mL 锥形瓶中加水 100 mL,精确加入含 GSH 的样本 1 mL(可酌情调整),混匀后再加入 2 mL 硫酸溶液和 1.0000 g 碘化钾,摇匀。溶解后加入 1 mL 淀粉指示剂,用碘酸钾滴定至蓝色即为终点。

(2)计算碘酸钾与 GSH 的摩尔比,由碘酸钾的消耗量计算 GSH 的浓度。

$$GSH\ 的浓度 = 307 \times 0.1 \times (V/1000)/V_1$$

式中:V 为碘酸钾标准溶液用量(mL),V_1 为待测液加入体积(mL)。

表 10 - 11　实验操作参考表

GSH 标准液 (mL)	蒸馏水 (mL)	0.1 mol/L 氢氧化钠 溶液(mL)	5,5′-二硫代-2-硝 基苯甲酸溶液(mL)		吸光度 $A_{412\,nm}$		
					1	2	平均值
0.0	4.0	5.0	1.0	混匀,40 ℃ 水浴反应 10 min			
0.2	3.8	5.0	1.0				
0.4	3.6	5.0	1.0				
0.8	3.2	5.0	1.0				
1.6	2.4	5.0	1.0				
3.2	0.8	5.0	1.0				

6. GSH 样品的纯度鉴定——HPLC 法

使用 RP - HPLC 模式检测 GSH 纯化后样品。

(1)称取冷冻干燥后 GSH 样品 1.53 mg 溶于 1 mL 水配制为 500 μmol/L GSH 待测样本。色谱条件:反相 C_{18} 色谱柱,流速为 1.0 mL/min,检测波长为 200 nm,进样量为 10 μL。梯度洗脱:0～30 min(100％流动相 A→100％流动相 B),30～35 min 100％流动相 B。流动相 A 为 5％甲醇溶液(含 0.1％乙酸溶液),流动相 B 为 95％甲醇溶液(含 0.1％乙酸溶液)。

(2)通过与相同浓度的 GSH 标准样品比对,确定 GSH 的保留时间。参照表格 10 - 11 测定系列浓度 GSH 的峰面积,以峰面积为纵坐标,以 GSH 浓度为横坐标绘制标准曲线。同法测定待测样本中 GSH 的峰面积,依据标准曲线计算出样本中的 GSH 浓度。

(3)可用上述方法测定每个步骤得到样本中 GSH 的浓度和量,并计算操作各步骤的回收率(操作后的量/操作前的量)。

7. GSH 的活性表征

(1)将易褐变的新鲜水果切成厚度约 2 mm 的薄片,用不同稀释倍数的谷胱甘肽提取液(相应提取液作对照)喷涂于切片表面,放置。比较喷涂谷胱甘肽前、后褐变程度。

(2)取新鲜的芹菜茎叶 50.0000 g,用水清洗干净,制成匀浆,在 4 ℃下 3000 r/min 离心 30 min,上清液留用。

(3)取上清液若干份,每份 1 mL,向其中添加不同稀释倍数的 GSH 即成提取液。在含有 4 mL pH 值为 5.8 的 0.2 mol/L 磷酸氢二钠-0.1 mol/L 柠檬酸缓冲液的试管中加入 0.05 mL 0.05 mol/L 邻苯二酚溶液,在 30 ℃下恒温 5 min,然后向其中加入 0.05 mL 上述提取液(以蒸馏水为空白对照),混匀后反应 5 min。使用分光光度计测定 410 nm 处吸光度。

（4）计算抑制率，比较添加谷胱甘肽前后多酚氧化酶活力变化。

$$抑制率（\%）=(A_c-A_s)/A_c\times100\%$$

式中：A_s为测定管吸光度，A_c为空白管吸光度。

【注意事项】

$5,5'$-二硫代-2-硝基苯甲酸有刺激性，应避免吸入。

【思考题】

影响 GSH 浓度测定准确性的因素有哪些？可采取哪些措施保证测定的准确性？

（孔　宇）

第六节　蔗糖酶的提取、分离、纯化及活性鉴定、测定

【实验目的和要求】

（1）掌握蔗糖酶的提取、分离、纯化及活性鉴定实验常用的技术、方法。

（2）熟悉酵母菌中蔗糖酶的提取、分离、纯化及活性鉴定的原理。

（3）了解蔗糖酶的性质与功能。

【实验原理】

1. 蔗糖酶的性质简介

蔗糖酶（invertase，EC 3.2.1.26）系统名称为 β-呋喃果糖苷酶，可水解蔗糖的 α-糖苷键（图 10-7）生成葡萄糖和果糖。蔗糖酶的分子量为 80 000～270 000，等电点为 5.6，溶于水和稀缓冲液，最适反应温度为 45～55 ℃，最适 pH 值为 4.5。

微生物来源的蔗糖酶性质比动物、植物来源更加稳定，生产周期短、成本低廉，非常适合蔗糖酶的提取制备。常见的可用于蔗糖酶制备的微生物是细菌或真菌，如酵母（本实验选用）、曲霉等。

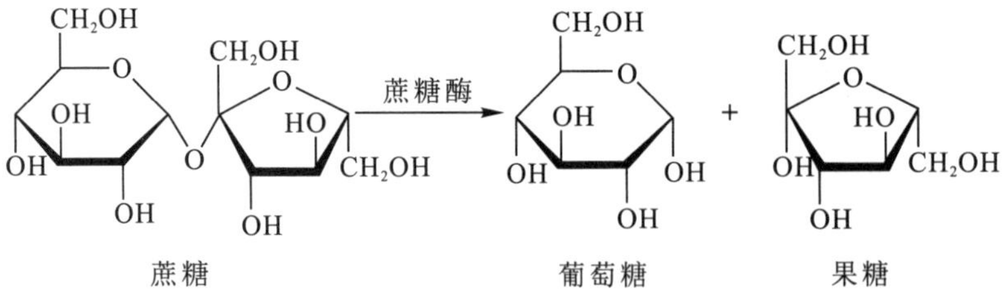

图 10-7　蔗糖水解反应式

2. 蔗糖酶的提取、分离、纯化及鉴定

（1）蔗糖酶的提取：常见的方法有 SDS 抽提法、冻融法、甲苯自溶法。其中，SDS 抽提法得到的酶活性最高，冻融法次之，甲苯自溶法最低。

（2）分离、纯化的原理：利用蛋白质的盐析特点、等电点、分子量等物化性质，可采用硫酸铵分级沉淀、离子交换色谱、透析等手段来分离制备蔗糖酶。

本实验采用离子交换色谱来实现分离、纯化：在大于等电点的 pH 值下，蔗糖酶带负电荷，可利用二乙氨基乙基纤维素（DEAE 纤维素）分离介质实现样品中蔗糖酶的分离、

纯化。使用 pH 值为 7.0 的平衡液使粗提液中蔗糖酶带负电并吸附至 DEAE 纤维素上，再使用 pH 值为 5.0 的高盐溶液将蔗糖酶洗脱。

（3）蔗糖酶样本的纯度测定：利用聚丙烯酰胺凝胶电泳可分析蔗糖酶的纯度。

（4）活性测定原理：蔗糖酶可水解蔗糖（非还原糖）生成葡萄糖和果糖（还原糖）。生成的还原糖在碱性条件下可与 3,5-二硝基水杨酸反应，生成 3-氨基-5-硝基水杨酸（棕红色，在 540 nm 处有特征吸收）和糖酸（图 10-8）。依据还原糖的量与棕红色物质生成量（吸光度大小）呈比例关系，通过测定 540 nm 处的吸光度，比对标准曲线即可求出样品中还原糖的生成量，进而间接表征出蔗糖酶的活性。

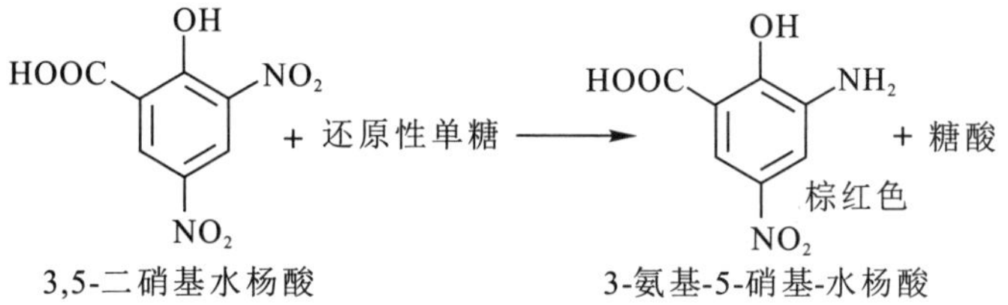

图 10-8 化学反应式示意图

（5）动力学参数测定原理：利用上述反应，通过比色法表征单位时间内所产生的单糖量，进而可求出不同浓度底物（蔗糖）时酶促反应初速率，再利用双倒数法即可测定蔗糖酶的 K_m 值。

【器材和试剂】

1. 器材

电子分析天平，恒温水浴锅，高速冷冻离心机，透析袋，紫外可见光分光光度计，HL-A 恒流泵，HD-3 紫外检测仪，样品收集器，冰箱，DEAE 高流速琼脂糖微球，可加热磁力搅拌器，涡旋混匀仪，移液器，烧杯，量筒，垂直电泳系统（电源、电泳槽），离心管，血糖管，等等。酵母菌，细砂。

2. 试剂

标准蔗糖酶，标准蛋白质，磷酸氢二钠，柠檬酸，乙酸钠，乙酸，3,5-二硝基水杨酸（DNS），结晶酚，氢氧化钠，亚硫酸氢钠，酒石酸钠，葡萄糖（分析纯），十二烷基硫酸钠（SDS），氯化钠，考马斯亮蓝 G-250，95% 酒精，85%（m/V）磷酸，牛血清白蛋白（BSA），三羟甲基氨基甲烷（Tris），盐酸，SDS-PAGE 配套材料，30% 凝胶储液，1.5 mol/L Tris-HCl 缓冲液（pH 值为 8.8），1 mol/L Tris-HCl 缓冲液（pH 值为 6.8），10% 过硫酸铵，四甲基乙二胺（TEMED），蒸馏水，2×样品溶解液，5×电泳缓冲液，考马斯亮蓝染色液，脱色液，凡士林，等等。

一定 pH 值缓冲液的配制见表 10-12。

（1）DNS 试剂：溶液 A，即将 6.9000 g 结晶酚溶解于 15.2 mL 氢氧化钠溶液（10%）中，并逐步稀释到 69 mL（过程中加入 6.9000 g 亚硫酸氢钠）即成。溶液 B，即称取 255 g 酒石酸钠，将其溶解于 300 mL 氢氧化钠溶液（10%）中，再加入 880 mL 3,5-二硝基水杨酸溶液（1%）即成。配制时，取溶液 A 和溶液 B 按 1:1 混合即得 DNS 试剂。试剂应储存在棕色试剂瓶中,在室温下放置 7～10 d 后即可使用。

表 10 - 12 　一定 pH 值缓冲液的配制方法

缓冲液 pH 值	缓冲试剂 1	体积(mL)	缓冲试剂 2	体积(mL)
2.5	0.2 mol/L 磷酸氢二钠溶液	3.65	0.2 mol/L 柠檬酸溶液	6.35
3.0	0.2 mol/L 磷酸氢二钠溶液	4.85	0.2 mol/L 柠檬酸溶液	5.15
3.5	0.2 mol/L 乙酸钠溶液	0.60	0.2 mol/L 乙酸溶液	9.40
4.0	0.2 mol/L 乙酸钠溶液	1.80	0.2 mol/L 乙酸溶液	8.20
4.5	0.2 mol/L 乙酸钠溶液	4.30	0.2 mol/L 乙酸溶液	5.70
5.0	0.2 mol/L 乙酸钠溶液	7.00	0.2 mol/L 乙酸溶液	3.00
5.5	0.2 mol/L 乙酸钠溶液	8.80	0.2 mol/L 乙酸溶液	1.20
6.0	0.2 mol/L 乙酸钠溶液	9.50	0.2 mol/L 乙酸溶液	0.50
6.5	0.2 mol/L 磷酸氢二钠溶液	3.15	0.2 mol/L 磷酸二氢钠溶液	6.85

(2)0.1％葡萄糖标准溶液:准确称取 0.1000 g 葡萄糖,用少量蒸馏水溶解后定容至 100 mL,冰箱中保存备用。

(3)Bradford 工作液:称取 0.1000 g 考马斯亮蓝 G - 250,溶于 50 mL 95％酒精,加入 100 mL 85％(m/V)磷酸,将溶液用水稀释到 1000 mL,棕色瓶保存。

(4)蛋白质标准溶液(Bradford 法):称取 0.0010 g 牛血清白蛋白(BSA),溶于 10 mL 蒸馏水中,即 100 μg/mL 原液,分别用来配制不同蛋白质浓度的标准溶液。

(5)pH 值为 4.6 的 0.1 mol/L 乙酸-乙酸钠缓冲液:取乙酸钠 1.8000 g,加冰乙酸 0.98 mL,再加水稀释至 100 mL 即得。

(6)0.1 mol/L 蔗糖溶液:称取 17.1150 g 蔗糖于烧杯中,加入约 100 mL 蒸馏水使其溶解,转移至 500 mL 容量瓶,加蒸馏水定容即得。

(7)1 mol/L 氢氧化钠溶液:称取 4.0000 g 氢氧化钠,溶于约 35 mL 蒸馏水中,冷却至室温后转移至 100 mL 容量瓶,用蒸馏水定容至刻线处。

(8)0.5 mmol/L SDS 溶液:称取 14.4200 g SDS,溶于 50 mL 温水中,定容至 100 mL。

【实验步骤】

1. 蔗糖酶的提取

方案 1:准确称取安琪酵母 13.0000 g,用 60 mL 0.5 mmol/L 的 SDS 溶液溶解后,加入 pH 值为 5.5 的乙酸-乙酸钠缓冲液调节溶液 pH 值为 5.0。将上述溶液在 50 ℃水浴中加热 10 h 后,在 4 ℃下 10 000 r/min 离心 20 min,上清液即粗制酶液,取出后保存在 4 ℃下备用。

方案 2:称取安琪酵母 10.0000 g、细砂 5.0000 g,置于研钵中,加入去离子水 30 mL 研磨 30 min。将研磨后的液体倒入 50 mL 离心管中,离心 15 min(4 ℃,10 000 r/min),上清液即粗制酶液,保存在 4 ℃下备用。

2. 硫酸铵的分级沉淀

在所提粗制酶液中加入固体硫酸铵至质量百分数达到 20％,在 0 ℃下放置 4 h 后,再在 8000 r/min 下离心 30 min,弃去沉淀收集上清液。再在上清液中加入固体硫酸铵至 50%饱和度,并在 0 ℃下放置 4 h,后在 8000 r/min 下离心 30 min,收集沉淀,弃去上清液。所得沉淀用预冷的 0.05 mol/L、pH 值为 5.0 的乙酸-乙酸钠缓冲液溶解即成蔗糖酶稀酶液。

3. 蔗糖酶活性的测定

取 7 支编号的试管按表 10 - 13 顺序依次加入 0.1%葡萄糖溶液、水和 DNS 试剂,在沸水浴中加热 5 min 后立即冷却;将溶液转移至血糖管中并用蒸馏水定容至 25 mL,摇匀后于 540 nm 处测定其吸光度,以葡萄糖质量(mg)为横坐标,以吸光度为纵坐标,绘制标准曲线。

表 10 - 13 标准曲线绘制参考表

项目	1	2	3	4	5	6	7
0.1%葡萄糖溶液(mL)	0.0	0.1	0.2	0.4	0.6	0.8	1.0
蒸馏水(mL)	1.0	0.9	0.8	0.6	0.4	0.2	0.0
DNS 试剂(mL)	2.0	2.0	2.0	2.0	2.0	2.0	2.0
混匀,95 ℃水浴 5 min,冷却至室温							
蒸馏水(mL)	22.0	22.0	22.0	22.0	22.0	22.0	22.0
吸光度 $A_{540\,nm}$							

取 4 支试管分别加入 0.5 mL 稀释酶液,在其中 1 个试管内加入 0.125 mL 1 mol/L 氢氧化钠溶液使酶失活来作为空白对照管。再向 4 支试管中分别加入 0.3 mL pH 值为 5.0 的 0.1 mol/L 乙酸-乙酸钠缓冲液(乙酸盐缓冲液),0.2 mL 0.1 mol/L 蔗糖溶液,在 37 ℃下准确反应 15 min 后,向 3 支测定管中加入 0.125 mL 1 mol/L 氢氧化钠溶液,迅速摇匀,终止反应。在移取反应混合液中取出 0.5 mL 用 DNS 试剂测定还原糖含量,记录 $A_{540\,nm}$ 值,依据标准曲线计算浓度。

依据单位时间吸光度的变化率来表征酶的活性。

4. 蔗糖酶的纯化

使用 DEAE -高流速琼脂糖交换柱(装柱,仪器连接参见之前实验),平衡液为 0.05 mol/L、pH 值为 7.0 的 Tris - HCl 缓冲液,洗脱液为 0.05 mol/L、pH 值为 7.0 的 Tris - HCl 缓冲液(含 0.8 mol/L 氯化钠溶液)。简要过程:①打开蠕动泵,用 5 倍柱体积的平衡液平衡交换柱。②将蠕动泵置于样品液中,用蠕动泵进样 5 mL,后用 2 倍柱床体积的平衡液预清洗柱体。③用洗脱液进行洗脱,流速为 0.5 mL/min,每管收集 5 mL。④测定每管的酶活,合并高活性酶液管,在 4 ℃下保存。

5. 除盐-透析(可选)

用 0.05 mol/L、pH 值为 5.0 的乙酸-乙酸钠缓冲液为透析液,在 4 ℃下透析 48 h。完毕后将样本在 4 ℃下保存备用(亦可将脱盐后的蔗糖酶溶液加入等体积乙醇,离心收集蔗糖酶沉淀,在 20 ℃下保存)。

6. 除盐-葡聚糖凝胶柱 Sephadex G - 25(可选)

干胶使用前需溶胀:称取 4.0000 g 葡聚糖凝胶 Sephadex G - 25,加入 50 mL 蒸馏水,搅拌均匀,在室温下溶胀 24 h 或沸水浴中溶胀 2 h,即成。装柱等操作参见前述酪氨酸酶相关实验。简要步骤:洗脱缓冲液(0.05 mol/L、pH 值为 5.0 的乙酸-乙酸钠缓冲液)按 0.5 mL/min 的速度洗脱,每 3 mL 收集 1 管。测定收集管中的蛋白质含量。将脱盐后的蔗糖酶溶液加入等体积的无水乙醇,离心收集蔗糖酶沉淀,在 −20 ℃ 下保存。

7. 蔗糖酶浓度的测定

(1)以牛血清白蛋白为标准(表 10 - 14)测定数据,绘制标准曲线。

表 10 - 14　蛋白质浓度测定标准曲线绘制参考表

试剂	0	1	2	3	4	5	6
1 mg/mL 标准蛋白质溶液(mL)	0.00	0.01	0.02	0.03	0.04	0.05	0.06
0.15 mol/L 氯化钠溶液(mL)	0.10	0.09	0.08	0.07	0.06	0.05	0.04
考马斯亮蓝试剂(mL)	4	4	4	4	4	4	4

(2)将上述试管中的溶液混匀,1 h 内以 0 号管为空白对照,测定 595 nm 处吸光度。

(3)以 $A_{595\,nm}$ 为纵坐标,以标准蛋白质含量为横坐标,绘制标准曲线。

(4)在标准曲线上找出待测蛋白质(经层析、透析、Sephadex G - 25 除盐后样本)对应的吸光度,求出其浓度,并结合纯度测定结果计算蔗糖酶的提取量。

8. 蔗糖酶纯度的测定

(1)制备分离胶和浓缩胶:固定好胶室后,如表 10 - 15,配制分离胶和浓缩胶。

表 10 - 15　聚丙烯酰胺凝胶电泳制胶参考表　　　　　　　　　单位:mL

项目	12%分离胶	5%浓缩胶
水	3.3	3.4
30%凝胶储备液	4.0	0.83
1.5 mol/L Tris - HCl(pH 值为 8.8)分离胶缓冲液	2.5	0
1.0 mol/L Tris - HCl(pH 值为 6.8)浓缩胶缓冲液	0	0.63
10%SDS 溶液	0.1	0.05
10%过硫酸铵溶液	0.12	0.15
TEMED 溶液	0.015	0.02
总体积	10	5

(2)样品准备:将标准蛋白质样品(标准蔗糖酶、标准蛋白质 Marker)和待测样品分别加入 10 μL 2×样品溶解液,保持总体积大于等于 20 μL,沸水浴中加热 3 min。在室温下冷却后离心备用。

(3)电泳:向电泳槽中加入 5×电泳缓冲液,拔去样品梳,上样。接好导线,先将电压设置为 80 V,待样品进入分离胶后,上调电压至 120 V;当蓝色前沿至下缘 1 cm 左右时,停止电泳。

(4)染色与脱色:在染色皿中加入考马斯亮蓝试剂,没过凝胶,加盖,在摇床上缓慢振荡染色 4 h 以上。染色后胶块置于 100 mL 洗脱液中,振荡脱色至蛋白质条带清晰。

(5)观察结果:记录电泳结果。以标准蛋白质中相对迁移率为横坐标,以标准蛋白质的分子量的对数值为纵坐标作图。根据蛋白质的迁移率(并与标准蔗糖酶进行比对),在半对数坐标上可估算并验证其分子量,通过灰度扫描分析,获得纯度信息。

9. 动力学参数的测定

(1)最适反应温度:取 21 支试管,分为 7 组,每组为 3 支。在每组试管中分别加入 0.5 mL 0.1 mg/mL 的酶溶液(以冻干干粉计,下同),其中一支管中先加入 0.125 mL 1 mol/L氢氧化钠溶液使酶失活(作为空白对照);再在 3 支试管中分别加入 pH 值为 5.0 的0.1 mol/L乙酸-乙酸钠缓冲液 0.3 mL,0.1 mol/L 的蔗糖溶液 0.2 mL。将这7组试管分别放置于 10 ℃、20 ℃、30 ℃、37 ℃、50 ℃、60 ℃、80 ℃的水浴锅中准确反应15 min。用 DNS 法进行酶活测定。绘制温度(横坐标)与酶活(纵坐标)的关系图,得到酶的最适反应温度。

(2)最适 pH 值:取 21 支试管,分为 7 组,每组为 3 支。在每组支试管中分别加入 0.5 mL 0.1 mg/mL 的酶溶液,其中一支管中先加入 0.125 mL 1 mol/L 氢氧化钠溶液使酶失活(作为空白对照)。再在 3 支试管中分别加入 0.2 mL 0.1 mol/L 的蔗糖溶液,以及 pH 值不同的缓冲溶液(pH 值分别为 2.0、3.0、4.0、5.0、6.0、7.0、8.0),然后将试管置于最适温度下水浴反应 15 min。用 DNS 法进行酶活测定,绘制 pH 值(横坐标)与酶活(纵坐标)的关系图,得到酶的最适 pH 值。

(3)蔗糖酶 K_m 值的测定:取干净试管 7 支,按表 10-16 步骤进行操作。

表 10-16　蔗糖酶 K_m 值测定试剂加样表

项目	1	2	3	4	5	6	7
蔗糖溶液(mL)	0.02	0.04	0.06	0.10	0.14	0.20	0.00
蒸馏水(mL)	1.18	1.16	1.14	1.10	1.06	1.00	1.20
缓冲液(mL)	0.40	0.40	0.40	0.40	0.40	0.40	0.40
氢氧化钠溶液(mL)	0.00	0.00	0.00	0.00	0.00	0.00	1.20
蔗糖酶溶液(mL)	0.40	0.40	0.40	0.40	0.40	0.40	0.40
加酶开始准确计时,反应120 s时终止反应(0.12 mL 1 mol/L 氢氧化钠溶液)							0.00
DNS 试剂(mL)	1.00	1.00	1.00	1.00	1.00	1.00	1.00
混匀,95 ℃水浴 5 min,冷却至室温							
双蒸水(mL)	10.00	10.00	10.00	10.00	10.00	10.00	10.00
吸光度 $A_{540\,nm}$							

绘制反应速度 V 的倒数与底物浓度[S]的倒数的关系图,计算 V_m 和 K_m。

【思考题】

结合已开设实验和所学知识,试列举 1~2 种测定蔗糖酶活性的方法。

(孔　宇)

第七节　橄榄叶中羟基酪醇的分离与活性测定

【实验目的和要求】

(1)掌握小分子物质的提取、纯化和鉴定的技术。

（2）熟悉羟基酪醇的提取、分离、纯化的原理、方法。

（3）了解羟基酪醇的物理和化学性质。

【实验原理】

1. 羟基酪醇的简介

橄榄油中的多种酚类化合物具有很好的抗炎、抗氧化效果，是橄榄油中的主要活性成分。根据目前已有报道，这些酚类化合物主要包括：①简单酚类化合物，如羟基酪醇、对羟基苯乙醇、香草酸等。②裂环烯醚萜类，如橄榄苦苷、葡萄糖苷等。③多酚类化合物，如木质素类、黄酮醇类。对羟苯基乙醇、羟基酪醇（hydroxytyrosol，HT）和它们的裂环烯醚萜衍生物在橄榄油总酚类化合物中占到了大约 90%，为其主要成分。因此，本实验采用超高效液相色谱（UPLC）对橄榄叶中的羟基酪醇（结构式见图 10 - 9）进行分离鉴定。

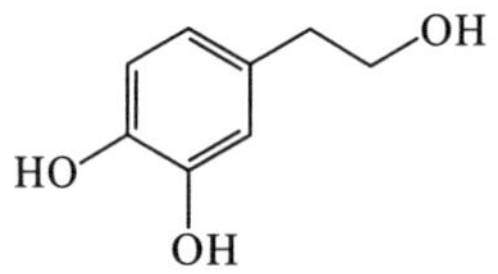

图 10 - 9　羟基酪醇的结构式

羟基酪醇属于两性分子，IUPAC 命名为 3,4 -二羟基苯基乙醇，分子式为 $C_8H_{10}O_3$，分子量为 154.16，白色粉末状固体。羟基酪醇具有较好的水溶性与脂溶性。

2. 分离纯化

羟基酪醇易溶于有机溶剂中，从而可被提取。因此，可以通过将橄榄叶（或橄榄果）物理破碎后，再利用有机溶剂，在超声条件下萃取、浓缩、干燥，最后利用液相色谱仪检测其纯度。

3. 细胞内活性氧的检测

活性氧（ROS）包括超氧自由基、过氧化氢及其下游产物过氧化物等。活性氧参与细胞的生长增殖、发育分化、衰老和凋亡及许多生理、病理过程。本实验采用 DCFH - DA 作为检测细胞内活性氧的探针。DCFH - DA 没有荧光，进入细胞后被酯酶水解为 DCFH。活性氧存在时 DCFH 被氧化成不能透过细胞膜的绿色荧光物质 DCF，其激发波长为 502 nm，发射波长为 530 nm，其荧光强度与细胞内活性氧水平的高低成正比。

【器材和试剂】

1. 器材

电子分析天平，搅拌机，高速冷冻离心机，紫外可见光分光光度计，石英比色皿，5 mL 容量瓶，50 mL 离心管，超声波萃取仪，加热干燥器，涡旋混匀仪，移液枪（1 套），液相色谱仪，酶标仪，等等。橄榄果（橄榄叶）。

2. 试剂

乙腈，甲醇，水，甲酸，活性氧检测试剂盒（含叔丁基过氧化氢，购置于南京建成生物工程研究所，南京）、高糖培养基、磷酸盐缓冲液（生工生物，上海）。

(1)高糖培养基：将 H－DMEM 培养基粉末 4 袋、4－羟乙基哌嗪乙磺酸{2－[4－(2－hydroxyethyl)piperazin－1－yl]ethanesulfonic acid,HEPES}18.0000 g、碳酸氢钠 14.8000 g、青霉素 G 钠盐 0.2424 g、硫酸链霉素 0.4000 g 溶于 4000 mL 超纯水中,用保鲜膜封口。充分搅拌溶解后用 0.22 μm 微孔滤膜过滤,在 4 ℃下保存。临用前加 10%(V/V)胎牛血清即可用于细胞培养。

(2)磷酸盐缓冲液：将 1 袋磷酸盐缓冲液粉末(可配制 500 mL 磷酸盐缓冲液)溶于超纯水中,充分搅拌溶解,高压蒸汽灭菌,在 4 ℃下保存。

【实验步骤】

(1)羟基酪醇标准溶液的配制：精确称取 0.7708 g 羟基酪醇,放入 2 mL 试管中,用移液器向试管中加入 1.5 mL 甲醇溶液(50%,V/V),用涡旋混匀仪充分混匀。将溶液一并转入到 5 mL 容量瓶中,并定容。将 5 mL 羟基酪醇母液分装到 200 μL 离心管中,每管 100 μL,在－80 ℃下保存,备用。每次使用前,将其按需求稀释至一定浓度使用。为了保证实验的稳定性,每管使用 1 周。

(2)将橄榄果(橄榄叶)用搅拌器充分破碎,将粉末与 70%甲醇溶液,按照 1：40 料液比例充分混合。利用超声波萃取仪在 150 W 条件下萃取 25 min。随后将萃取的溶液 10 000 g 离心 15 min,离心过程在 4 ℃下进行。取上清液,在 60 ℃条件下蒸干溶液。取蒸干后的物质 0.0100 g,加入 1 mL 含有 0.04%甲酸的甲醇溶液,充分振荡,超声,在 4 ℃下 10 000 g 离心 15 min。取上清液,过 0.22 μm 微孔滤膜,放入进样瓶中,等待进样使用。

(3)色谱柱选用 ACQUITY UPLC HSS T_3 1.8 μm(Φ2.1×100 mm)色谱柱,流动相使用甲醇(含 0.04%甲酸)和水(含 0.04%甲酸)。分离时间为 15 min,采用梯度洗脱：100%水(含 0.04%甲酸)－50%甲醇(含 0.04%甲酸)＋50%水(含 0.04 %甲酸),流速为 0.2 mL/min;检测波长为 200/280 nm。

(4)将按比例混合好的缓冲液、样品和标准品加入到指定规格的样品瓶中,放入仪器,编写程序,进行样品的分离。仪器操作过程简要描述如下。①打开软件,进入主界面后,根据安装的检测器选择紫外线检测,检测波长为 200/280 nm。②流动相在使用前需用 0.22 μm 微孔滤膜进行过滤,同时超声除去流动相中的气泡。装色谱柱时,先在 0.1 mL/min 流速下用 100%色谱级甲醇或乙腈冲洗色谱柱大约 5 min(T_3 柱最高耐受压为 15 000 p.s.i)。③当溶液均匀地从柱口流出时,停掉流速,将色谱柱出口端接到检测上(避免气泡进入检测系统)。每次开机之后,先要进行色谱柱的平衡,用色谱级甲醇或乙腈对整个管路进行清洗(至少 10 倍的色谱柱体积),流速不易过大(0.1～0.2 mL/min),待压力稳定后,可不断增加流速至实验所需流速,同时将紫外检测器打开。④依次编辑"inject""separate",保存后运行即可完成 1 次分离过程(运行前应确保试剂瓶放入正确位置!)。⑤每天实验完毕后,应先将紫外检测器关闭,然后用色谱级甲醇或乙腈冲洗整个管路,冲洗 7～8 min 后逐步减小流速,直至流速降为 0 mL/min。在压力稳定后,关闭仪器电源和电脑。⑥超过 2 h 不使用氘灯时,应关闭氘灯,以延长其寿命,关灯 2 h 后方可再次打开氘灯。

（5）根据单一标准品分离图和实际提取样品分离图的比较,计算提取羟基酪醇的纯度和产率。

（6）利用高糖培养基（H-DMEM）,在 37 ℃、5％二氧化碳条件下,培养 H9C2 大鼠心肌细胞。使 H9C2 细胞均匀长在 96 孔培养板中,待细胞密度生长至 80％左右时,加入不同密度的羟基酪醇提取物,最终使得羟基酪醇的浓度分别为 40 μmol/L、60 μmol/L、80 μmol/L、100 μmol/L（需要做 3 个复孔）,并培养 24 h。

（7）利用羟基酪醇完成细胞预处理后,在细胞中加入含有 300 μmol/L 叔丁基过氧化氢的培养基,处理 4 h。随后吸去培养基,用磷酸盐缓冲液清洗细胞 3 次,并加入新的含有 10 μmol/L DCFH-DA 的培养基培养 1 h。

（8）除去含有 10 μmol/L DCFH-DA 的培养基,并使用磷酸盐缓冲液清洗细胞3次,在最后清洗完成后,每孔加入 50 μL 磷酸盐缓冲液。利用酶标仪在 502 nm 条件下,检测 530 nm 处的荧光值。通过对荧光值的读取,检测羟基酪醇对活性氧的消除能力。

【注意事项】

（1）添加所有溶液时,注意切勿将待测溶液和样品污染。

（2）编写仪器方法时,确保试剂瓶放置的位置应与方法中的位置一致。

（3）注意在对流动相流速进行设置时,切勿将流速调节过大,以免整个液相色谱系统压力过大而损害仪器和色谱柱。

【思考题】

（1）在羟基酪醇的整个分离过程中,流动相中的甲酸起到了什么作用?

（2）在整个实验过程中,还有哪些实验步骤可以提高羟基酪醇的产率?

（李　华）

附　　录

附录一　实验室安全、管理制度

一、实验室安全须知

实验室安全事件指病原微生物及其感染性材料、危险化学品、易燃易爆品、强酸强碱等物质在实验室操作、储存等活动中,因违反操作规程或因自然灾害、意外事故、意外丢失等造成人员感染和(或)伤害的事件。

实验室安全事件按照其性质、严重程度、可控性和影响范围等因素,划分为Ⅰ级(重大)、Ⅱ级(较大)和Ⅲ级(一般)三级,依次用红色、黄色和蓝色表示。

重大实验室安全事件(Ⅰ级),主要包括:由于病原微生物感染或因危险化学品、易燃易爆品及强酸强碱等物质对实验室工作人员身体造成严重伤害和(或)对实验室财产造成重大损失的事件。

较大实验室安全事件(Ⅱ级),主要包括:由于病原微生物感染或因危险化学品、易燃易爆品及强酸强碱等物质对实验室工作人员身体造成一定伤害和(或)对实验室财产造成一定损失的事件。

一般实验室安全事件(Ⅲ级),主要包括:由于病原微生物外泄、危险化学品泄漏、有毒气体的挥发等,造成实验室工作人员的恐慌,影响实验室工作环境的和谐和稳定的事件。

(1)实验室产生的废液、废液残渣严禁直接排放至下水道,废液分别倒入有机、无机废液回收桶,统一打电话请学校安排具有相应处理资质的公司进行处理。

(2)对特别的实验,如危险化学品、易燃易爆品、放射性物质、特种设备等,要熟悉"实验室紧急安全事故应急预案"。一旦眼内溅入(任何)化学药品,务必尽快使用每层设置的紧急冲淋装置进行冲洗。对实验环节中可能发生的危险要时刻警惕,确保安全。

(3)熟悉消防器材的放置地点及消防器材的使用方法。

（4）实验室用电安全。实验室内禁止乱拉电线，对不用的电线应及时拆除，对走向不明的线路应视为带电线路而慎重处理。在使用高压灭菌锅、烘箱等电热设备过程中，使用人员不得离开。实验前要清楚实验所用电源的配置，其电压、频率应与实验设备所要求的电源电压、频率相符。

（5）实验动物安全。严格按照实验动物管理办法操作，正确穿戴防护服、口罩、手套，做好安全防护措施。熟练掌握动物实验技术，避免被动物咬伤或抓伤。实验动物尸体及其他动物实验相关废弃物，要用塑料袋包装、冷冻保存，集中送往具有资质的单位进行处理。

（6）生物安全。实验室工作人员应安全操作尖利器，包括针头、玻璃、一次性手术刀在内的利器应在使用后立即放在耐扎容器中。实验室工作人员在实际或可能接触了血液、体液或其他污染材料后应洗手，严禁用戴有实验手套的手开关门。

二、实验室火灾应急处理预案

（1）发现火情，现场工作人员立即采取措施处理，防止火势蔓延并迅速报告。

（2）确定火灾发生的位置，判断出火灾发生的原因，如压缩气体、液化气体、易燃液体、易燃物品、自燃物品等。

（3）明确火灾周围环境，判断出是否有重大危险源分布及是否会带来次生灾难发生。

（4）明确救灾的基本方法，并采取相应措施，按照应急处置程序采用适当的消防器材进行扑救；包括木材、布料、纸张、橡胶及塑料等的固体可燃材料的火灾，可采用水冷却法，但对珍贵图书、档案应使用二氧化碳、卤代烷、干粉灭火剂灭火。易燃可燃液体、易燃气体和油脂类等化学药品火灾，可使用大剂量泡沫灭火剂、干粉灭火剂将液体火灾扑灭。带电电气设备火灾，应切断电源后再灭火，因现场情况及其他原因，不能断电，需要带电灭火时，应使用沙子或干粉灭火器，不能使用泡沫灭火器或水。可燃金属，如镁、钠、钾及其合金等火灾，应用特殊的灭火剂，如干砂或干粉灭火器等来灭火。

（5）依据可能发生的危险化学品事故类别、危害程度级别，划定危险区，对事故现场周边区域进行隔离和疏导。

（6）视火情拨打"119"报警求救，并到明显位置引导消防车。

三、实验室爆炸应急处理预案

（1）实验室爆炸发生时，实验室负责人或安全员在其认为安全的情况下必须及时切断电源和管道阀门。

（2）所有人员应听从临时召集人的安排，有组织地通过安全出口或用其他方法迅速撤离爆炸现场。

（3）应急预案领导小组负责安排抢救工作和人员安置工作。

四、实验室中毒应急处理预案

（1）首先将中毒者转移到安全地带，解开领扣，使其呼吸通畅，让中毒者呼吸到新鲜空气。

（2）误服毒物中毒者，须立即引吐、洗胃及导泻，患者清醒而又合作，宜饮大量清水引吐，亦可用药物引吐。对引吐效果不好或昏迷者，应立即送医院用胃管洗胃。

(3)重金属盐中毒者,喝一杯含有几克硫酸镁的水溶液,立即就医。不要服催吐药,以免引起危险或使情况复杂化。砷和汞化物中毒者,必须紧急就医。

(4)吸入刺激性气体中毒者,应立即将患者转移离开中毒现场,给予2‰～5‰碳酸氢钠溶液雾化吸入、吸氧。气管痉挛者应酌情给解痉挛药物雾化吸入。应急人员一般应配置过滤式防毒面罩、防毒服装、防毒手套、防毒靴等。

五、实验室化学灼伤应急处理预案

(1)强酸、强碱及其他一些化学物质,具有强烈的刺激性和腐蚀作用。当发生这些化学灼伤时,应用大量流动清水冲洗,再分别用低浓度的(2‰～5‰)弱碱、弱酸进行中和。处理后,再依据情况而定,进行下一步处理。

(2)溅入眼内时,在现场立即就近用大量清水或生理盐水彻底冲洗。冲洗时,眼睛置于水龙头上方,水向上冲洗眼睛冲洗,时间应不少于15 min,处理后,再送眼科医院治疗。

六、实验室触电应急处理预案

(1)触电急救的原则是在现场采取积极措施保护伤员生命。

(2)首先要使触电者迅速脱离电源,越快越好,触电者未脱离电源前,救护人员不准用手直接触及伤员。使伤者脱离电源方法:①切断电源开关。②若电源开关较远,可用干燥的木橇、竹竿等挑开触电者身上的电线或带电设备。③可用几层干燥的衣服将手包住,或者站在干燥的木板上,拉触电者的衣服,使其脱离电源。

(3)触电者脱离电源后,应视其神志是否清醒,以便进行下一步处理。神志清醒者,应使其就地躺平,严密观察,暂时不要站立或走动;如神志不清,应就地仰面躺平,且确保气道通畅,并于5 s时间间隔呼叫伤员或轻拍其肩膀,以判定伤员是否意识丧失。禁止摇动伤员头部呼叫伤员。

(4)抢救的伤员应立即就地坚持用人工肺复苏法正确抢救,并设法联系校医务室接替救治。

附录二 常用缓冲液

1. 磷酸氢二钠-柠檬酸缓冲液

pH 值	0.2 mol/L 磷酸氢二钠溶液（mL）	0.1 mol/L 柠檬酸溶液（mL）	pH 值	0.2 mol/L 磷酸氢二钠溶液（mL）	0.1 mol/L 柠檬酸溶液（mL）
2.2	0.40	19.60	5.2	10.72	9.28
2.4	1.24	18.76	5.4	11.15	8.85
2.6	2.18	17.82	5.6	11.60	8.40
2.8	3.17	16.83	5.8	12.09	7.91
3.0	4.11	15.89	6.0	12.63	7.37
3.2	4.94	15.06	6.2	13.22	6.78
3.4	5.70	14.30	6.4	13.85	6.15
3.6	6.44	13.56	6.6	14.55	5.45
3.8	7.10	12.90	6.8	15.45	4.55
4.0	7.71	12.29	7.0	16.47	3.53
4.2	8.28	11.72	7.2	17.39	2.61
4.4	8.82	11.18	7.4	18.17	1.83
4.6	9.35	10.65	7.6	18.73	1.27
4.8	9.86	10.14	7.8	19.15	0.85
5.0	10.30	9.70	8.0	19.45	0.55

2. 柠檬酸-柠檬酸钠缓冲液（0.1 mol/L）

pH 值	0.1 mol/L 柠檬酸溶液（mL）	0.1 mol/L 柠檬酸钠溶液（mL）	pH 值	0.1 mol/L 柠檬酸溶液（mL）	0.1 mol/L 柠檬酸钠溶液（mL）
3.0	18.6	1.4	5.0	8.2	11.8
3.2	17.2	2.8	5.2	7.3	12.7
3.4	16.0	4.0	5.4	6.4	13.6
3.6	14.9	5.1	5.6	5.5	14.5
3.8	14.0	6.0	5.8	4.7	15.3
4.0	13.1	6.9	6.0	3.8	16.2
4.2	12.3	7.7	6.2	2.8	17.2
4.4	11.4	8.6	6.4	2.0	18.0
4.6	10.3	9.7	6.6	1.4	18.6
4.8	9.2	10.8			

3. 乙酸-乙酸钠缓冲液(0.2 mol/L)(18 ℃)

pH 值	0.3 mol/L 乙酸溶液(mL)	0.2 mol/L 乙酸钠溶液(mL)	pH 值	0.3 mol/L 乙酸溶液(mL)	0.2 mol/L 乙酸钠溶液(mL)
2.6	9.25	0.75	4.8	4.10	5.90
3.8	8.80	1.20	5.0	3.00	7.00
4.0	8.20	1.80	5.2	2.10	7.90
4.2	7.35	2.65	5.4	1.40	8.60
4.4	6.30	3.70	5.6	0.90	9.10
4.6	5.10	4.90	5.8	0.60	9.40

4. 磷酸氢二钠-磷酸二氢钠缓冲液(0.2 mol/L)

pH 值	0.2 mol/L 磷酸氢二钠溶液(mL)	0.3 mol/L 磷酸二氢钠溶液(mL)	pH 值	0.2 mol/L 磷酸氢二钠溶液(mL)	0.3 mol/L 磷酸二氢钠溶液(mL)
5.8	8.0	92.0	7.0	61.0	39.0
5.9	10.0	90.0	7.1	67.0	33.0
6.0	12.3	87.7	7.2	72.0	28.0
6.1	15.0	85.0	7.3	77.0	23.0
6.2	18.5	81.5	7.4	81.0	19.0
6.3	22.5	77.5	7.5	84.0	16.0
6.4	26.5	73.5	7.6	87.0	13.0
6.5	31.5	68.5	7.7	89.5	10.5
6.6	37.5	62.5	7.8	91.5	8.5
6.7	43.5	56.5	7.9	93.0	7.0
6.8	49.0	51.0	8.0	94.7	5.3
6.9	55.0	45.0			

5. Tris - HCl 缓冲液(0.05 mol/L,25 ℃)

pH 值	0.1 mol/L 三羟甲基氨基甲烷溶液(mL)	0.1 mol/L 盐酸溶液(mL)	pH 值	0.1 mol/L 三羟甲基氨基甲烷溶液(mL)	0.1 mol/L 盐酸溶液(mL)
7.10	50.0	45.7	8.10	50.0	26.2
7.20	50.0	44.7	8.20	50.0	22.9
7.30	50.0	43.4	8.30	50.0	19.9
7.40	50.0	42.0	8.40	50.0	17.2
7.50	50.0	40.3	8.50	50.0	14.7
7.60	50.0	38.5	8.60	50.0	12.4
7.70	50.0	36.6	8.70	50.0	10.3
7.80	50.0	34.5	8.80	50.0	8.5
7.90	50.0	32.0	8.90	50.0	7.0
8.00	50.0	29.2			

6. 硼酸-硼砂缓冲液(0.2 mol/L 硼酸根)

pH 值	0.2 mol/L 硼酸溶液(mL)	0.05 mol/L 硼砂溶液(mL)	pH 值	0.2 mol/L 硼酸溶液(mL)	0.05 mol/L 硼砂溶液(mL)
7.4	9.0	1.0	8.2	6.5	3.5
7.6	8.5	1.5	8.4	5.5	4.5
7.8	8.0	2.0	8.7	4.0	6.0
8.0	7.0	3.0	9.0	2.0	8.0

7. 硼砂-氢氧化钠缓冲液(0.05 mol/L 硼酸根)

pH 值	0.05 mol/L 硼砂溶液(mL)	0.2 mol/L 氢氧化钠溶液(mL)	pH 值	0.05 mol/L 硼砂溶液(mL)	0.2 mol/L 氢氧化钠溶液(mL)
9.3	50.0	6.0	9.8	50.0	34.0
9.4	50.0	11.0	10.0	50.0	43.0
9.6	50.0	23.0	10.1	50.0	46.0

8. 甘氨酸-氢氧化钠缓冲液(0.05 mol/L)

pH 值	0.2 mol/L 甘氨酸溶液(mL)	0.2 mol/L 氢氧化钠溶液(mL)	pH 值	0.2 mol/L 甘氨酸溶液(mL)	0.2 mol/L 氢氧化钠溶液(mL)
8.6	50.0	4.0	9.6	50.0	22.4
8.8	50.0	6.0	9.8	50.0	27.2
9.0	50.0	8.8	10.0	50.0	32.0
9.2	50.0	12.0	10.4	50.0	38.6
9.4	50.0	16.8	10.6	50.0	45.5

9. 邻苯二甲酸-盐酸缓冲液(0.05 mol/L)

pH 值 (20 ℃)	0.2 mol/L 邻苯二甲酸氢钾溶液(mL)	0.2 mol/L 盐酸溶液(mL)	pH 值 (20 ℃)	0.2 mol/L 邻苯二甲酸氢钾溶液(mL)	0.2 mol/L 盐酸溶液(mL)
2.2	5.000	4.070	3.2	5.000	1.470
2.4	5.000	3.960	3.4	5.000	0.990
2.6	5.000	3.295	3.6	5.000	0.597
2.8	5.000	2.642	3.8	5.000	0.263
3.0	5.000	2.022			

10. 无机酸在水溶液中的解离常数(25 ℃)

名称	化学式	K_a	pK_a
偏铝酸	$HAlO_2$	6.3×10^{-13}	12.20
亚砷酸	H_3AsO_3	6.0×10^{-10}	9.22
砷酸	H_3AsO_4	$6.3\times10^{-3}(K_1)$	2.20
		$1.05\times10^{-7}(K_2)$	6.98
		$3.2\times10^{-12}(K_3)$	11.50
硼酸	H_3BO_3	$5.8\times10^{-10}(K_1)$	9.24
		$1.8\times10^{-13}(K_2)$	12.74
		$1.6\times10^{-14}(K_3)$	13.80
次溴酸	$HBrO$	2.4×10^{-9}	8.62
氢氰酸	HCN	6.2×10^{-10}	9.21
碳酸	H_2CO_3	$4.2\times10^{-7}(K_1)$	6.38
		$5.6\times10^{-11}(K_2)$	10.25
次氯酸	$HClO$	3.2×10^{-8}	7.50
氢氟酸	HF	6.61×10^{-4}	3.18
锗酸	H_2GeO_3	$1.7\times10^{-9}(K_1)$	8.78
		$1.9\times10^{-13}(K_2)$	12.72
高碘酸	HIO_4	2.8×10^{-2}	1.56
亚硝酸	HNO_2	5.1×10^{-4}	3.29
次磷酸	H_3PO_2	5.9×10^{-2}	1.23
亚磷酸	H_3PO_3	$5.0\times10^{-2}(K_1)$	1.30
		$2.5\times10^{-7}(K_2)$	6.60
磷酸	H_3PO_4	$7.52\times10^{-3}(K_1)$	2.12
		$6.31\times10^{-8}(K_2)$	7.20
		$4.4\times10^{-13}(K_3)$	12.36
氢硫酸	H_2S	$1.3\times10^{-7}(K_1)$	6.88
		$7.1\times10^{-15}(K_2)$	14.15
亚硫酸	H_2SO_3	$1.23\times10^{-2}(K_1)$	1.91
		$6.6\times10^{-8}(K_2)$	7.18
硫代硫酸	$H_2S_2O_3$	$2.52\times10^{-1}(K_1)$	0.60
		$1.9\times10^{-2}(K_2)$	1.72
氢硒酸	H_2Se	$1.3\times10^{-4}(K_1)$	3.89
		$1.0\times10^{-11}(K_2)$	11.0

名称	化学式	Ka	pKa
焦磷酸	$H_4P_2O_7$	3.0×10^{-2} (K_1)	1.52
		4.4×10^{-3} (K_2)	2.36
		2.5×10^{-7} (K_3)	6.60
		5.6×10^{-10} (K_4)	9.25
硅酸	H_2SiO_3	1.7×10^{-10} (K_1)	9.77
		1.6×10^{-12} (K_2)	11.80

11. 有机酸在水溶液中的解离常数(25 ℃)

名称	化学式	Ka	pKa
甲酸	$HCOOH$	1.8×10^{-4}	3.75
乙酸	CH_3COOH	1.74×10^{-5}	4.76
乙醇酸	$CH_2(OH)COOH$	1.48×10^{-4}	3.83
草酸	$(COOH)_2$	5.4×10^{-2} (K_1)	1.27
		5.4×10^{-5} (K_2)	4.27
甘氨酸	$CH_2(NH_2)COOH$	1.7×10^{-10}	9.78
一氯乙酸	$CH_2ClCOOH$	1.4×10^{-3}	2.86
二氯乙酸	$CHCl_2COOH$	5.0×10^{-2}	1.30
三氯乙酸	CCl_3COOH	2.0×10^{-1}	0.70
丙酸	CH_3CH_2COOH	1.35×10^{-5}	4.87
丙烯酸	$CH_2{=}CHCOOH$	5.5×10^{-5}	4.26
乳酸	$CH_3CHOHCOOH$	1.4×10^{-4}	3.86
甘油酸	$HOCH_2CHOHCOOH$	2.29×10^{-4}	3.64
正丁酸	$CH_3(CH_2)_2COOH$	1.52×10^{-5}	4.82
异丁酸	$(CH_3)_2CHCOOH$	1.41×10^{-5}	4.85
酒石酸	$HOCOCH(OH)CH(OH)COOH$	1.04×10^{-3} (K_1)	2.98
		4.55×10^{-5} (K_2)	4.34
正戊酸	$CH_3(CH_2)_3COOH$	1.4×10^{-5}	4.86
异戊酸	$(CH_3)_2CHCH_2COOH$	1.67×10^{-5}	4.78
2-戊烯酸	$CH_3CH_2CH{=}CHCOOH$	2.0×10^{-5}	4.70
3-戊烯酸	$CH_3CH{=}CHCH_2COOH$	3.0×10^{-5}	4.52
4-戊烯酸	$CH_2{=}CHCH_2CH_2COOH$	2.10×10^{-5}	4.677
正己酸	$CH_3(CH_2)_4COOH$	1.39×10^{-5}	4.86
异己酸	$(CH_3)_2CH(CH_2)_3COOH$	1.43×10^{-5}	4.85

名称	化学式	K_a	pK_a
己二酸	$HOCOCH_2CH_2CH_2CH_2COOH$	$3.80\times10^{-5}(K_1)$	4.42
		$1.43\times10^{-5}(K_2)$	5.41
柠檬酸	$HOCOCH_2C(OH)(COOH)CH_2COOH$	$7.4\times10^{-4}(K_1)$	3.13
		$1.7\times10^{-5}(K_2)$	4.76
		$4.0\times10^{-7}(K_3)$	6.40
苯酚	C_6H_5OH	1.1×10^{-10}	9.96
邻苯二酚	$(o)C_6H_4(OH)_2$	$3.6\times10^{-10}(K_1)$	9.45
		$1.6\times10^{-13}(K_2)$	12.8
间苯二酚	$(m)C_6H_4(OH)_2$	$3.6\times10^{-10}(K_1)$	9.30
		$8.71\times10^{-12}(K_2)$	11.06
对苯二酚	$(p)C_6H_4(OH)_2$	1.1×10^{-10}	9.96
苯甲酸	C_6H_5COOH	6.3×10^{-5}	4.20
葡萄糖酸	$CH_2OH(CHOH)_4COOH$	1.4×10^{-4}	3.86
邻硝基苯甲酸	$(o)NO_2C_6H_4COOH$	6.6×10^{-3}	2.18
间硝基苯甲酸	$(m)NO_2C_6H_4COOH$	3.5×10^{-4}	3.46
对硝基苯甲酸	$(p)NO_2C_6H_4COOH$	3.6×10^{-4}	3.44
水杨酸	$C_6H_4(OH)COOH$	$1.05\times10^{-3}(K_1)$	2.98
		$4.17\times10^{-13}(K_2)$	12.38

12. 无机碱在水溶液中的解离常数(25 ℃)

名称	化学式	K_b	pK_b
氢氧化铝	$Al(OH)_3$	$1.38\times10^{-9}(K_3)$	8.86
氢氧化银	$AgOH$	1.10×10^{-4}	3.96
氢氧化钙	$Ca(OH)_2$	3.72×10^{-3}	2.43
		3.98×10^{-2}	1.40
氨水	$NH_3\cdot H_2O$	1.78×10^{-5}	4.75
肼(联氨)	$N_2H_4\cdot H_2O$	$9.55\times10^{-7}(K_1)$	6.02
		$1.26\times10^{-15}(K_2)$	14.9
羟氨	$NH_2OH\cdot H_2O$	9.12×10^{-9}	8.04
氢氧化铅	$Pb(OH)_2$	$9.55\times10^{-4}(K_1)$	3.02
		$3.0\times10^{-8}(K_2)$	7.52
氢氧化锌	$Zn(OH)_2$	9.55×10^{-4}	3.02

13. 有机碱在水溶液中的解离常数(25 ℃)

名称	化学式	K_b	pK_b
甲胺	CH_3H_2	4.17×10^{-4}	3.38
尿素(脲)	$CO(NH_2)_2$	1.5×10^{-14}	13.82
乙胺	$CH_3CH_2NH_2$	4.27×10^{-4}	3.37
乙醇胺	$H_2N(CH_2)_2OH$	3.16×10^{-5}	4.50
乙二胺	$H_2N(CH_2)_2NH_2$	$8.51 \times 10^{-5}(K_1)$	4.07
		$7.08 \times 10^{-8}(K_2)$	7.15
二甲胺	$(CH_3)_2NH$	5.89×10^{-4}	3.23
三甲胺	$(CH_3)_3N$	6.31×10^{-5}	4.20
三乙胺	$(C_2H_5)_3N$	5.25×10^{-4}	3.28
丙胺	$C_3H_7NH_2$	3.70×10^{-4}	3.432
异丙胺	$i-C_3H_7NH_2$	4.37×10^{-4}	3.36
1,3-丙二胺	$NH_2(CH_2)_3NH_2$	$2.95 \times 10^{-4}(K_1)$	3.53
		$3.09 \times 10^{-6}(K_2)$	5.51
1,2-丙二胺	$CH_3CH(NH_2)CH_2NH_2$	$5.25 \times 10^{-5}(K_1)$	4.28
		$4.05 \times 10^{-8}(K_2)$	7.393
三丙胺	$(CH_3CH_2CH_2)_3N$	4.57×10^{-4}	3.34
三乙醇胺	$(HOCH_2CH_2)_3N$	5.75×10^{-7}	6.24
丁胺	$C_4H_9NH_2$	4.37×10^{-4}	3.36
异丁胺	$C_4H_9NH_2$	2.57×10^{-4}	3.59
叔丁胺	$C_4H_9NH_2$	4.84×10^{-4}	3.315
己胺	$H(CH_2)_6NH_2$	4.37×10^{-4}	3.36
辛胺	$H(CH_2)_8NH_2$	4.47×10^{-4}	3.35
苯胺	$C_6H_5NH_2$	3.98×10^{-10}	9.40
苄胺	C_7H_9N	2.24×10^{-5}	4.65
环己胺	$C_6H_{11}NH_2$	4.37×10^{-4}	3.36
吡啶	C_5H_5N	1.48×10^{-9}	8.83
六亚甲基四胺	$(CH_2)_6N_4$	1.35×10^{-9}	8.87
2-氯酚	C_6H_5ClO	3.55×10^{-6}	5.45
3-氯酚	C_6H_5ClO	1.26×10^{-5}	4.90
邻甲苯胺	$(o)CH_3C_6H_4NH_2$	2.82×10^{-10}	9.55
间甲苯胺	$(m)CH_3C_6H_4NH_2$	5.13×10^{-10}	9.29
对甲苯胺	$(p)CH_3C_6H_4NH_2$	1.20×10^{-9}	8.92
二苯胺	$(C_6H_5)_2NH$	7.94×10^{-14}	13.1
联苯胺	$H_2NC_6H_4C_6H_4NH_2$	$5.01 \times 10^{-10}(K_1)$	9.30
		$4.27 \times 10^{-11}(K_2)$	10.37

附录三　原子序数与原子量(节选)

原子序数	元素名称(英文)	化学符号	元素名称(中文)	相对原子质量
1	hydrogen	H	氢	[1.00784;1.00811]
2	helium	He	氦	4.002602(2)
3	lithium	Li	锂	[6.938;6.997]
4	beryllium	Be	铍	9.012182(3)
5	boron	B	硼	[10.806;10.821]
6	carbon	C	碳	[12.0096;12.0116]
7	nitrogen	N	氮	[14.00643;14.00728]
8	oxygen	O	氧	[15.99903;15.99977]
9	fluorine	F	氟	18.9984032(5)
10	neon	Ne	氖	20.1797(6)
11	sodium	Na	钠	22.98976928(2)
12	magnesium	Mg	镁	24.3050(6)
13	aluminium	Al	铝	26.9815386(8)
14	silicon	Si	硅	[28.084;28.086]
15	phosphorus	P	磷	30.973762(2)
16	sulfur	S	硫	[32.059;32.076]
17	chlorine	Cl	氯	[35.446;35.457]
18	argon	Ar	氩	39.948(1)
19	potassium	K	钾	39.0983(1)
20	calcium	Ca	钙	40.078(4)
21	scandium	Sc	钪	44.955912(6)
22	titanium	Ti	钛	47.867(1)
23	vanadium	V	钒	50.9415(1)
24	chromium	Cr	铬	51.9961(6)
25	manganese	Mn	锰	54.938045(5)
26	iron	Fe	铁	55.845(2)
27	cobalt	Co	钴	58.933195(5)
28	nickel	Ni	镍	58.6934(4)
29	copper	Cu	铜	63.546(3)
30	zinc	Zn	锌	65.38(2)
31	gallium	Ga	镓	69.723(1)
32	germanium	Ge	锗	72.63(1)

原子序数	元素名称（英文）	化学符号	元素名称（中文）	相对原子质量
33	arsenic	As	砷	74.92160(2)
34	selenium	Se	硒	78.96(3)
35	bromine	Br	溴	79.904(1)
36	krypton	Kr	氪	83.798(2)
37	rubidium	Rb	铷	85.4678(3)
38	strontium	Sr	锶	87.62(1)
39	yttrium	Y	钇	88.90585(2)
40	zirconium	Zr	锆	91.224(2)
41	niobium	Nb	铌	92.90638(2)
42	molybdenum	Mo	钼	95.96(2)
43	technetium	Tc	锝	98.9062(2)
44	ruthenium	Ru	钌	101.07(2)
45	rhodium	Rh	铑	102.90550(2)
46	palladium	Pd	钯	106.42(1)
47	silver	Ag	银	107.8682(2)
48	cadmium	Cd	镉	112.411(8)
49	indium	In	铟	114.818(3)
50	tin	Sn	锡	118.710(7)
51	antimony	Sb	锑	121.760(1)
52	tellurium	Te	碲	127.60(3)
53	iodine	I	碘	126.90447(3)
54	xenon	Xe	氙	131.293(6)
55	caesium(Cesium)	Cs	铯	132.9054519(2)
56	barium	Ba	钡	137.327(7)
57	lanthanum	La	镧	138.90547(7)
58	cerium	Ce	铈	140.116(1)
59	praseodymium	Pr	镨	140.90765(2)
60	neodymium	Nd	钕	144.242(3)
61	promethium	Pm	钷	144.9127(1)
62	samarium	Sm	钐	150.36(2)
63	europium	Eu	铕	151.964(1)
64	gadolinium	Gd	钆	157.25(3)
65	terbium	Tb	铽	158.92535(2)

续表

原子序数	元素名称（英文）	化学符号	元素名称（中文）	相对原子质量
66	dysprosium	Dy	镝	162.500(1)
67	holmium	Ho	钬	164.93032(2)
68	erbium	Er	铒	167.259(3)
69	thulium	Tm	铥	168.93421(2)
70	ytterbium	Yb	镱	173.054(5)
71	lutetium	Lu	镥	174.9668(1)
72	hafnium	Hf	铪	178.49(2)
73	tantalum	Ta	钽	180.94788(2)
74	tungsten	W	钨	183.84(1)
75	rhenium	Re	铼	186.207(1)
76	osmium	Os	锇	190.23(3)
77	iridium	Ir	铱	192.217(3)
78	platinum	Pt	铂	195.084(9)
79	gold	Au	金	196.966569(4)
80	mercury	Hg	汞	200.59(2)

附录四 常见凝胶填料基本参数表

填料名称	分离模式	粒径(μm)	备注
SOURCE 15~30 Q/S	离子交换	15~30	pH 2~12,耐压 4 MPa,流速 800~2000 cm/h,高流速,低反压
SOURCE 15 PHE/ISO/ETH	疏水	15	pH 2~12,耐压 0.5 MPa,流速 1800 cm/h,高流速,低反压
SOURCE 15~30 RPC	反相	15~30	pH 2~12,耐压 10 MPa,流速 1800~2000 cm/h,高流速,低反压
Superdex 30/75/200 pg	分子量(<10 000/3000~70 000/10 000~600 000)	22~44	高分辨率。重组蛋白肽类、多糖、小蛋白等/重组蛋白、细胞色素/单抗、大蛋白;pH 3~12,耐压 0.3 MPa,流速 90 cm/h
Superose 6/12 pg	分子量(5000~500 000/1000~300 000)	20~40	分子大小范围宽。肽类蛋白、多糖、寡核苷酸、病毒/肽类蛋白、多糖;pH 3~12,耐压 0.4/0.7 MPa,流速 40 cm/h
Sephacryl S - 100/200/300 HR	分子量(1000~100 000/5000~250 000/10 000~1 500 000)	25~75	肽类、激素、小蛋白/蛋白、抗体;pH 3~11,耐压 0.2 MPa,流速 60 cm/h
Sepharose 2B/4B/6B(CL)	分子量(70 000~40 000 000/60 000~20 000 000/10 000~4 000 000)	45~200	蛋白质、多糖、多肽;pH 4~9;耐压 0.004 MPa,流速 10 cm/h(流速 15 cm/h)
Sepharose Fast Flow 4/6 FF	10 000~4 000 000/60 000~20 000 000	45~165	质粒;pH 2~12;耐压 0.1 MPa,流速 250 cm/h
Sephadex G - 10/15/25	<700/100~1000/1000~5000	40~50	缓冲液交换等;pH 2~13;流速 80 cm/h
Sephadex LH - 20	100~4000	18~110	中草药、小分子;pH 2~13;流速 720 cm/h
DEAE Sepharose FF	容量 110 mg/mL	90	阴离子交换;pH 4~13;耐压 0.3 MPa,流速 750 cm/h
CM Sephadex C - 25	190 mg/mL	40~120	巨大分子;pH 2 - 12;耐压 0.1 MPa,流速 45 cm/h
Ni Sepharose HP	15 μmol Ni	24~44	组氨酸标签蛋白质纯化;pH 3~12;流速 150 cm/h

填料名称	分离模式	粒径(μm)	备注
Glutathione Sepharose HP	100 mg GST	24～44	GST 标签蛋白;pH 3～12;流速 150 cm/h
Dextrin Sepharose HP	约 7 mg MBP	24～44	MBP 蛋白;pH 3～12;流速150 cm/h
NHS activated Sepharose 4 FF	12 mg IgG	45～165	pH 8～10 偶联 1～2 h;pH 3～13;流速 700 cm/h
CNBr activated Sepharose 4 B	25～60 mg 胰蛋白酶原	45～165	pH 8～10 偶联 1～16 h;pH 2～11;流速 75 cm/h
ECH Sepharose 4 B	12～16 μmol 羧基	45～165	pH 4.5,1.5～24 h;pH 3～14;流速 75 cm/h
EAH Sepharose 4 B	7～11 μmol 羧基	45～165	pH 4.5,1.5～24 h;pH 3～14;流速 75 cm/h
Activated Thiol Sepharose 4 B	1 μmol 巯基	45～165	反应条件 pH 4～8;pH 2～11;流速 75 cm/h
Streptavidin Sepharose HP	6 mg 生物素标记血清蛋白	34	pH 2～10.5;流速 150 cm/h
Chelating Sepharose FF	24～30 μmol 锌离子	45～165	pH 3～13;流速 370 cm/h
Phenyl Sepharose 6 FF (HS)	40 μmol 苯基	45～165	pH 3～13;流速 600 cm/h

注:选自 2012《GE 凝胶选择指南》。

附录五 常见限制性内切酶作用位点

内切酶	内切酶识别位点
Aat Ⅱ	5′- GACGT ↓ C - 3′ 3′- C ↓ TGCAG - 5′
Acc Ⅰ	5′- GT ↓ MKAC - 3′ 3′- CAKM ↓ AC - 5′
Acu Ⅰ	5′- CTGAAG(N)$_{16}$ ↓ - 3′ 3′- GACTTC(N)$_{14}$ ↓ - 5′
Afe Ⅰ	5′- AGC ↓ GCT - 3′ 3′- TCG ↓ CGA - 5′
Afl Ⅱ	5′- C ↓ TTAAG - 3′ 3′- GAATT ↓ C - 5′
*Acc*65 Ⅰ	5′- GT ↓ MKAC - 3′ 3′- CAKM ↓ AC - 5′
Aci Ⅰ	5′- C ↓ CGC - 3′ 3′- GGC ↓ G - 5′
Acl Ⅰ	5′- AA ↓ CGTT - 3′ 3′- TTGC ↓ AA - 5′
Afl Ⅲ	5′- A ↓ CRYGT - 3′ 3′- TGYRC ↓ A - 5′
Age Ⅰ	5′- A ↓ CCGGT - 3′ 3′- TGGCC ↓ A - 5′
*Asi*S Ⅰ	5′- GCGAT ↓ CGC - 3′ 3′- CGC ↓ TAGCG - 5′
Ava Ⅰ	5′- C ↓ YCGRG - 3′ 3′- GRGCY ↓ C - 5′
Ava Ⅱ	5′- G ↓ GWCC - 3′ 3′- CCWG ↓ G - 5′
Ahd Ⅰ	5′- GACNNN ↓ NNGTC - 3′ 3′- CTGNN ↓ NNNCAG - 5′
Ale Ⅰ	5′- CACNN ↓ NNGTG - 3′ 3′- GTGNN ↓ NNCAC - 5′
Alu Ⅰ	5′- AG ↓ CT - 3′ 3′- TC ↓ GA - 5′

内切酶	内切酶识别位点
ApaL I	$5'-$ G ↓ TGCAC $-3'$ $3'-$ CACGT ↓ G $-5'$
ApeK I	$5'-$ G ↓ CWGC $-3'$ $3'-$ CGWC ↓ G $-5'$
Apo I	$5'-$ R ↓ AATTY $-3'$ $3'-$ YTTAA ↓ R $-5'$
Asc I	$5'-$ GG ↓ CGCGCC $-3'$ $3'-$ CCGCGC ↓ GG $-5'$
Ase I	$5'-$ AT ↓ TAAT $-3'$ $3'-$ TAAT ↓ TA $-5'$
Avr II	$5'-$ C ↓ CTAGG $-3'$ $3'-$ GGATC ↓ C $-5'$
Alw I	$5'-$ GGATC(N)$_4$ ↓ $-3'$ $3'-$ CCTAG(N)$_5$ ↓ $-5'$
AlwN I	$5'-$ CAGNNN ↓ CTG $-3'$ $3'-$ GTC ↓ NNNGAC $-5'$
Apa I	$5'-$ GGGCC ↓ C $-3'$ $3'-$ C ↓ CCGGG $-5'$
Bae I	$5'-$ ↓ $_{10}$(N)AC(N)$_4$GTAYC(N)$_{12}$ ↓ $-3'$ $3'-$ ↓ $_{15}$(N)TG(N)$_4$CATRG(N)$_7$ ↓ $-5'$
BamH I	$5'-$ G ↓ GATCC $-3'$ $3'-$ CCTAG ↓ G $-5'$
Ban I	$5'-$ G ↓ GYRCC $-3'$ $3'-$ CCRYG ↓ G $-5'$
Ban II	$5'-$ GRGCY ↓ C $-3'$ $3'-$ C ↓ YCGRG $-5'$
Bbs I	$5'-$ GAAGAC(N)$_2$ ↓ $-3'$ $3'-$ CTTCTG(N)$_2$ ↓ $-5'$
Bcc I	$5'-$ CCATC(N)$_4$ ↓ $-3'$ $3'-$ GGTAG(N)$_5$ ↓ $-5'$
BceA I	$5'-$ ACGGC(N)$_{12}$ ↓ $-3'$ $3'-$ TGCCG(N)$_{14}$ ↓ $-5'$

续表

内切酶	内切酶识别位点
*Bbv*C I	5′- CC↓TCAGC - 3′ 3′- GGAGT↓CG - 5′
Bbv I	5′- GCAGC(N)$_8$↓ - 3′ 3′- CGTCG(N)$_{12}$↓ - 5′
*Bfu*A I	5′- ACCTGC(N)$_4$↓ - 3′ 3′- TGGACG(N)$_8$↓ - 5′
Bgl I	5′- GCCNNNN↓NGGC - 3′ 3′- CGGN↓NNNNCCG - 5′
Bgl II	5′- A↓GATCT - 3′ 3′- TCTAG↓A - 5′
Bcg I	5′- ↓$_{10}$(N)CGA(N)$_6$TGC(N)$_{12}$↓ - 3′ 3′- ↓$_{12}$(N)GCT(N)$_6$ACG(N)$_{10}$↓ - 5′
*Bci*V I	5′- GTATCC(N)$_6$↓ - 3′ 3′- CATAGG(N)$_5$↓ - 5′
Bcl I	5′- T↓GATCA - 3′ 3′- ACTAG↓T - 5′
Bfa I	5′- C↓TAG - 3′ 3′- GAT↓C - 5′
Blp I	5′- GC↓TNAGC - 3′ 3′- CGANT↓CG - 5′
*Bme*1580 I	5′- GKGCM↓C - 3′ 3′- C↓MCGKG - 5′
*Bmg*B I	5′- CAC↓GTC - 3′ 3′- GTG↓CAG - 5′
Bmr I	5′- ACTGGG(N)$_5$↓ - 3′ 3′- TGACCC(N)$_4$↓ - 5′
Bmt I	5′- GCTAG↓C - 3′ 3′- C↓GATCG - 5′
Bpm I	5′- CTGGAG(N)$_{16}$↓ - 3′ 3′- GACCTC(N)$_5$↓ - 5′
*Bsa*A I	5′- YAC↓GTR - 3′ 3′- RTG↓CAY - 5′

续表

内切酶	内切酶识别位点
*Bsa*B I	5′- GATNN↓NNATC - 3′ 3′- CTANN↓NNTAG - 5′
*Bsa*H I	5′- GR↓CGYC - 3′ 3′- CYGC↓RG - 5′
Bsa I	5′- GGTCTC(N)$_1$↓ - 3′ 3′- CCAGAG(N)$_5$↓ - 5′
*Bse*R I	5′- GAGGAG(N)$_{10}$↓ - 3′ 3′- CTCCTC(N)$_8$↓ - 5′
*Bse*Y I	5′- C↓CCAGC - 3′ 3′- GGGTC↓G - 5′
Bsg I	5′- GTGCAG(N)$_{16}$↓ - 3′ 3′- CACGTC(N)$_{14}$↓ - 5′
*Bpu*10 I	5′- CC↓TNAGC - 3′ 3′- GGANT↓CG - 5′
*Bpu*E I	5′- CTTGAG(N)$_{16}$↓ - 3′ 3′- GAACTC(N)$_{14}$↓ - 5′
*Bsa*J I	5′- C↓CNNGG - 3′ 3′- GGNNC↓C - 5′
*Bsa*W I	5′- W↓CCGGW - 3′ 3′- WGGCC↓W - 5′
*Bsa*X I	5′- ↓$_9$(N)AC(N)$_5$CTCC(N)$_{10}$↓ - 3′ 3′- ↓$_{12}$(N)TG(N)$_5$GAGG(N)$_7$↓ - 5′
*Bsi*E I	5′- CGRY↓CG - 3′ 3′- GC↓YRGC - 5′
*Bsi*HKA I	5′- GWGCW↓C - 3′ 3′- C↓WCGWG - 5′
*Bsi*W I	5′- C↓GTACG - 3′ 3′- GCATG↓C - 5′
Bsl I	5′- CCNNNNN↓NNGG - 3′ 3′- GGNN↓NNNNNCC - 5′
*Bsm*A I	5′- GTCGC(N)$_1$↓ - 3′ 3′- CAGAG(N)$_5$↓ - 5′

215

续表

内切酶	内切酶识别位点
*Bsm*B I	$5'-CGTCTC(N)_1\downarrow-3'$ $3'-GCAGAG(N)_5\downarrow-5'$
*Bsm*F I	$5'-GGGAC(N)_{10}\downarrow-3'$ $3'-CCCAG(N)_{14}\downarrow-5'$
Bsm I	$5'-GAATGCN\downarrow-3'$ $3'-CTTAC\downarrow GN-5'$
*Bso*B I	$5'-C\downarrow YCGRG-3'$ $3'-GRGCY\downarrow C-5'$
*Bsp*1286 I	$5'-GDGCH\downarrow C-3'$ $3'-C\downarrow HCGDG-5'$
*Bsp*D I	$5'-AT\downarrow CGAT-3'$ $3'-TAGC\downarrow TA-5'$
*Bsp*E I	$5'-T\downarrow CCGGA-3'$ $3'-AGGCC\downarrow T-5'$
*Bsp*H I	$5'-T\downarrow CATGA-3'$ $3'-AGTAC\downarrow T-5'$
*Bsr*F I	$5'-R\downarrow CCGGY-3'$ $3'-YGGCC\downarrow R-5'$
*Bsr*G I	$5'-T\downarrow GTACA-3'$ $3'-ACATG\downarrow T-5'$
Bsr I	$5'-ACTGGN\downarrow-3'$ $3'-TGAC\downarrow CN-5'$
*Bsp*M I	$5'-ACCTGC(N)_4\downarrow-3'$ $3'-TGGACG(N)_8\downarrow-5'$
*Bsp*Q I	$5'-GCTCTTC(N)_1\downarrow-3'$ $3'-CGAGAAG(N)_4\downarrow-5'$
*Bsr*B I	$5'-CCG\downarrow CTC-3'$ $3'-GGC\downarrow GAG-5'$
*Bsr*D I	$5'-GCAATGNN\downarrow-3'$ $3'-CGTTAC\downarrow NN-5'$
*Bst*B I	$5'-TT\downarrow CGAA-3'$ $3'-AAGC\downarrow TT-5'$

续表

内切酶	内切酶识别位点
*Bst*E Ⅱ	5′- G ↓ GTNACC - 3′ 3′- CCANTG ↓ G - 5′
*Bss*H Ⅱ	5′- G ↓ CGCGC - 3′ 3′- CGCGC ↓ G - 5′
*Bss*K Ⅰ	5′- ↓ CCNGG - 3′ 3′- GGNCC ↓ - 5′
*Bss*S Ⅰ	5′- C ↓ ACGAG - 3′ 3′- GTGCT ↓ C - 5′
*Bst*AP Ⅰ	5′- GCANNNN ↓ NTGC - 3′ 3′- CGTN ↓ NNNNACG - 5′
*Bst*N Ⅰ	5′- CC ↓ WGG - 3′ 3′- GGW ↓ CC - 5′
*Bst*U Ⅰ	5′- CG ↓ CG - 3′ 3′- GC ↓ GC - 5′
*Bst*Y Ⅰ	5′- R ↓ GATCY - 3′ 3′- YCTAG ↓ R - 5′
*Bst*Z17 Ⅰ	5′- GTA ↓ TAC - 3′ 3′- CAT ↓ ATG - 5′
*Bsu*36 Ⅰ	5′- CC ↓ TNAGG - 3′ 3′- GGANT ↓ CC - 5′
Btg Ⅰ	5′- C ↓ CRYGG - 3′ 3′- GGYRC ↓ C - 5′
*Btg*Z Ⅰ	5′- GCGATG(N)$_{10}$ ↓ - 3′ 3′- CGCTAC(N)$_{14}$ ↓ - 5′
*Bts*α Ⅰ	5′- GCAGTGNN ↓ - 3′ 3′- CGTCAC ↓ NN - 5′
Bts Ⅰ	5′- GCAGTGNN ↓ - 3′ 3′- CGTCAC ↓ NN - 5′
*Cvi*A Ⅱ	5′- C ↓ ATG - 3′ 3′- GTA ↓ C - 5′
*Cvi*K Ⅰ - 1	5′- RG ↓ CY - 3′ 3′- YC ↓ GR - 5′

内切酶	内切酶识别位点
*Cvi*Q Ⅰ	5′ - G↓TAC - 3′ 3′ - CAT↓G - 5′
*Cac*8 Ⅰ	5′ - GCN↓NGC - 3′ 3′ - CGN↓NCG - 5′
Cla Ⅰ	5′ - AT↓CGAT - 3′ 3′ - TAGC↓TA - 5′
Dde Ⅰ	5′ - C↓TNAG - 3′ 3′ - GANT↓C - 5′
Dpn Ⅱ	5′ - ↓GATC - 3′ 3′ - CTAG↓ - 5′
Dra Ⅰ	5′ - TTT↓AAA - 3′ 3′ - AAA↓TTT - 5′
Dra Ⅲ	5′ - CACNNN↓GTG - 3′ 3′ - GTG↓NNNCAC - 5′
Ear Ⅰ	5′ - CTCTTC(N)$_1$↓ - 3′ 3′ - GAGAAG(N)$_4$↓ - 5′
Eci Ⅰ	5′ - GGCGGA(N)$_{11}$↓ - 3′ 3′ - CCGCCT(N)$_9$↓ - 5′
Eae Ⅰ	5′ - Y↓GGCCR - 3′ 3′ - RCCGG↓Y - 5′
Eag Ⅰ	5′ - C↓GGCCG - 3′ 3′ - GCCGG↓C - 5′
*Eco*R Ⅰ	5′ - G↓AATTC - 3′ 3′ - CTTAA↓G - 5′
*Eco*R Ⅴ	5′ - GAT↓ATC - 3′ 3′ - CTA↓TAG - 5′
*Eco*O109 Ⅰ	5′ - RG↓GNCCY - 3′ 3′ - YCCNG↓GR - 5′
Fau Ⅰ	5′ - CCCGC(N)$_4$↓ - 3′ 3′ - GGGCG(N)$_6$↓ - 5′
Fok Ⅰ	5′ - GGATG(N)$_9$↓ - 3′ 3′ - CCTAC(N)$_{13}$↓ - 5′

续表

内切酶	内切酶识别位点
Fse Ⅰ	5′- GGCCGG↓CC - 3′ 3′- CC↓GGCCGG - 5′
Fat Ⅰ	5′- ↓CATG - 3′ 3′- GTAC↓ - 5′
*Fnu*4H Ⅰ	5′- GC↓NGC - 3′ 3′- CGN↓CG - 5′
Fsp Ⅰ	5′- TGC↓GCA - 3′ 3′- ACG↓CGT - 5′
Hae Ⅱ	5′- RGCGC↓Y - 3′ 3′- Y↓CGCGR - 5′
Hind Ⅲ	5′- A↓AGCTT - 3′ 3′- TTCGA↓A - 5′
Hinf Ⅰ	5′- G↓ANTC - 3′ 3′- CTNA↓G - 5′
*Hin*P1 Ⅰ	5′- G↓CGC - 3′ 3′- CGC↓G - 5′
Hpa Ⅰ	5′- GTT↓AAC - 3′ 3′- CAA↓TTG - 5′
*Hpy*188 Ⅲ	5′- TC↓NNGA - 3′ 3′- AGNN↓CT - 5′
*Hpy*99 Ⅰ	5′- CGWCG↓ - 3′ 3′- ↓GCWGC - 5′
*Hpy*CH4 Ⅲ	5′- ACN↓GT - 3′ 3′- TG↓NCA - 5′
Hga Ⅰ	5′- GACGC(N)$_5$↓ - 3′ 3′- CTGCG(N)$_{10}$↓ - 5′
Hha Ⅰ	5′- GCG↓C - 3′ 3′- C↓GCG - 5′
Hinc Ⅱ	5′- GTY↓RAC - 3′ 3′- CAR↓YTG - 5′
Hpa Ⅱ	5′- C↓CGG - 3′ 3′- GGC↓C - 5′

内切酶	内切酶识别位点
Hph I	5′ - GGTGA(N)₈ ↓ - 3′ 3′ - CCACT(N)₇ ↓ - 5′
*Hpy*188 I	5′ - TCN ↓ GA - 3′ 3′ - AG ↓ NCT - 5′
*Hpy*CH4 V	5′ - TG ↓ CA - 3′ 3′ - AC ↓ GT - 5′
Kas I	5′ - G ↓ GCGCC - 3′ 3′ - CCGCG ↓ G - 5′
Kpn I	5′ - GGTAC ↓ C - 3′ 3′ - C ↓ CATGG - 5′
Mbo I	5′ - ↓ GATC - 3′ 3′ - CTAG ↓ - 5′
Mbo II	5′ - GAAGA(N)₈ ↓ - 3′ 3′ - CTTCT(N)₇ ↓ - 5′
Mfe I	5′ - C ↓ AATTG - 3′ 3′ - GTTAA ↓ C - 5′
Mnl I	5′ - CCTC(N)₇ ↓ - 3′ 3′ - GGAG(N)₆ ↓ - 5′
Msc I	5′ - TGG ↓ CCA - 3′ 3′ - ACC ↓ GGT - 5′
Mse I	5′ - T ↓ TAA - 3′ 3′ - AAT ↓ T - 5′
Mlu I	5′ - A ↓ CGCGT - 3′ 3′ - TGCGC ↓ A - 5′
Mly I	5′ - GAGTC(N)₅ ↓ - 3′ 3′ - CTCAG(N)₅ ↓ - 5′
*Msp*A1 I	5′ - CMG ↓ CKG - 3′ 3′ - GKC ↓ GMC - 5′
Msp I	5′ - C ↓ CGG - 3′ 3′ - GGC ↓ C - 5′
Nae I	5′ - GCSC ↓ GGC - 3′ 3′ - CGG ↓ CSCG - 5′

续表

内切酶	内切酶识别位点
Nar I	5′- GG↓CGCC - 3′ 3′- CCGC↓GG - 5′
Nci I	5′- CC↓SGG - 3′ 3′- GGS↓CC - 5′
Nco I	5′- C↓CATGG - 3′ 3′- GGTAC↓C - 5′
Nde I	5′- CA↓TATG - 3′ 3′- GTAT↓AC - 5′
Nhe I	5′- G↓CTAGC - 3′ 3′- CGATC↓G - 5′
Nla III	5′- CATG↓ - 3′ 3′- ↓GTAC - 5′
Nla IV	5′- GGN↓NCC - 3′ 3′- CCN↓NGG - 5′
Not I	5′- GC↓GGCCGC - 3′ 3′- CGCCGG↓CG - 5′
Nru I	5′- TCG↓CGA - 3′ 3′- AGC↓GCT - 5′
Nsi I	5′- ATGCA↓T - 3′ 3′- T↓ACGTA - 5′
Nsp I	5′- RCATG↓Y - 3′ 3′- Y↓GTACR - 5′
Pac I	5′- TTAAT↓TAA - 3′ 3′- AAT↓TAATT - 5′
*Pae*R7 I	5′- C↓TCGAG - 3′ 3′- GAGCT↓C - 5′
Pci I	5′- A↓CATGT - 3′ 3′- TGTAC↓A - 5′
*Pfl*F I	5′- GACN↓NNGTC - 3′ 3′- CTGNN↓NCAG - 5′
Pho I	5′- GG↓CC - 3′ 3′- CC↓GG - 5′

内切酶	内切酶识别位点
Ple Ⅰ	$5'-$ GAGTC(N)$_4$ ↓ $-3'$ $3'-$ CTCAG(N)$_5$ ↓ $-5'$
Pme Ⅰ	$5'-$ GTTT ↓ AAAC $-3'$ $3'-$ CAAA ↓ TTTG $-5'$
Pml Ⅰ	$5'-$ CAC ↓ GTG $-3'$ $3'-$ GTG ↓ CAC $-5'$
Psi Ⅰ	$5'-$ TTA ↓ TAA $-3'$ $3'-$ AAT ↓ ATT $-5'$
*Psp*G Ⅰ	$5'-$ ↓ CCWGG $-3'$ $3'-$ GGWCC ↓ $-5'$
*Psp*OM Ⅰ	$5'-$ G ↓ GGCCC $-3'$ $3'-$ CCCGG ↓ G $-5'$
*Psp*X Ⅰ	$5'-$ VC ↓ TCGAGB $-3'$ $3'-$ BGAGCT ↓ CV $-5'$
Pst Ⅰ	$5'-$ CTGCA ↓ G $-3'$ $3'-$ G ↓ ACGTC $-5'$
Pvu Ⅰ	$5'-$ CGAT ↓ CG $-3'$ $3'-$ GC ↓ TAGC $-5'$
Pvu Ⅱ	$5'-$ CAG ↓ CTG $-3'$ $3'-$ GTC ↓ GAC $-5'$
Rsa Ⅰ	$5'-$ GT ↓ AC $-3'$ $3'-$ CA ↓ TG $-5'$
Rsr Ⅱ	$5'-$ CG ↓ GWCCG $-3'$ $3'-$ GCCWG ↓ GC $-5'$
Sac Ⅰ	$5'-$ GAGCT ↓ C $-3'$ $3'-$ C ↓ TCGAG $-5'$
*Sau*3A Ⅰ	$5'-$ ↓ GATC $-3'$ $3'-$ CTAG ↓ $-5'$
Sbf Ⅰ	$5'-$ CCTGCA ↓ GG $-3'$ $3'-$ GG ↓ ACGTCC $-5'$
*Scr*F Ⅰ	$5'-$ CC ↓ NGG $-3'$ $3'-$ GGN ↓ CC $-5'$

续表

内切酶	内切酶识别位点
Sfo I	5′- GGC ↓ GCC - 3′ 3′- CGG ↓ CGG - 5′
*Sex*A I	5′- A ↓ CCWGGT - 3′ 3′- TGGWCC ↓ A - 5′
Sfc I	5′- C ↓ TRYAG - 3′ 3′- GAYRT ↓ C - 5′
Sph I	5′- GCATG ↓ C - 3′ 3′- C ↓ GTACG - 5′
Ssp I	5′- AAT ↓ ATT - 3′ 3′- TTA ↓ TAA - 5′
Sac II	5′- CCGC ↓ GG - 3′ 3′- GG ↓ CGCC - 5′
Sal I	5′- G ↓ TCGAC - 3′ 3′- CAGCT ↓ G - 5′
Sca I	5′- AGT ↓ ACT - 3′ 3′- TCA ↓ TGA - 5′
*Sau*96 I	5′- G ↓ GNCC - 3′ 3′- CCNG ↓ G - 5′
Stu I	5′- AGG ↓ CCT - 3′ 3′- TCC ↓ GGA - 5′
*Sty*D4 I	5′- ↓ CCNGG - 3′ 3′- GGNCC ↓ - 5′
Sma I	5′- CCC ↓ GGG - 3′ 3′- GGG ↓ CCC - 5′
Sml I	5′- C ↓ TYRAG - 3′ 3′- GARYT ↓ C - 5′
*Sna*B I	5′- TAC ↓ GTA - 3′ 3′- ATG ↓ CAT - 5′
Spe I	5′- A ↓ CTAGT - 3′ 3′- TGATC ↓ A - 5′
Sty I	5′- C ↓ CWWGG - 3′ 3′- GGWWC ↓ C - 5′

内切酶	内切酶识别位点
Swa I	5′- ATTT↓AAAT - 3′ 3′- TAAA↓TTTA - 5′
$Taq\alpha$ I	5′- T↓CGA - 3′ 3′- AGC↓T - 5′
Tfi I	5′- G↓AWTC - 3′ 3′- CTWA↓G - 5′
Tli I	5′- C↓TCGAG - 3′ 3′- GAGCT↓C - 5′
Tse I	5′- G↓CWGC - 3′ 3′- CGWC↓G - 5′
Tsp45 I	5′- ↓GTSAC - 3′ 3′- CASTG↓ - 5′
Tsp509 I	5′- ↓AATT - 3′ 3′- TTAA↓ - 5′
TspM I	5′- C↓CCGGG - 3′ 3′- GGGCC↓C - 5′
Xba I	5′- T↓CTAGA - 3′ 3′- AGATC↓T - 5′
Xcm I	5′- CCANNNN↓NNNNTGG - 3′ 3′- GGTNNNN↓NNNNNACC - 5′
Xho I	5′- C↓TCGAG - 3′ 3′- GAGCT↓C - 5′
Xma I	5′- C↓CCGGG - 3′ 3′- GGGCC↓C - 5′
Zra I	5′- GAC↓GTC - 3′ 3′- CTG↓CAG - 5′

参 考 文 献

[1] 林雪,王仲孚,黄琳娟,等.改进的 PMP 柱前衍生化方法用于单糖的组成分析[J]. 高等学校化学学报,2006,27(8):1456-1458.

[2] PLUMMER D T.实用生物化学导论[M].吴翠,译.北京:科学出版社,1985.

[3] 陈钧辉,李俊,张冬梅,等.生物化学实验[M].4 版.北京:科学出版社,2008.

[4] 叶应妩,王毓三.全国临床检验操作规程[M].3 版.南京:东南大学出版社, 2006:479.

[5] 李尚伟,杜娟.基础生物化学实验教学改革探索[J].中国校外教育,2014(10):109.

[6] 杨晓云,徐汉虹,王立世,等.色氨酸、半胱氨酸和酪氨酸的高效毛细管电泳分析 [J].分析测试学报,2001(03):15-18.

[7] LI H, KONG Y, CHANG L, et al. Determination of Lipoic Acid in Biological Samples with Acetonitrile - Salt Stacking Method in CE[J]. Chromatographia, 2014, 77 (1-2): 145-150.

[8] 李建武,陈丽蓉,余瑞元,等.生物化学实验原理和方法[M].2 版.北京:北京大学出 版社,2005.

[9] 吴士良,王武康,王尉平.生物化学与分子生物学实验教程[M].苏州:苏州大学出 版社,2001.

[10] 贺新强,宋葆华,倪陈凯.植物叶片蛋白提取方法的比较[J].植物资源与环境,1999, 8(2):63-64.

[11] BONIZZI I, BUFFONI J N, FELIGINI M. Quantification of bovine casein fractions by direct chromatographic analysis of milk. Approaching the application to a real production context[J]. Journal of chromatography. A, 2009, 1216 (1): 165-168.

[12] GUDIKSEN K L, GITLIN I, WHITESIDES G M. Differentiation of proteins based on characteristic patterns of association and denaturation in solutions of

SDS[J]. Proceedings of the National Academy of Sciences of the United States of America，2006，103 (21)：7968 - 7972.

[13] XU Q，KEIDERLING T A. Effect of sodium dodecyl sulfate on folding and thermal stability of acid-denatured cytochrome c：A spectroscopic approach[J]. Protein science，2004，13 (11)：2949 - 2959.

[14] REYNOLDS J A，TANFORD C. The gross conformation of protein-sodium dodecyl sulfate complexes[J]. Journal of Biological Chemistry，1970，245 (19)：5161 - 5165.

[15] FRANCESCO M，CARMELO C，DOMENICO M，et al. Energy landscape in protein folding and unfolding［J］. Proceedings of the National Academy of Sciences of the United States of America，2016，113 (12)：3159 - 3163.

[16] 孔宇，赵永席，王波. 毛细管电泳乙腈-盐在线堆积方法机理研究[J]. 高等学校化学学报，2006，27(5)：834 - 838.

[17] 张龙翔，张庭芳，李令媛，等. 生物化学实验方法和技术[M]. 2 版. 北京：高等教育出版社，1997.

[18] 王重庆，李云兰，李德昌，等. 高级生物化学实验教程［M］. 北京：北京大学出版社，1994.

[19] 胡亚萍. 酪氨酸酶的提取、纯化工艺及催化黑色素合成研究［D］. 西安：西安交通大学，2011：13 - 15.

[20] 李广茹，王春霞. 果蔬中还原抗坏血酸的定量测定[J]. 食品研究与开发，1995，16(1)：43 - 46.

[21] 盖琼辉，王春林. 深色果蔬维生素 C 检测方法的优化与比较[J]. 中国食物与营养，2017，23(04)：38 - 42.

[22] 郭文川，杨杰，侯茹平，等. 高效液相色谱法在猕猴桃中维生素 C 含量分析的应用[J]. 北方农业学报，2016，44(05)：70 - 73.

[23] 李为鹏，林海丹，谢守新，等. 乳粉中维生素 C 的高效液相色谱法测定[J]. 中国卫生检验杂志，2011，21(11)：2602 - 2608.

[24] KONG Y，YANG G F，CHEN S M，et al. Rapid and Sensitive Determination of L - carnitine and Acetyl - L - carnitine in Liquid Milk Samples with Capillary Zone Electrophoresis Using Indirect UV Detection［J］. Food Analytical Methods，2018，11：170 - 177.

[25] KIM Y S，PODDER B，SONG H Y. Cytoprotective Effect of Alpha - Lipoic Acid on Paraquat - Exposed Human Bronchial Epithelial Cells via Activation of Nuclear Factor Erythroid Related Factor - 2 Pathway［J］. Biological & Pharmaceutical Bulletin，2013，36 (5)：802 - 811.

[26] 林炳承. 毛细管电泳导论[M]. 北京：科学出版社，1996.

[27] 孔宇，郑凝，张智超，等. 高效毛细管电泳测定尿液中非蛋白氮代谢产物[J]. 分析

试验室,2003,22(6):53-56.

[28] 陆菊明,谷伟军.血酮体测定方法及临床应用进展[J].药品评价,2008,5(12):569-570.

[29] 李芬.细胞生物学实验技术[M].北京:科学出版社,2017.

[30] 翟中和,王喜中,丁明孝.细胞生物学[M].4版.北京:高等教育出版社,2007.

[31] SPECTOR D L,GOLDMAN R D,REINWANDER L A.细胞实验指南[M].黄培堂,译.北京:科学出版社,2001.

[32] 尚永辉,李华,孙家娟,等.吖啶橙为荧光探针研究芹菜素与DNA的相互作用[J].分析科学学报,2011,27(6):747-750.

[33] 汪承亚,盛瑞兰,汪凡,等.吖啶橙/溴乙锭双荧光染色检测细胞凋亡的形态学方法[J].中国病理生理杂志,1998,14(1):104-106.

[34] LIVSHITS M A, KHOMYAKOVA E, EVTUSHENKO E G, et al. Isolation of exosomes by differential centrifugation：Theoretical analysis of a commonly used protocol[J]. Scientific Reports, 2015, 30 (5): 13.

[35] STROUD D A, SURGENOR E E, FORMOSA L E, et al. Accessory subunits are integral for assembly and function of human mitochondrial complex Ⅰ[J]. Nature, 2016, 538 (7623):123-126.

[36] KABRAN P, ROSSIGNOL T, GAILLARDIN C, et al. Alternative splicing regulates targeting of malate dehydrogenase in Yarrowia lipolytica[J]. DNA Research, 2012, 19 (3): 231-244.

[37] LEE K, BAN H S, NAIK R, et al. Identification of malate dehydrogenase 2 as a target protein of the HIF-1 inhibitor LW6 using chemical probes[J]. Angewandte Chemie, 2013, 52 (39): 10286-10289.

[38] POGGI C G, SLADE K M. Macromolecular crowding and the steady-state kinetics of malate dehydrogenase[J]. Biochemistry, 2015, 54 (2): 260-267.

[39] 杨圣辉.实用口腔微生物学[M].北京:科学技术文献出版社,2008.

[40] 显微镜的分类和用途[OL].[2020-01-05].https://wenku.baidu.com/view/5560f7c38bd63186bce bbca9.htmL.

[41] 舍英,伊力奇,呼和巴特尔.现代光学显微镜[M].北京:科学出版社,1996.

[42] 吴秀清,林娣.21世纪基因工程技术的应用现状[J].中外健康文摘,2014(22):81.

[43] 李元,陈松森,王渭池.基因工程药物[M].北京:化学工业出版社,2002:20-50.

[44] 常亮,刘晓志,孟雅娟,等.酵母分泌系统工程化改造研究进展[J].生物技术进展,2013,3(3):185-189.

[45] 聂金梅,李阳源,刘金山,等.黑曲霉葡萄糖氧化酶基因改造及其在毕赤酵母中的表达[J].江苏农业科学,2018,46(20):17-21.

[46] 陈楠,肖成建,范新蕾,等.黑曲霉葡萄糖氧化酶基因在毕赤酵母SMD1168中的表达[J].食品与生物技术学报,2017,36(9):975-981.

[47] 牟庆璇,胡美荣,陈飞,等. 采用混合策略提高葡萄糖氧化酶在毕赤酵母中的表达水平[J]. 生物育种与工艺优化,2016,32(7):986-990.

[48] QIU Z J, GUO Y F, BAO X M, et al. Expression of Aspergillus niger glucose oxidase in yeast Pichia pastoris SMD1168[J]. Biotechnology & Biotechnological Equipment, 2016, 30 (5): 998-1005.

[49] BANKAR S B, BULE M V, SINGHAL R S, et al. Optimization of Aspergillus niger Fermentation for the Production of glucose Oxidase[J]. Food Bioprocess Technol, 2009, 2: 344-352.

[50] 曹军卫,马辉文,张甲耀. 微生物工程[M]. 北京:科学出版社,2007.

[51] 肖冬光. 微生物工程原理[M]. 北京:中国轻工业出版社,2004.

[52] 杨生玉,张建新. 发酵工程[M]. 北京:科学出版社,2013.

[53] 魏永春,苟斌全,张志良. 苹果酒发酵工艺研究[J]. 广东化工,2011(1):32-34.

[54] 彭帮柱,岳田利,袁亚宏,等. 优良苹果酒酵母的选育[J]. 西北农林科技大学学报(自然科学版),2004(32):81-84.

[55] 张菌. 优良苹果酒酵母优选及苹果酒香气调控技术研究[D]. 杨凌:西北农林科技大学,2006:5-6.

[56] 翁鸿珍,成宇峰. 高效液相色谱法测定苹果酒中的多酚物质[J]. 中国酿造,2009(5):159-161.

[57] 盖宝川,籍保平,张涨,等. 苹果酒发酵过程中酵母对氨基酸利用的研究[J]. 食品与发酵工业,2005(31):34-38.

[58] 赵志华,岳田利,王燕妮,等. 苹果酒发酵条件优化及模型的建立研究[J]. 食品工业科技,2007(3):103-105.

[59] 张景强,林鹿,孙勇,等. 纤维素结构与解结晶的研究进展[J]. 林产化学与工业,2008(28):109-114.

[60] 周新萍. 产纤维素酶菌株的鉴定、诱变育种、发酵产酶条件及酶学性质研究[D]. 南昌:南昌大学,2007:1.

[61] 吴琳,景晓辉,黄俊生. 产纤维素酶菌株的分离、筛选及酶活性测定[J]. 安徽农业科学,2009,37(17):7855-7859.

[62] 吕静琳,黄爱玲,郑蓉,等. 一株产纤维素酶细菌的筛选、鉴定及产酶条件优化[J]. 生物技术,2009,19(6):26-29.

[63] 葛春辉,徐万里,邵华伟,等. 一株产纤维素酶细菌的筛选、鉴定及其纤维素酶的部分特性[J]. 生物技术,2009,19(1):36-40.

[64] 张小希. 高产纤维素酶菌株的选育及产酶条件的优化[D]. 长春:吉林大学,2010,16-17.

[65] 陈文祥. 产纤维素酶放线菌的筛选及其产酶条件与酶学性质初探[D]. 成都:四川师范大学,2007:8-10.

[66] 朱振. 产纤维素酶真菌的筛选、发酵条件优化及酶学性质的研究[D]. 合肥:安徽农

业大学,2009:19-21.

[67] 王玢,袁方曜.凝胶过滤层析分离纯化纤维素酶的研究[J].山东教育学院学报,2003,6:88-90.

[68] 朱年青,夏文静,勇强.里氏木霉纤维素酶的分离纯化及酶学性质[J].物加工过程,2010,8:40-43.

[69] 赵安庆,尹国盛,张蒙.等电聚焦电泳测定草菇低温诱导蛋白等电点的研究[J].郑州粮食学院学报,2000,21:78-80.

[70] 赵瑞香.嗜酸乳杆菌及其应用研究[M].北京:科学出版社,2007.

[71] 崔琴.甘南牧区发酵牦牛酸乳中优良乳酸菌的筛选及发酵性能的研究[D].兰州:甘肃农业大学,2010:3-4.

[72] 高鑫,王昌禄,陈勉华,等.嗜温乳酸菌与白地霉混合发酵酸乳的研究[J].北京工商大学学报,2012,30(3):30-34.

[73] 刘希山,罗欣,梁荣蓉,等.嗜酸乳杆菌与嗜热链球菌混合培养制作保健型发酵乳的研究[J].中国食物与营养,2005,10:34-37.

[74] 董全,章道明.新型凝固型营养酸乳的研制[J].实验报告与理论研究,2009,12(2):10-12.

[75] 张蓉蓉.乳品企业原料乳的验收与质量控制[J].乳品加工,2006,7:45-47.

[76] 李苏红,李润国,赵秀红,等.不同乳酸菌在花生乳中的发酵特性[J].粮食与饲料工业,2012,6:21-23.

[77] 杜林,马敬婷.嗜酸乳杆菌发酵大豆酸凝乳的研究[J].现代食品科技,2005,21(4):57-60.

[78] 常忠义,高红亮,赵宁,等.发酵型酸乳饮料稳定性的研究[J].食品科学,2005,26(3):110-112.

[79] 杨同香,王芳,李全阳.温度对酸乳中乳酸菌胞外多糖作用机制的研究[J].食品工业科技,2012,9:58-61.

[80] 吴荣荣.优良乳酸菌株的筛选[J].中国酿造,2010,9:54-56.

[81] 范瑞,许静,顾宗珠.酸乳发酵过程的理化特性研究[J].中国乳品工业,2007,35(10):9-11.

[82] 牛丽亚,黄占旺,赵鹏纳.豆芽孢杆菌和嗜酸乳杆菌混合发酵过程中营养物质变化的研究[J].粮食与饲料工业,2009,4:36-44.

[83] 潘继红,刘爱民,聂祥峰,等.灵芝酸乳制作工艺初探[J].中国野生植物资源,2002,21(3):37-38.

[84] 张佳,马永昆,崔凤杰,等.乳酸菌发酵酸豆乳香气成分分析及评价[J].食品科学,2010,31(20):298-302.

[85] 贾娟,崔惠玲.复合型保健酸乳研制与开发[J].食品研究与开发,2012,335:94-96.

[86] 熊建文,肖化,张镇西.MTT法和CCK-8法检测细胞活性之测试条件比较[J].

激光生物学报,2007,165:559-562.

[87] PACURARI M, CASTRANOVA V. Single-Cell gel Electrophoresis (Comet) Assay in Nano-genotoxicology[J]. Methods in Molecular Biology, 2012, 926: 57-67.

[88] TILMANT K, GERETS H H, DE R P, et al. The automated micronucleus assay for early assessment of genotoxicity in drug discovery[J]. Mutation Research, 2013, 7511: 1-11.

[89] 李双飞. GSTMI、GSTTI 基因多态性与乳腺癌、肺癌易感性的病例对照研究[D]. 成都:四川大学,2007.

[90] 吴占敖,范利娟,许华君,等. 超细氯化钠粉的 BALB/C 小鼠骨髓微核实验[J]. 江苏大学学报(医学版),2013,231:9-11.

[91] 陈寅儿,徐镇. 单细胞凝胶电泳实验流程和条件优化[J]. 实验科学与技术,2010, 83:34-36.

[92] 潘洪志,李蓉. DNA 氧化损伤标志物 8-羟基脱氧鸟苷及其检测[J]. 中国卫生检验杂志 2003,134:404-405.

[93] 徐春雨. 苯、PM2.5 及其共存多环芳烃攀露 DNA 损伤标志物的研究[D]. 北京:中国疾病预防控制中心,2008,29-31.

[94] 龙喜带,马韵,韦义萍,等. 广西地区人群 gstM1 和 gstT1 编码基因型多态性与肝细胞癌易感性分析[J]. 中华流行病学杂志,2005,2610:777-781.

[95] RAPOSO A, CARVALHO C R, OTONI W C. Statistical and image analysis of sister chromatid exchange in maize[J]. Hereditas, 2004, 1413: 318-322.

[96] 葛进,孙传兴,高志清,等. BrdU 法测定大鼠再生肝细胞增殖周期时间[J]. 第四军医大学学报,1991,124:282-284.

[97] 麦丽萍,钟诗龙,杨敏,等. 两种不同染色法在流式细胞术中检测细胞周期的探讨[J]. 热带医学杂志,2011,11(12):1363-1366.

[98] CANAUD G, BONVENTRE J V. Cell cycle arrest and the evolution of chronic kidney disease from acute kidney injury[J]. Nephrology Dialysis Transplantation, 2015, 304: 575-583.

[99] 佟俊杰,张广耘,袁晓. 细胞凋亡检测方法的研究进展[J]. 口腔医学,2010,307: 437-439.

[100] 刘建文,季光,魏东芝. 药理实验方法学[M]. 北京:化学工业出版社,2003:60-74.

[101] 李超,伏圣博,刘华玲,等. 细胞凋亡研究进展[J]. 世界科技研究与进展,2007, 29:45-53.

[102] HENERY S, GEORGE T, HALL B, et al. Quantitative image based apoptotic index measurement using multispectral imaging flow cytometry: a comparison with standard photometric methods[J]. Apoptosis, 2008, 13: 1054-1063.

[103] 顾超,徐水凌,唐文稳,等. 槲皮素诱导 HeLa 细胞凋亡及 caspase-3、caspase-8

活化对凋亡影响的研究[J].中国药学杂志,2011,468:595 - 599.

[104] 刘伍梅,汪铭书,程安春,等. DNA Ladder 和 ELISA 联合检测 PRRSV 诱导 Marc145 细胞凋亡动态变化规律的研究[J].四川农业大学学报,2005,231: 95 - 97.

[105] 刘术娟,赵天如,张乃鑫. TUNEL 法检测体外培养细胞凋亡的体会[J].临床与实验病理学杂志,2001,172:169 - 171.

[106] HIRANO S. Western blot analysis[J]. Methods in Molecular Biology, 2012, 926:87 - 97.

[107] SATO T. Lectin-probed western blot analysis[J]. Methods in Molecular Biologyl, 2014, 1200:93 - 100.

[108] 蒲锦兰,周滢. 免疫细胞化学法检测羟基喜树碱对乳腺癌 MCF - 7 细胞的 TIMP -3 及空泡化作用[J].中国当代医药,2012,19(25):7 - 8.

[109] NG A H, CHAMBERLAIN M D, SITU H, et al. Digital microfluidic immunocytochemistry in single cells[J]. Nature Communications, 2015, 6:7513.

[110] HEARING V J, TSUKAMOTO K. Enzymatic control of pigmentation in mammals[J]. The FASEB Journal, 1991, 5:2903 - 2910.

[111] 蒋萌蒙,田呈瑞,王向军. 双孢蘑菇中酪氨酸酶的特性[J].江苏农业学报,2008, 24(2):194 - 198.

[112] 孔庆胜,蒋滢. 南瓜多糖的提取纯化及其分析[J].济宁医学院学报,1999,22(4): 37 - 39.

[113] 林丽云,董晓洁,陈阿. 黄豆脲酶的提取及其活性测定[J].微食品研究与开发, 2013,34(9):85 - 88.

[114] HAO J J, SHEN W L, YU G L, et al. Hydroxytyrosol promotes mitochondrial biogenesis and mitochondrial function in 3T3 - L1 adipocytes[J]. Journal of Nutritional Biochemistry, 2010, 21 (7):634 - 644.

[115] ZRELLI H, MATSUOKA M, KITAZAKI S, et al. Hydroxytyrosol Induces Proliferation and Cytoprotection against Oxidative Injury in Vascular Endothelial Cells:Role of Nrf2 Activation and HO - 1 Induction[J]. Journal of Agricultural and Food Chemistry, 2011, 59 (9): 4473 - 4482.

[116] RUIZ- GUTIERREZ V, JUAN M E, CERT A, et al. Determination of hydroxytyrosol in plasma by HPLC[J]. Analytical Chemistry, 2000, 72 (18): 4458 - 4461.

[117] 魏伟,吴希美,李元建. 药理实验方法学[M]. 北京:人民卫生出版社,2010.

[118] 张冬菊. 改革生化实验动物小鼠的处理方法——由断头法改为断脊髓法[J].卫生职业教育,2007,25(7):101.